国家出版基金项目
NATIONAL PUBLICATION FOUNDATION

“十三五”国家重点出版物出版规划项目

中 国 生 物 物 种 名 录

第二卷 动 物

昆虫（II）

脉翅总目 Neuropterida

杨 定 刘星月 杨星科 等 编著

科 学 出 版 社
北 京

内 容 简 介

本书收录了中国脉翅总目昆虫共计 3 目 18 科 142 属 917 种。每一种的内容包括中文名、拉丁学名、异名、模式产地、国内分布和国外分布等主要信息。所有属均列出了模式种信息及异名。

本书可作为昆虫分类学、动物地理学和生物多样性研究的基础资料，也可作为植物保护、生物防治及相关专业高等院校师生的参考书。

图书在版编目（CIP）数据

中国生物物种名录. 第二卷. 动物. 昆虫. Ⅱ. 脉翅总目/杨定等编著. —北京：科学出版社，2018.3

“十三五”国家重点出版物出版规划项目　国家出版基金项目

ISBN 978-7-03-056679-9

Ⅰ. ①中…　Ⅱ. ①杨…　Ⅲ. ①生物–物种–中国–名录 ②脉翅目–物种–中国–名录　Ⅳ. ①Q152-62 ②Q969.38-62

中国版本图书馆 CIP 数据核字（2018）第 042287 号

责任编辑：马　俊　王　静　韩学哲　侯彩霞 / 责任校对：郑金红

责任印制：张　伟 / 封面设计：刘新新

科 学 出 版 社 出版

北京东黄城根北街 16 号

邮政编码：100717

http://www.sciencep.com

北京虎彩文化传播有限公司 印刷

科学出版社发行　各地新华书店经销

*

2018 年 3 月第　一　版　开本：889 × 1194 1/16

2020 年 5 月第三次印刷　印张：8 1/4

字数：291 000

定价：98.00 元

Species Catalogue of China

Volume 2 Animals

INSECTA (II)

Neuropterida

Authors: Ding Yang Xingyue Liu Xingke Yang *et al.*

Science Press

Beijing

《中国生物物种名录》编委会

本书编著委员会

主　任　杨　定　刘星月　杨星科

副主任　王心丽　刘志琦　聂瑞娥　王永杰

编　委（以姓氏拼音为序）

刘星月　刘志琦　聂瑞娥　田燕林　王　珊　王心丽　王永杰　徐　晗
严冰珍　杨　定　杨明雪　杨星科　杨秀帅　张　杰　张　韦　赵　旸

编著者分工

广翅目　刘星月　杨定（中国农业大学植物保护学院昆虫学系　北京　100193）

蛇蛉目　刘星月（中国农业大学植物保护学院昆虫学系　北京　100193）

脉翅目

粉蛉科　王珊　刘志琦（中国农业大学植物保护学院昆虫学系　北京　100193）

泽蛉科　刘星月（中国农业大学植物保护学院昆虫学系　北京　100193）

水蛉科　张韦　刘星月（中国农业大学植物保护学院昆虫学系　北京　100193）

溪蛉科　王珊[1]　王永杰[2]　徐晗[1]　刘志琦[1]（1 中国农业大学植物保护学院昆虫学系　北京　100193；2 首都师范大学生命科学学院　北京　100048）

栉角蛉科　张韦　刘星月（中国农业大学植物保护学院昆虫学系　北京　100193）

鳞蛉科　刘星月（中国农业大学植物保护学院昆虫学系　北京　100193）

螳蛉科　王珊　杨秀帅　刘志琦（中国农业大学植物保护学院昆虫学系　北京　100193）

褐蛉科　赵旸　严冰珍　田燕林　刘志琦（中国农业大学植物保护学院昆虫学系　北京　100193）

草蛉科　聂瑞娥　杨星科（中国科学院动物研究所　北京　100101）

蛾蛉科　刘星月（中国农业大学植物保护学院昆虫学系　北京　100193）

蝶蛉科　王心丽　张杰　杨明雪（中国农业大学植物保护学院昆虫学系　北京　100193）

旌蛉科　王心丽　张杰　杨明雪（中国农业大学植物保护学院昆虫学系　北京　100193）

蚁蛉科　王心丽　张杰　杨明雪（中国农业大学植物保护学院昆虫学系　北京　100193）

蝶角蛉科　王心丽　张杰　杨明雪（中国农业大学植物保护学院昆虫学系　北京　100193）

Editorial Committee of Species Catalogue of China, Neuropterida

Chairman Ding Yang Xingyue Liu Xingke Yang

Vice Chairman Xinli Wang Zhiqi Liu Ruie Nie Yongjie Wang

Members

Xingyue Liu Zhiqi Liu Ruie Nie Yanlin Tian Shan Wang Xinli Wang
Yongjie Wang Han Xu Bingzhen Yan Ding Yang Mingxue Yang
Xingke Yang Xiushuai Yang Jie Zhang Wei Zhang Yang Zhao

Authors

Megaloptera Xingyue Liu, Ding Yang (Department of Entomology, College of Plant Protection, China Agricultural University, Beijing, 100193)

Raphidioptera Xingyue Liu (Department of Entomology, College of Plant Protection, China Agricultural University, Beijing, 100193)

Neuroptera

Coniopterygidae Shan Wang, Zhiqi Liu (Department of Entomology, College of Plant Protection, China Agricultural University, Beijing, 100193)

Nevrorthidae Xingyue Liu (Department of Entomology, College of Plant Protection, China Agricultural University, Beijing, 100193)

Sisyridae Wei Zhang, Xingyue Liu (Department of Entomology, College of Plant Protection, China Agricultural University, Beijing, 100193)

Osmylidae Shan Wang[1], Yongjie Wang[2], Han Xu[1], Zhiqi Liu[1] (1 Department of Entomology, College of Plant Protection, China Agricultural University, Beijing, 100193; 2 School of Life Sciences, Capital Normal University, Beijing, 100048)

Dilaridae Wei Zhang, Xingyue Liu (Department of Entomology, College of Plant Protection, China Agricultural University, Beijing, 100193)

Berothidae Xingyue Liu (Department of Entomology, College of Plant Protection, China Agricultural University, Beijing, 100193)

Mantispidae Shan Wang, Xiushuai Yang, Zhiqi Liu (Department of Entomology, College of Plant Protection, China Agricultural University, Beijing, 100193)

Hemerobiidae Yang Zhao, Bingzhen Yan, Yanlin Tian, Zhiqi Liu (Department of Entomology, College of Plant Protection, China Agricultural University, Beijing, 100193)

Chrysopidae Ruie Nie, Xingke Yang (Institute of Zoology, China Academy of Sciences, Beijing,

100101)

Ithonidae	Xingyue Liu (Department of Entomology, College of Plant Protection, China Agricultural University, Beijing, 100193)
Psychopsidae	Xinli Wang, Jie Zhang, Mingxue Yang (Department of Entomology, College of Plant Protection, China Agricultural University, Beijing, 100193)
Nemopteridae	Xinli Wang, Jie Zhang, Mingxue Yang (Department of Entomology, College of Plant Protection, China Agricultural University, Beijing, 100193)
Myrmeleontidae	Xinli Wang, Jie Zhang, Mingxue Yang (Department of Entomology, College of Plant Protection, China Agricultural University, Beijing, 100193)
Ascalaphidae	Xinli Wang, Jie Zhang, Mingxue Yang (Department of Entomology, College of Plant Protection, China Agricultural University, Beijing, 100193)

总　　序

生物多样性保护研究、管理和监测等许多工作都需要翔实的物种名录作为基础。建立可靠的生物物种名录也是生物多样性信息学建设的首要工作。通过物种唯一的有效学名可查询关联到国内外相关数据库中该物种的所有资料，这一点在网络时代尤为重要，也是整合生物多样性信息最容易实现的一种方式。此外，“物种数目”也是一个国家生物多样性丰富程度的重要统计指标。然而，像中国这样生物种类非常丰富的国家，各生物类群研究基础不同，物种信息散见于不同的志书或不同时期的刊物中，加之分类系统及物种学名也在不断被修订。因此建立实时更新、资料翔实，且经过专家审订的全国性生物物种名录，对我国生物多样性保护具有重要的意义。

生物多样性信息学的发展推动了生物物种名录编研工作。比较有代表性的项目，如全球鱼类数据库（FishBase）、国际豆科数据库（ILDIS）、全球生物物种名录（CoL）、全球植物名录（TPL）和全球生物名称（GNA）等项目；最有影响的全球生物多样性信息网络（GBIF）也专门设立子项目处理生物物种名称（ECAT）。生物物种名录的核心是明确某个区域或某个类群的物种数量，处理分类学名称，厘清生物分类学上有效发表的拉丁学名的性质，即接受名还是异名及其演变过程；好的生物物种名录是生物分类学研究进展的重要标志，是各种志书编研必需的基础性工作。

自 2007 年以来，中国科学院生物多样性委员会组织国内外 100 多位分类学专家编辑中国生物物种名录；并于 2008 年 4 月正式发布《中国生物物种名录》光盘版和网络版（http://www.sp2000.org.cn/），此后，每年更新一次；2012 年版名录已于同年 9 月面世，包括 70 596 个物种（含种下等级）。该名录自发布受到广泛使用和好评，成为环境保护部物种普查和农业部作物野生近缘种普查的核心名录库，并为环境保护部中国年度环境公报物种数量的数据源，我国还是全球首个按年度连续发布全国生物物种名录的国家。

电子版名录发布以后，有大量的读者来信索取光盘或从网站上下载名录数据，取得了良好的社会效果。有很多读者和编者建议出版《中国生物物种名录》印刷版，以方便读者、扩大名录的影响。为此，在 2011 年 3 月 31 日中国科学院生物多样性委员会换届大会上正式征求委员的意见，与会者建议尽快编辑出版《中国生物物种名录》印刷版。该项工作得到原中国科学院生命科学与生物技术局的大力支持，设立专门项目，支持《中国生物物种名录》的编研，项目于 2013 年正式启动。

组织编研出版《中国生物物种名录》（印刷版）主要基于以下几点考虑。①及时反映和推动中国生物分类学工作。“三志”是本项工作的重要基础。从目前情况看，植物方面的基础相对较好，2004 年 10 月《中国植物志》80 卷 126 册全部正式出版，*Flora of China* 的编研也已完成；动物方面的基础相对薄弱，《中国动物志》虽已出版 130 余卷，但仍有很多类群没有出版；《中国孢子植物志》已出版 80 余卷，很多类群仍有待编研，且微生物名录数字化基础比较薄弱，在 2012 年版中国生物物种名录光盘版中仅收录 900 多种，而植物有 35 000 多种，动物有 24 000 多种。需要及时总结分类学研究成果，把新种和新的修订，包括分类系统修订的信息及时整合到生物物种名录中，以克服志书编写出版周期长的不足，让各个方面的读者和用户及时了解和使用新的分类学成果。②生物物种名称的审订和处理是志书编写的基础性工作，名录的编研出版可以推动生物志书的编研；相关学科如生物地理学、保护生物学、生态学等的研究工作需要及时更新的生物物种名录。③政府部门和社会团体等在生物多样性保护和可持续利用的实践中，希望及时得到中国物种多样性的统计信息。④全球生物物种名录等国际项目需要中国生物物种名录等区域性名录信息不断更新完善，因此，我们的工作也可以在一定程度上推动全球生物多样性编目与保护工作的进展。

编研出版《中国生物物种名录》（印刷版）是一项艰巨的任务，尽管不追求短期内涉及所有类群，也是难度很大的。衷心感谢各位参编人员的严谨奉献，感谢几位副主编和工作组的把关和协调，特别感谢不幸过世的副主编刘瑞玉院士的积极支持。感谢国家出版基金和科学出版社的资助和支持，保证了本系列丛书的顺利出版。在此，对所有为《中国生物物种名录》编研出版付出艰辛努力的同仁表示诚挚的谢意。

虽然我们在《中国生物物种名录》网络版和光盘版的基础上，组织有关专家重新审订和编写名录的印刷版。但限于资料和编研队伍等多方面因素，肯定会有诸多不尽如人意之处，恳请各位同行和专家批评指正，以便不断更新完善。

陈宜瑜

2013年1月30日于北京

动物卷前言

《中国生物物种名录》（印刷版）动物卷是在该名录电子版的基础上，经编委会讨论协商，选择出部分关注度高、分类数据较完整、近年名录内容更新较多的动物类群，组织分类学专家再次进行审核修订，形成的中国动物名录的系列专著。它涵盖了在中国分布的脊椎动物全部类群、无脊椎动物的部分类群。目前计划出版 14 册，包括兽类（1 册）、鸟类（1 册）、爬行类（1 册）、两栖类（1 册）、鱼类（1 册）、无脊椎动物蜘蛛纲蜘蛛目（1 册）和部分昆虫（7 册）名录，以及脊椎动物总名录（1 册）。

动物卷各类群均列出了中文名、学名、异名、原始文献和国内分布，部分类群列出了国外分布和模式信息，还有部分类群将重要参考文献以其他文献的方式列出。在国内分布中，省级行政区按以下顺序排序：黑龙江、吉林、辽宁、内蒙古、河北、天津、北京、山西、山东、河南、陕西、宁夏、甘肃、青海、新疆、安徽、江苏、上海、浙江、江西、湖南、湖北、四川、重庆、贵州、云南、西藏、福建、台湾、广东、广西、海南、香港、澳门。为了便于国外读者阅读，将省级行政区英文缩写括注在中文名之后，缩写说明见前言后附表格。为规范和统一出版物中对系列书各分册的引用，我们还给出了引用方式的建议，见缩写词表格后的图书引用建议。

为了帮助各分册作者编辑名录内容，动物卷工作组建立了一个网络化的物种信息采集系统，先期将电子版的各分册内容导入，并为各作者开设了工作账号和工作空间。作者可以随时在网络平台上补充、修改和审定名录数据。在完成一个分册的名录内容后，按照名录印刷版的格式要求导出名录，形成完整规范的书稿。此平台极大地方便了作者的编撰工作，提高了印刷版名录的编辑效率。

据初步统计，共有 62 名动物分类学家参与了动物卷各分册的编写工作。编写分类学名录是一项繁琐、细致的工作，需要对研究的类群有充分了解，掌握本学科国内外的研究历史和最新动态。核对一个名称，查找一篇文献，都可能花费很多的时间精力。正是他们一丝不苟、精益求精的工作态度，不求名利的奉献精神，才使这套基础性、公益性的高质量成果得以面世。我们借此机会感谢各位专家学者默默无闻的贡献，向他们表示诚挚的敬意。

我们还要感谢丛书主编陈宜瑜，副主编洪德元、刘瑞玉、马克平、魏江春、郑光美给予动物卷编写工作的指导和支持，特别感谢马克平副主编大量具体细致的指导和帮助；感谢科学出版社编辑认真细致的编辑和联络工作。

随着分类学研究的进展，物种名录的内容也在不断更新。电子版名录在每年更新，印刷版名录也将在未来适当的时候再版。最新版的名录内容可以从物种 2000 中国节点的网站（http://www.sp2000.org.cn/）上获得。

《中国生物物种名录》动物卷工作组

2016 年 6 月

中国各省（自治区、直辖市和特区）名称和英文缩写
Abbreviations of provinces, autonomous regions and special administrative regions in China

Abb.	Regions	Abb.	Regions	Abb.	Regions	Abb.	Regions	Abb.	Regions	Abb.	Regions
AH	Anhui	GX	Guangxi	HK	Hong Kong	LN	Liaoning	SD	Shandong	XJ	Xinjiang
BJ	Beijing	GZ	Guizhou	HL	Heilongjiang	MC	Macau	SH	Shanghai	XZ	Xizang
CQ	Chongqing	HB	Hubei	HN	Hunan	NM	Inner Mongolia	SN	Shaanxi	YN	Yunnan
FJ	Fujian	HEB	Hebei	JL	Jilin	NX	Ningxia	SX	Shanxi	ZJ	Zhejiang
GD	Guangdong	HEN	Henan	JS	Jiangsu	QH	Qinghai	TJ	Tianjin		
GS	Gansu	HI	Hainan	JX	Jiangxi	SC	Sichuan	TW	Taiwan		

图书引用建议（以本书为例）

中文出版物引用：杨定，刘星月，杨星科，等. 2018. 中国生物物种名录·第二卷动物·昆虫(Ⅱ)/脉翅总目. 北京：科学出版社：引用内容所在页码

Suggested Citation: Yang D, Liu X Y, Yang X K, *et al.* 2018. Species Catalogue of China. Vol. 2. Animals, Insecta (Ⅱ), Neuropterida. Beijing: Science Press: Page number for cited contents

前　言

脉翅总目（Neuropterida），又称脉翅类，中文名以“蛉”为词干，如草蛉、齿蛉、蛇蛉等。脉翅总目是完全变态类昆虫中最古老的类群之一，现包括广翅目（Megaloptera）、蛇蛉目（Raphidioptera）和脉翅目（Neuroptera）三大支系。该类群成虫头前口式或下口式，口器咀嚼式，前胸明显，中后胸具2对膜质翅，翅脉多复杂、网状。幼虫多蛃形，头前口式，脉翅目幼虫具特化的双刺吸式口器。根据化石记录，脉翅总目起源不晚于古生代二叠纪。在其漫长的进化历史中，该类群在中生代曾经相当繁盛，多样性丰富。而在新生代后，至少有一半的科已灭绝。现生脉翅总目的一些类群无疑是孑遗类群，可谓“活化石”。尽管如此，现生脉翅总目仍在形态结构、生物学特性等方面呈现出异乎寻常的多样性，兼有水生、陆生、植食、捕食、寄生等习性。脉翅总目昆虫除具有关键的系统学研究意义外，还具有重要的应用价值，如草蛉是目前农业害虫生物防治中应用最广泛的天敌之一，广翅目是重要的水质监测指示生物。

世界现生脉翅总目昆虫已知6600余种，其中广翅目约380种、蛇蛉目约250种、脉翅目约6000种。中国脉翅总目昆虫区系较为丰富，实际物种数估计不少于1000种，但长期以来对整个脉翅总目在中国记录分布的物种数及分布情况尚未进行系统整理与核对。本名录收录中国脉翅总目3目18科142属917种，包括广翅目2科12属124种（齿蛉科10属109种，泥蛉科2属15种）、蛇蛉目2科5属31种（蛇蛉科2属11种，盲蛇蛉科3属20种）和脉翅目14科125属762种（粉蛉科11属66种，泽蛉科2属7种，水蛉科2属6种，溪蛉科11属58种，栉角蛉科2属33种，鳞蛉科2属11种，螳蛉科9属40种，褐蛉科11属125种，草蛉科27属251种，蛾蛉科1属3种，蝶蛉科1属5种，旌蛉科1属1种，蚁蛉科35属127种，蝶角蛉科10属29种）。部分类群名录基于已出版的《中国动物志 昆虫纲 第39卷 脉翅目 草蛉科》（2005）和《中国动物志 昆虫纲 第51卷 广翅目》（2010）整理完成。本名录收录了各属的学名、中文名、异名、模式种信息，以及各种的学名、中文名、异名、模式产地、分布等信息。同时提供了相关的分类研究参考文献。由于脉翅总目的早期分类文献较多，其标注出版时间与实际出版时间不一致的情况较常见，因此，我们特别将此类文献的实际出版时间与标注出版时间处理为“[实际出版时间] 标注出版时间”，特此说明。

本名录的属种信息还参考了美国John D. Oswald教授创建的Lacewing Digital Library（LDL）网站数据库，并且Oswald教授还慷慨提供了LDL中关于中国脉翅总目的数据用于核对。文稿承蒙中国科学院动物研究所武春生研究员审阅，中国科学院动物研究所纪力强研究员、周红章研究员、李枢强研究员和朱朝东研究员，中国科学院植物研究所马克平研究员，首都师范大学任东教授和北京自然博物馆李竹研究员等提出宝贵修改意见，作者在此表示衷心感谢。名录编研还得到了国家自然科学基金（31320103902、31322501、31672322、41271063、31272352、31772499）的资助。

本名录涉及面广，而作者知识有限，不足之处敬请读者批评指正。

编著者

2017年10月

Preface

The superorder Neuropterida, currently composed of Megaloptera, Raphidioptera and Neuroptera, is one of the ancient groups in the Holometabola. There are ca. 6600 species of extant Neuropterida in the world, including ca. 380 species of Megaloptera, ca. 250 species of Raphidioptera, and ca. 6000 species of Neuroptera. The fauna of Neuropterida in China is remarkably rich, including more than 1000 species by estimation. In the present catalog, 142 genera and 917 species in 18 families of Neuropterida are recorded in China, including 12 genera and 124 species of Megaloptera (Corydalidae: 10 genera and 109 species; Sialidae: 2 genera and 15 species), 5 genera and 31 species of Raphidioptera (Raphidiidae: 2 genera and 11 species; Inocelliidae: 3 genera and 20 species), and 125 genera and 762 species of Neuroptera (Coniopterygidae: 11 genera and 66 species; Nevrorthidae: 2 genera and 7 species; Sisyridae: 2 genera and 6 species; Osmylidae: 11 genera and 58 species; Dilaridae: 2 genera and 33 species; Berothidae: 2 genera and 11 species; Mantispidae: 9 genera and 40 species; Hemerobiidae: 11 genera and 125 species; Chrysopidae: 27 genera and 251 species; Ithonidae: 1 genus and 3 species; Psychopsidae: 1 genus and 5 species; Nemopteridae: 1 genus and 1 species; Myrmeleontidae: 35 genera and 127 species; Ascalaphidae: 10 genera and 29 species). The present catalog includes the scientific name, the Chinese name, the synonym, and the type locality and distribution of each genus and species from China.

We are in debt to Prof. John D. Oswald (College Station, TX) and the Lacewing Digital Library (LDL) for the enormous contributions on the catalog of the world Neuropterida. The present work was supported by the National Natural Science Foundation (No. 31320103902, 31322501, 31672322, 41271063, 31272352, 31772499).

目 录

广翅目 Megaloptera Latreille, 1802

齿蛉科 Corydalidae Leach, 1815

齿蛉亚科 Corydalinae Davis, 1903

1. 巨齿蛉属 *Acanthacorydalis* van der Weele, 1907

Acanthacorydalis van der Weele, 1907: 228. **Type species:** *Corydalis asiatica* Wood-Mason, 1884: 110 (designated by Glorioso, 1981: 281).

（1）属模巨齿蛉 *Acanthacorydalis asiatica* (Wood-Mason, 1884)

Corydalis asiatica Wood-Mason, 1884: 110. **Type locality:** India (Naga Hills).

Acanthacorydalis asiatica: Yang *et* Liu, 2010: 99.

分布（Distribution）：云南（YN）；印度

（2）越中巨齿蛉 *Acanthacorydalis fruhstorferi* van der Weele, 1907

Acanthacorydalis fruhstorferi van der Weele, 1907: 233. **Type locality:** Vietnam (Lang Son: Than-Moi).

Acanthacorydalis fruhstorferi: Yang *et* Liu, 2010: 101.

分布（Distribution）：浙江（ZJ）、江西（JX）、湖南（HN）、贵州（GZ）、云南（YN）、福建（FJ）、广东（GD）、广西（GX）；越南

（3）东方巨齿蛉 *Acanthacorydalis orientalis* (McLachlan, 1899)

Corydalis orientalis McLachlan, 1899: 281. **Type locality:** China (Sichuan: Chia-Ting-Fu).

Acanthacorydalis kolbei van der Weele, 1907: 230. **Type locality:** China (Sichuan: Omei-Shan).

Acanthacorydalis orientalis: Yang *et* Liu, 2010: 103.

分布（Distribution）：河北（HEB）、天津（TJ）、北京（BJ）、山西（SX）、河南（HEN）、陕西（SN）、甘肃（GS）、湖北（HB）、四川（SC）、重庆（CQ）、云南（YN）、福建（FJ）、广东（GD）

（4）中华巨齿蛉 *Acanthacorydalis sinensis* Yang *et* Yang, 1986

Acanthacorydalis sinensis Yang *et* Yang, 1986: 86. **Type locality:** China (Guangxi: Jinxiu).

Acanthacorydalis sinensis: Yang *et* Liu, 2010: 106.

分布（Distribution）：贵州（GZ）、广东（GD）、广西（GX）

（5）单斑巨齿蛉 *Acanthacorydalis unimaculata* Yang *et* Yang, 1986

Acanthacorydalis unimaculata Yang *et* Yang, 1986: 85. **Type locality:** China (Guangxi: Guilin).

Acanthacorydalis unimaculata: Yang *et* Liu, 2010: 108.

分布（Distribution）：安徽（AH）、浙江（ZJ）、江西（JX）、湖南（HN）、贵州（GZ）、云南（YN）、福建（FJ）、广东（GD）、广西（GX）；越南

（6）云南巨齿蛉 *Acanthacorydalis yunnanensis* Yang *et* Yang, 1988

Acanthacorydalis yunnanensis Yang *et* Yang, 1988: 45. **Type locality:** China (Yunnan: Jingdong).

Acanthacorydalis yunnanensis: Yang *et* Liu, 2010: 110.

分布（Distribution）：云南（YN）

2. 齿蛉属 *Neoneuromus* van der Weele, 1909

Neoneuromus van der Weele, 1909c: 252. **Type species:** *Neuromus fenestralis* McLachlan, 1869a: 42 (designated by van der Weele, 1910: 24).

（7）普通齿蛉 *Neoneuromus ignobilis* Navás, 1932

Neoneuromus ignobilis Navás, 1932c: 147. **Type locality:** China (Sichuan: Emei-Shan).

Corydalis huangshanensis Ôuchi, 1939: 230. **Type locality:** China (Anhui: Huangshan).

Neoneuromus ignobilis: Yang *et* Liu, 2010: 113.

分布（Distribution）：山西（SX）、陕西（SN）、安徽（AH）、浙江（ZJ）、江西（JX）、湖南（HN）、湖北（HB）、四川（SC）、重庆（CQ）、贵州（GZ）、福建（FJ）、广东（GD）、广西（GX）；越南

（8）麦克齿蛉 *Neoneuromus maclachlani* (van der Weele, 1907)

Neuromus fenestralis maclachlani van der Weele, 1907: 241. **Type locality:** China (Sichuan: Emei-Shan).

Neoneuromus maclachlani: Yang *et* Liu, 2010: 119.

分布（Distribution）：四川（SC）、贵州（GZ）、云南（YN）、广东（GD）、广西（GX）；越南

（9）东方齿蛉 *Neoneuromus orientalis* Liu *et* Yang, 2004

Neoneuromus orientalis Liu *et* Yang, 2004: 154. **Type locality:**

China (Guizhou: Liping).

Neoneuromus orientalis: Yang *et* Liu, 2010: 122.

分布（Distribution）：浙江（ZJ）、四川（SC）、贵州（GZ）、福建（FJ）、广东（GD）、广西（GX）；越南

（10）锡金齿蛉 *Neoneuromus sikkimmensis* (van der Weele, 1907)

Neuromus sikkimmensis van der Weele, 1907: 237. **Type locality:** India (Sikkim).

Neoneuromus sikkimmensis: Yang *et* Liu, 2010: 125.

分布（Distribution）：云南（YN）；越南、老挝、泰国、印度

（11）截形齿蛉 *Neoneuromus tonkinensis* (van der Weele, 1907)

Neuromus latratus tonkinensis van der Weele, 1907: 239. **Type locality:** Vietnam (Lang Son: Mauson Mountains).

Neoneuromus tonkinensis: Yang *et* Liu, 2010: 127.

分布（Distribution）：贵州（GZ）、福建（FJ）、广西（GX）；越南

3. 黑齿蛉属 *Neurhermes* Navás, 1915

Neurhermes Navás, 1915e: 391. **Type species:** *Hermes maculipennis* Gray, 1832: 332 (monotypy).

Hermes Gray, 1832: 331. **Type species:** *Hermes maculipennis* Gray, 1832: 332 (original designation).

（12）塞利斯黑齿蛉 *Neurhermes selysi* (van der Weele, 1909)

Hermes selysi van der Weele, 1909c: 256. **Type locality:** Bangladesh (Sylhet).

Neurhermes bipunctata Yang *et* Yang, 1988: 56. **Type locality:** China (Yunnan: Tengchong).

分布（Distribution）：云南（YN）；印度、孟加拉国、缅甸

（13）黄胸黑齿蛉 *Neurhermes tonkinensis* (van der Weele, 1909)

Hermes maculifera tonkinensis van der Weele, 1909c: 255. **Type locality:** Vietnam.

Neurhermes tonkinensis: Yang *et* Liu, 2010: 132.

分布（Distribution）：贵州（GZ）、云南（YN）、福建（FJ）、广东（GD）、广西（GX）；越南、老挝、泰国

4. 脉齿蛉属 *Nevromus* Rambur, 1842

Nevromus Rambur, 1842: 441. **Type species:** *Nevromus testaceus* Rambur, 1842: 442 (designated by van der Weele, 1906: 210).

（14）阿氏脉齿蛉 *Nevromus aspoeck* Liu, Hayashi *et* Yang, 2012

Nevromus aspoeck Liu, Hayashi *et* Yang, 2012: 661. **Type locality:** China (Yunnan: Xishuangbanna).

分布（Distribution）：云南（YN）；泰国

（15）印脉齿蛉 *Nevromus intimus* (McLachlan, 1869)

Neuromus intimus McLachlan, 1869a: 44. **Type locality:** India.

分布（Distribution）：云南（YN）；印度、尼泊尔、巴基斯坦、缅甸

（16）华脉齿蛉 *Nevromus exterior* (Navás, 1927)

Neuromus exterior Navás, 1927d: 23. **Type locality:** Vietnam.

Neuromus sinenesis Yang *et* Yang, 1986: 87. **Type locality:** China (Guangxi: Longrui).

Nevromus exterior: Yang *et* Liu, 2010: 137.

分布（Distribution）：广西（GX）；越南、老挝

5. 星齿蛉属 *Protohermes* van der Weele, 1907

Protohermes van der Weele, 1907: 243. **Type species:** *Hermes anticus* Walker, 1853: 205 (original designation).

Allohermes Lestage, 1927: 100. **Type species:** *Protohermes davidi* van der Weele, 1909c: 254 (original designation).

（17）尖突星齿蛉 *Protohermes acutatus* Liu, Hayashi *et* Yang, 2007

Protohermes acutatus Liu, Hayashi *et* Yang, 2007a: 13. **Type locality:** China (Chongqing: Wangerbao).

Protohermes acutatus: Yang *et* Liu, 2010: 149.

分布（Distribution）：陕西（SN）、湖北（HB）、重庆（CQ）

（18）滇印星齿蛉 *Protohermes arunachalensis* Ghosh, 1991

Protohermes arunachalensis Ghosh, 1991: 147. **Type locality:** India (Arunachal Pradesh).

Protohermes arunachalensis: Yang *et* Liu, 2010: 154.

分布（Distribution）：云南（YN）；印度

（19）阿萨姆星齿蛉 *Protohermes assamensis* Kimmins, 1948

Protohermes assamensis Kimmins, 1948: 773. **Type locality:** India (Assam).

Protohermes assamensis: Yang *et* Liu, 2010: 141.

分布（Distribution）：云南（YN）；印度、越南

（20）基斑星齿蛉 *Protohermes basimaculatus* Liu, Hayashi *et* Yang, 2007

Protohermes basimaculatus Liu, Hayashi *et* Yang, 2007a: 19. **Type locality:** China (Yunnan: Baihualing).

Protohermes basimaculatus: Yang *et* Liu, 2010: 158.

分布（Distribution）：云南（YN）

（21）沧源星齿蛉 *Protohermes cangyuanensis* Yang *et* Yang, 1988

Protohermes cangyuanensis Yang *et* Yang, 1988: 50. **Type locality:** China (Yunnan: Cangyuan).

Protohermes cangyuanensis: Yang *et* Liu, 2010: 202.

分布（Distribution）：云南（YN）

（22）卡氏星齿蛉 *Protohermes cavaleriei* Navás, 1925

Protohermes cavaleriei Navás, 1925a: 80. **Type locality:** China (Guizhou: Pin Fa).

分布（Distribution）：贵州（GZ）

（23）昌宁星齿蛉 *Protohermes changninganus* Yang *et* Yang, 1988

Protohermes changninganus Yang *et* Yang, 1988: 52. **Type locality:** China (Yunnan: Changning).

Protohermes changningensis: Liu *et* Yang, 2005c: 168. An incorrect subsequent spelling of *Protohermes changninganus*.

Protohermes changninganus: Yang *et* Liu, 2010: 144.

分布（Distribution）：云南（YN）

（24）车八岭星齿蛉 *Protohermes chebalingensis* Liu *et* Yang, 2006

Protohermes chebalingensis Liu *et* Yang, 2006h: 220. **Type locality:** China (Guangdong: Chebaling).

Protohermes chebalingensis: Yang *et* Liu, 2010: 197.

分布（Distribution）：广东（GD）

（25）全色星齿蛉 *Protohermes concolorus* Yang *et* Yang, 1988

Protohermes concolorus Yang *et* Yang, 1988: 54. **Type locality:** China (Yunnan: Shili).

Protohermes concolorus: Yang *et* Liu, 2010: 188.

分布（Distribution）：云南（YN）

（26）花边星齿蛉 *Protohermes costalis* (Walker, 1853)

Hermes costalis Walker, 1853: 207. **Type locality:** North China.

Protohermes griseus Stitz, 1914: 201. **Type locality:** China (Taiwan).

Protohermes costalis: Yang *et* Liu, 2010: 160.

分布（Distribution）：河南（HEN）、安徽（AH）、浙江（ZJ）、江西（JX）、湖南（HN）、湖北（HB）、贵州（GZ）、云南（YN）、福建（FJ）、台湾（TW）、广东（GD）、广西（GX）

（27）弯角星齿蛉 *Protohermes curvicornis* Liu, Hayashi *et* Yang, 2013

Protohermes curvicornis Liu, Hayashi *et* Yang, 2013: 572. **Type locality:** China (Yunnan: Jinzhuzhai).

分布（Distribution）：云南（YN）；印度

（28）大卫星齿蛉 *Protohermes davidi* van der Weele, 1909

Protohermes davidi van der Weele, 1909c: 254. **Type locality:** China (Sichuan: Mou-Pin).

Protohermes davidi: Yang *et* Liu, 2010: 191.

分布（Distribution）：四川（SC）

（29）异角星齿蛉 *Protohermes differentialis* (Yang *et* Yang, 1986)

Neurhermes differentialis Yang *et* Yang, 1986: 90. **Type locality:** China (Guangxi: Daqingshan).

Neurhermes fangchengensis Yang, 2004: 265. **Type locality:** China (Guangxi: Fulong).

Neurhermes guangxiensis Yang *et* Yang, 1992d: 641. A unnecessary new name of *Protohermes differentialis*.

Protohermes differentialis: Yang *et* Liu, 2010: 200.

分布（Distribution）：贵州（GZ）、广东（GD）、广西（GX）；越南

（30）双斑星齿蛉 *Protohermes dimaculatus* Yang *et* Yang, 1988

Protohermes dimaculatus Yang *et* Yang, 1988: 49. **Type locality:** China (Yunnan: Yongshan).

Protohermes dimaculatus: Yang *et* Liu, 2010: 193.

分布（Distribution）：贵州（GZ）、云南（YN）

（31）独龙星齿蛉 *Protohermes dulongjiangensis* Liu, Hayashi *et* Yang, 2010

Protohermes dulongjiangensis Liu, Hayashi *et* Yang, 2010a: 310. **Type locality:** China (Yunnan: Dulongjiang).

分布（Distribution）：云南（YN）

（32）报喜星齿蛉 *Protohermes festivus* Navás, 1932

Protohermes festivus Navás, 1932c: 149. **Type locality:** China (Chongqing: Jinfoshan).

分布（Distribution）：重庆（CQ）

（33）黄脉星齿蛉 *Protohermes flavinervus* Liu, Hayashi *et* Yang, 2009

Protohermes flavinervus Liu, Hayashi *et* Yang, 2009a: 361. **Type locality:** China (Yunnan: Dulongjiang).

分布（Distribution）：云南（YN）

（34）黄茎星齿蛉 *Protohermes flavipennis* Navás, 1929

Protohermes flavipennis Navás, 1929b: 37. **Type locality:** China (Gansu: Wenxian).

分布（Distribution）：甘肃（GS）

（35）黑色星齿蛉 *Protohermes fruhstorferi* (van der Weele, 1907)

Hermes fruhstorferi van der Weele, 1907: 250. **Type locality:** Vietnam (Thau).

Protohermes fruhstorferi: Yang *et* Liu, 2010: 205.

分布（Distribution）：广西（GX）；越南

（36）福建星齿蛉 *Protohermes fujianensis* Yang *et* Yang, 1999

Protohermes fujianensis Yang *et* Yang, 1999: 171. **Type locality:** China (Fujian: Chong'an).

Protohermes fujianensis: Yang *et* Liu, 2010: 163.
分布（**Distribution**）：福建（FJ）

（37）广西星齿蛉 *Protohermes guangxiensis* Yang *et* Yang, 1986

Protohermes guangxiensis Yang *et* Yang, 1986: 88. **Type locality:** China (Guangxi: Dayaoshan).
Protohermes guangxiensis: Yang *et* Liu, 2010: 207.
分布（**Distribution**）：重庆（CQ）、广东（GD）、广西（GX）；越南

（38）古田星齿蛉 *Protohermes gutianensis* Yang *et* Yang, 1995

Protohermes gutianensis Yang *et* Yang, 1995: 129. **Type locality:** China (Zhejiang: Gutianshan).
Protohermes gutianensis: Yang *et* Liu, 2010: 165.
分布（**Distribution**）：河南（HEN）、甘肃（GS）、浙江（ZJ）、江西（JX）、湖南（HN）、四川（SC）、重庆（CQ）、贵州（GZ）、福建（FJ）、广东（GD）、广西（GX）

（39）海南星齿蛉 *Protohermes hainanensis* Yang *et* Yang, 1990

Protohermes hainanensis Yang *et* Yang, 1990e: 98. **Type locality:** China (Hainan: Jianfengling).
Protohermes hainanensis: Yang *et* Liu, 2010: 226.
分布（**Distribution**）：海南（HI）

（40）赫氏星齿蛉 *Protohermes horni* Navás, 1932

Protohermes horni Navás, 1932c: 150. **Type locality:** China (Sichuan: Ku Hmantsien).
Protohermes horni: Yang *et* Liu, 2010: 219.
分布（**Distribution**）：四川（SC）、云南（YN）

（41）湖北星齿蛉 *Protohermes hubeiensis* Yang *et* Yang, 1992

Protohermes hubeiensis Yang *et* Yang, 1992e: 408. **Type locality:** China (Hubei: Hefeng).
Protohermes hubeiensis: Yang *et* Liu, 2010: 194.
分布（**Distribution**）：陕西（SN）、湖北（HB）

（42）湖南星齿蛉 *Protohermes hunanensis* Yang *et* Yang, 1992

Protohermes hunanensis Yang *et* Yang, 1992d: 641. **Type locality:** China (Hunan: Yongshun).
Protohermes hunanensis: Yang *et* Liu, 2010: 168.
分布（**Distribution**）：湖南（HN）、广东（GD）、广西（GX）

（43）污星齿蛉 *Protohermes infectus* (McLachlan, 1869)

Neuromus infectus McLachlan, 1869a: 41. **Type locality:** India (West Bengal: Darjeeling).
Protohermes anticus striolatus Stitz, 1914: 200. **Type locality:** India (Sikkim).
Protohermes tibetanus Yang *et* Yang, 1988: 207. **Type locality:** China (Xizang: Medog).
Protohermes infectus: Yang *et* Liu, 2010: 229.
分布（**Distribution**）：西藏（XZ）；印度、缅甸

（44）宽胸星齿蛉 *Protohermes latus* Liu *et* Yang, 2006

Protohermes latus Liu *et* Yang, 2006c: 52. **Type locality:** China (Xizang: Medog).
Protohermes latus: Yang *et* Liu, 2010: 231.
分布（**Distribution**）：西藏（XZ）

（45）李氏星齿蛉 *Protohermes lii* Liu, Hayashi *et* Yang, 2007

Protohermes lii Liu, Hayashi *et* Yang, 2007a: 30. **Type locality:** China (Guangxi: Fangcheng).
Protohermes lii: Yang *et* Liu, 2010: 170.
分布（**Distribution**）：广西（GX）；越南

（46）墨脱星齿蛉 *Protohermes motuoensis* Liu *et* Yang, 2006

Protohermes motuoensis Liu *et* Yang, 2006c: 54. **Type locality:** China (Xizang: Medog).
Protohermes motuoensis: Yang *et* Liu, 2010: 222.
分布（**Distribution**）：西藏（XZ）；尼泊尔

（47）黑胸星齿蛉 *Protohermes niger* Yang *et* Yang, 1988

Protohermes niger Yang *et* Yang, 1988: 51. **Type locality:** China (Yunnan: Sanchahe).
Protohermes niger: Yang *et* Liu, 2010: 172.
分布（**Distribution**）：云南（YN）

（48）东方星齿蛉 *Protohermes orientalis* Liu, Hayashi *et* Yang, 2007

Protohermes orientalis Liu, Hayashi *et* Yang, 2007a: 33. **Type locality:** China (Fujian: Longqishan).
Protohermes orientalis: Yang *et* Liu, 2010: 174.
分布（**Distribution**）：江西（JX）、福建（FJ）、广西（GX）

（49）寡斑星齿蛉 *Protohermes parcus* Yang *et* Yang, 1988

Protohermes parcus Yang *et* Yang, 1988: 55. **Type locality:** China (Yunnan: Bawan).
Protohermes parcus: Yang *et* Liu, 2010: 210.
分布（**Distribution**）：云南（YN）

（50）滇蜀星齿蛉 *Protohermes similis* Yang *et* Yang, 1988

Protohermes similis Yang *et* Yang, 1988: 47. **Type locality:** China (Sichuan: Ya-an).
Protohermes sichuanensis Yang *et* Yang, 1997: 31. **Type locality:** China (Sichuan: Emeishan).
Protohermes similis: Yang *et* Liu, 2010: 176.

分布（Distribution）：四川（SC）、云南（YN）

（51）中华星齿蛉 *Protohermes sinensis* Yang *et* Yang, 1992

Protohermes sinensis Yang *et* Yang, 1992d: 640. **Type locality:** China (Zhejiang: Lishui).
Protohermes sinensis: Yang *et* Liu, 2010: 178.
分布（Distribution）：河南（HEN）、上海（SH）、浙江（ZJ）、湖南（HN）

（52）多斑星齿蛉 *Protohermes stigmosus* Liu, Hayashi *et* Yang, 2007

Protohermes stigmosus Liu, Hayashi *et* Yang, 2007a: 38. **Type locality:** China (Yunnan: Nabanhe).
Protohermes stigmosus: Yang *et* Liu, 2010: 180.
分布（Distribution）：云南（YN）

（53）条斑星齿蛉 *Protohermes striatulus* Navás, 1926

Protohermes striatulus Navás, 1926e: 58. **Type locality:** Vietnam (Bac Kan: Ngan-Son).
Protohermes basiflavus Yang, 2004: 265. **Type locality:** China (Guangxi: Fulong).
分布（Distribution）：云南（YN）、广西（GX）；越南、缅甸

（54）拟寡斑星齿蛉 *Protohermes subparcus* Liu *et* Yang, 2006

Protohermes subparcus Liu *et* Yang, 2006e: 485. **Type locality:** China (Yunnan: Xiaoweixi).
Protohermes subparcus: Yang *et* Liu, 2010: 213.
分布（Distribution）：云南（YN）

（55）淡云斑星齿蛉 *Protohermes subnubilus* Kimmins, 1948

Protohermes subnubilus Kimmins, 1948: 770. **Type locality:** Myanmar (Ruby Mines).
Protohermes tengchongensis Yang *et* Yang, 1988: 53. **Type locality:** China (Yunnan: Tengchong).
分布（Distribution）：云南（YN）；缅甸

（56）迷星齿蛉 *Protohermes triangulatus* Liu, Hayashi *et* Yang, 2007

Protohermes triangulatus Liu, Hayashi *et* Yang, 2007a: 39. **Type locality:** China (Yunnan: Xinping).
Protohermes triangulatus: Yang *et* Liu, 2010: 182.
分布（Distribution）：云南（YN）；越南、泰国

（57）威利星齿蛉 *Protohermes weelei* Navás, 1925

Protohermes weelei Navás, 1925a: 81. **Type locality:** China (Chen-Si).
分布（Distribution）：云南（YN）

（58）炎黄星齿蛉 *Protohermes xanthodes* Navás, 1914

Protohermes xanthodes Navás, [1914l] 1913: 427. **Type locality:** China (Yunnan: Dali).
Protohermes rubidus Stitz, 1914: 201. **Type locality:** China (Shandong: Qingdao).
Protohermes martynovae Vshivkova, 1995: 24. **Type locality:** Russia (south Primorskij).
Protohermes xanthodes: Yang *et* Liu, 2010: 216.
分布（Distribution）：辽宁（LN）、河北（HEB）、北京（BJ）、山西（SX）、山东（SD）、河南（HEN）、陕西（SN）、甘肃（GS）、安徽（AH）、浙江（ZJ）、江西（JX）、湖南（HN）、湖北（HB）、四川（SC）、重庆（CQ）、贵州（GZ）、云南（YN）、广东（GD）、广西（GX）；朝鲜、韩国、俄罗斯

（59）兴山星齿蛉 *Protohermes xingshanensis* Liu *et* Yang, 2005

Protohermes xingshanensis Liu *et* Yang, 2005c: 170. **Type locality:** China (Hubei: Xingshan).
Protohermes xingshanensis: Yang *et* Liu, 2010: 224.
分布（Distribution）：湖北（HB）、四川（SC）

（60）杨氏星齿蛉 *Protohermes yangi* Liu, Hayashi *et* Yang, 2007

Protohermes yangi Liu, Hayashi *et* Yang, 2007a: 41. **Type locality:** Vietnam (Cao Bang: Mt. Pia Oac).
Protohermes yangi: Yang *et* Liu, 2010: 184.
分布（Distribution）：贵州（GZ）、广西（GX）；越南

（61）云南星齿蛉 *Protohermes yunnanensis* Yang *et* Yang, 1988

Protohermes yunnanensis Yang *et* Yang, 1988: 48. **Type locality:** China (Yunnan: Yunxian).
Protohermes yunnanensis: Yang *et* Liu, 2010: 186.
分布（Distribution）：四川（SC）、云南（YN）

（62）朱氏星齿蛉 *Protohermes zhuae* Liu, Hayashi *et* Yang, 2008

Protohermes zhuae Liu, Hayashi *et* Yang, 2008: 39. **Type locality:** China (Zhejiang: Wuyanling).
分布（Distribution）：浙江（ZJ）、福建（FJ）

鱼蛉亚科 Chauliodinae van der Weele, 1909

6. 臀鱼蛉属 *Anachauliodes* Kimmins, 1954

Anachauliodes Kimmins, 1954: 427. **Type species:** *Anachauliodes tonkinicus* Kimmins, 1954: 428 (original designation). *Anachauliodes tonkinicus* was considered a junior synonym of *Neochauliodes laboissierei* Navás, 1913g: 10, by Yue *et al.*, 2015: 99.

（63）莱博斯臀鱼蛉 *Anachauliodes laboissierei* (Navás, 1913)

Neochauliodes laboissierei Navás, 1913g: 10. **Type locality:**

Vietnam (Hoa Binh).
Anachauliodes tonkinicus Kimmins, 1954: 428. **Type locality:** Vietnam (Lao Cai: Ngai-Tio).
Anachauliodes sinenisis Yang *et* Yang, 1992c: 436. **Type locality:** China (Yunnan: Dali).
分布（Distribution）：四川（SC）、重庆（CQ）、贵州（GZ）、云南（YN）、广西（GX）；越南、印度

7. 栉鱼蛉属 *Ctenochauliodes* van der Weele, 1909

Ctenochauliodes van der Weele, 1909c: 263. **Type species:** *Chauliodes nigrovenosus* van der Weele, 1907: 257 (original designation).

（64）异斑栉鱼蛉 *Ctenochauliodes abnormis* Yang *et* Yang, 1986

Ctenochauliodes abnormis Yang *et* Yang, 1986: 92. **Type locality:** China (Guangxi: Daqingshan).
Ctenochauliodes abnormis: Yang *et* Liu, 2010: 242.
分布（Distribution）：广西（GX）；越南

（65）指突栉鱼蛉 *Ctenochauliodes digitiformis* Liu *et* Yang, 2006

Ctenochauliodes digitiformis Liu *et* Yang, 2006d: 479. **Type locality:** China (Yunnan: Sipaishan).
Ctenochauliodes digitiformis: Yang *et* Liu, 2010: 244.
分布（Distribution）：云南（YN）

（66）长突栉鱼蛉 *Ctenochauliodes elongatus* Liu *et* Yang, 2006

Ctenochauliodes elongatus Liu *et* Yang, 2006d: 480. **Type locality:** China (Hunan: Nanyue).
Ctenochauliodes elongatus: Yang *et* Liu, 2010: 245.
分布（Distribution）：湖南（HN）

（67）福建栉鱼蛉 *Ctenochauliodes fujianensis* Yang *et* Yang, 1999

Ctenochauliodes fujianensis Yang *et* Yang, 1999: 174. **Type locality:** China (Fujian: Wuyishan).
Ctenochauliodes fujianensis: Yang *et* Liu, 2010: 249.
分布（Distribution）：福建（FJ）

（68）灰翅栉鱼蛉 *Ctenochauliodes griseus* Yang *et* Yang, 1992

Ctenochauliodes griseus Yang *et* Yang, 1992a: 1. **Type locality:** China (Anhui: Huangshan).
Ctenochauliodes moganshanus Yang *et* Yang, 1992b: 415. **Type locality:** China (Zhejiang: Moganshan).
Ctenochauliodes griseus: Yang *et* Liu, 2010: 250.
分布（Distribution）：安徽（AH）、浙江（ZJ）

（69）南方栉鱼蛉 *Ctenochauliodes meridionalis* Yang *et* Yang, 1986

Ctenochauliodes merdionalis Yang *et* Yang, 1986: 93. **Type locality:** China (Guangxi: Damingshan).
Ctenochauliodes meridionalis: Yang *et* Liu, 2010: 252.
分布（Distribution）：广西（GX）

（70）属模栉鱼蛉 *Ctenochauliodes nigrovenosus* (van der Weele, 1907)

Chauliodes nigrovenosus van der Weele, 1907: 257. **Type locality:** Vietnam (Lang Son: Mauson Mountains).
Ctenochauliodes forcipatus Kimmins, 1954: 429. **Type locality:** China (Chongqing: Jinfoshan).
Ctenochauliodes friedrichi Navás, 1932c: 151. **Type locality:** China (Chongqing: Jinfoshan).
分布（Distribution）：湖北（HB）、四川（SC）、重庆（CQ）、贵州（GZ）、云南（YN）、广西（GX）；越南

（71）点斑栉鱼蛉 *Ctenochauliodes punctulatus* Yang *et* Yang, 1990

Ctenochauliodes punctulatus Yang *et* Yang, 1990e: 99. **Type locality:** China (Hainan: Jianfengling).
Ctenochauliodes punctulatus: Yang *et* Liu, 2010: 255.
分布（Distribution）：海南（HI）

（72）箭突栉鱼蛉 *Ctenochauliodes sagittiformis* Liu *et* Yang, 2006

Ctenochauliodes sagittiformis Liu *et* Yang, 2006d: 486. **Type locality:** China (Guangdong: Nanling).
Ctenochauliodes sagittiformis: Yang *et* Liu, 2010: 257.
分布（Distribution）：福建（FJ）、广东（GD）

（73）碎斑栉鱼蛉 *Ctenochauliodes similis* Liu *et* Yang, 2006

Ctenochauliodes similis Liu *et* Yang, 2006d: 487. **Type locality:** China (Guangxi: Damingshan).
Ctenochauliodes similis: Yang *et* Liu, 2010: 258.
分布（Distribution）：广东（GD）、广西（GX）

（74）多斑栉鱼蛉 *Ctenochauliodes stigmosus* Liu, Hayashi *et* Yang, 2011

Ctenochauliodes stigmosus Liu, Hayashi *et* Yang, 2011: 31. **Type locality:** China (Guangxi: Huaping).
分布（Distribution）：广西（GX）

（75）杨氏栉鱼蛉 *Ctenochauliodes yangi* Liu *et* Yang, 2006

Ctenochauliodes yangi Liu *et* Yang, 2006d: 487. **Type locality:** China (Guangxi: Fulong).
Ctenochauliodes yangi: Yang *et* Liu, 2010: 260.
分布（Distribution）：广东（GD）、广西（GX）；越南

8. 斑鱼蛉属 *Neochauliodes* van der Weele, 1909

Neochauliodes van der Weele, 1909c: 259. **Type species:** *Chauliodes sinensis* Walker, 1853: 199 (original designation).

（76）尖端斑鱼蛉 *Neochauliodes acutatus* Liu *et* Yang, 2005

Neochauliodes acutatus Liu *et* Yang, 2005a: 3. **Type locality:** China (Guangxi: Jinxiu).

Neochauliodes acutatus: Yang *et* Liu, 2010: 272.

分布（Distribution）：广西（GX）

（77）双齿斑鱼蛉 *Neochauliodes bicuspidatus* Liu *et* Yang, 2006

Neochauliodes bicuspidatus Liu *et* Yang, 2006b: 188. **Type locality:** China (Yunnan: Longling).

Neochauliodes bicuspidatus: Yang *et* Liu, 2010: 272.

分布（Distribution）：云南（YN）；越南

（78）缘点斑鱼蛉 *Neochauliodes bowringi* (McLachlan, 1867)

Chauliodes bowringi McLachlan, [1867] 1868: 260. **Type locality:** China (Hong Kong).

Neochauliodes bowringi: Yang *et* Liu, 2010: 264.

分布（Distribution）：陕西（SN）、江西（JX）、湖南（HN）、贵州（GZ）、福建（FJ）、广东（GD）、广西（GX）、海南（HI）、香港（HK）；越南

（79）迷斑鱼蛉 *Neochauliodes confusus* Liu, Hayashi *et* Yang, 2010

Neochauliodes confusus Liu, Hayashi *et* Yang, 2010b: 112. **Type locality:** Vietnam (Vinh Phuc: Tam Dao).

分布（Distribution）：广西（GX）；越南

（80）指突斑鱼蛉 *Neochauliodes digitiformis* Liu *et* Yang, 2005

Neochauliodes digitiformis Liu *et* Yang, 2005b: 294. **Type locality:** China (Henan: Huangbaishan).

Neochauliodes digitiformis: Yang *et* Liu, 2010: 280.

分布（Distribution）：河南（HEN）

（81）台湾斑鱼蛉 *Neochauliodes formosanus* (Okamoto, 1910)

Chauliodes formosanus Okamoto, 1910a: 263. **Type locality:** China (Taiwan).

Chauliodes kawarayamanus Okamoto, 1910a: 262. **Type locality:** China (Taiwan).

Neochauliodes formosanus: Yang *et* Liu, 2010: 281.

分布（Distribution）：山东（SD）、青海（QH）、浙江（ZJ）、江西（JX）、湖南（HN）、重庆（CQ）、云南（YN）、福建（FJ）、台湾（TW）、广东（GD）、广西（GX）、海南（HI）、香港（HK）；日本、朝鲜、韩国、越南

（82）污翅斑鱼蛉 *Neochauliodes fraternus* (McLachlan, 1869)

Chauliodes fraternus McLachlan, 1869a: 37. **Type locality:** China (North China).

Neochauliodes discretus Yang *et* Yang, 1993a: 246. **Type locality:** China (Guizhou: Duyun).

Neochauliodes fraternus: Yang *et* Liu, 2010: 315.

分布（Distribution）：山东（SD）、安徽（AH）、浙江（ZJ）、江西（JX）、湖南（HN）、湖北（HB）、四川（SC）、贵州（GZ）、云南（YN）、福建（FJ）、台湾（TW）、广东（GD）、广西（GX）、海南（HI）；越南

（83）褐翅斑鱼蛉 *Neochauliodes fuscus* Liu *et* Yang, 2005

Neochauliodes fuscus Liu *et* Yang, 2005a: 11. **Type locality:** China (Guangxi: Lipu).

Neochauliodes fuscus: Yang *et* Liu, 2010: 285.

分布（Distribution）：广西（GX）

（84）广西斑鱼蛉 *Neochauliodes guangxiensis* Yang *et* Yang, 1997

Neochauliodes guangxiensis Yang *et* Yang, 1997: 32. **Type locality:** China (Guangxi: Yanshan).

Neochauliodes guangxiensis: Yang *et* Liu, 2010: 287.

分布（Distribution）：贵州（GZ）、广东（GD）、广西（GX）

（85）桂西斑鱼蛉 *Neochauliodes guixianus* Jiang, Wang *et* Liu, 2012

Neochauliodes guixianus Jiang, Wang *et* Liu, 2012: 61. **Type locality:** China (Guangxi: Langping).

分布（Distribution）：广西（GX）

（86）江西斑鱼蛉 *Neochauliodes jiangxiensis* Yang *et* Yang, 1992

Neochauliodes jiangxiensis Yang *et* Yang, 1992a: 1. **Type locality:** China (Jiangxi: Yudu).

Neochauliodes jiangxiensis: Yang *et* Liu, 2010: 288.

分布（Distribution）：江西（JX）

（87）双色斑鱼蛉 *Neochauliodes koreanus* van der Weele, 1909

Neochauliodes koreanus van der Weele, 1909c: 261. **Type locality:** China (Hong Kong).

Neochauliodes koreanus: Yang *et* Liu, 2010: 289.

分布（Distribution）：福建（FJ）、广东（GD）、广西（GX）、香港（HK）；越南

（88）宽茎斑鱼蛉 *Neochauliodes latus* Yang, 2004

Neochauliodes latus Yang, 2004: 266. **Type locality:** China (Guangxi: Shangsi).

Neochauliodes latus: Yang *et* Liu, 2010: 291.

分布（Distribution）：广西（GX）

（89）南方斑鱼蛉 *Neochauliodes meridionalis* van der Weele, 1909

Neochauliodes sinensis meridionalis van der Weele, 1909c: 260. **Type locality:** China (South China).

Neochauliodes meridionalis: Yang *et* Liu, 2010: 293.

分布（Distribution）：云南（YN）、广东（GD）、广西（GX）、海南（HI）

（90）基点斑鱼蛉 *Neochauliodes moriutii* Asahina, 1988

Neochauliodes moriutii Asahina, 1988: 8. **Type locality:** Thailand (Chiang Mai).

Neochauliodes moriutii: Yang *et* Liu, 2010: 268.

分布（Distribution）：云南（YN）；老挝、泰国

（91）黑头斑鱼蛉 *Neochauliodes nigris* Liu *et* Yang, 2005

Neochauliodes nigris Liu *et* Yang, 2005a: 17. **Type locality:** China (Guizhou: Fanjingshan).

Neochauliodes nigris: Yang *et* Liu, 2010: 295.

分布（Distribution）：浙江（ZJ）、江西（JX）、湖南（HN）、贵州（GZ）、福建（FJ）、广东（GD）、广西（GX）；日本

（92）西华斑鱼蛉 *Neochauliodes occidentalis* van der Weele, 1909

Neochauliodes sinensis occidentalis van der Weele, 1909c: 260. **Type locality:** China (Sichuan: Emeishan).

Neochauliodes occidentalis: Yang *et* Liu, 2010: 297.

分布（Distribution）：甘肃（GS）、四川（SC）

（93）碎斑鱼蛉 *Neochauliodes parasparsus* Liu *et* Yang, 2005

Neochauliodes parasparsus Liu *et* Yang, 2005b: 298. **Type locality:** China (Hubei: Shennongjia).

Neochauliodes parasparsus: Yang *et* Liu, 2010: 299.

分布（Distribution）：山西（SX）、河南（HEN）、陕西（SN）、甘肃（GS）、湖南（HN）、湖北（HB）、四川（SC）

（94）寡斑鱼蛉 *Neochauliodes parcus* Liu *et* Yang, 2006

Neochauliodes parcus Liu *et* Yang, 2006b: 192. **Type locality:** China (Yunnan: Lianghe).

Neochauliodes parcus: Yang *et* Liu, 2010: 301.

分布（Distribution）：云南（YN）

（95）舟山斑鱼蛉 *Neochauliodes pielinus* Navás, 1933

Neochauliodes pielinus Navás, 1933f: 9. **Type locality:** China (Zhejiang: Zhoushan).

分布（Distribution）：浙江（ZJ）

（96）散斑鱼蛉 *Neochauliodes punctatolosus* Liu *et* Yang, 2006

Neochauliodes punctatolosus Liu *et* Yang, 2006b: 193. **Type locality:** China (Yunnan: Jingdong).

Neochauliodes punctatolosus: Yang *et* Liu, 2010: 303.

分布（Distribution）：云南（YN）；越南、老挝、泰国

（97）粗茎斑鱼蛉 *Neochauliodes robustus* Liu, Hayashi *et* Yang, 2007

Neochauliodes robustus Liu, Hayashi *et* Yang, 2007b: 44. **Type locality:** China (Chongqing: Fengdu).

Neochauliodes robustus: Yang *et* Liu, 2010: 305.

分布（Distribution）：四川（SC）、重庆（CQ）

（98）圆端斑鱼蛉 *Neochauliodes rotundatus* Tjeder, 1936

Neochauliodes rotundatus Tjeder, 1937: 4. **Type locality:** China (Sichuan: Pao-ning-fu).

Neochauliodes rotundatus: Yang *et* Liu, 2010: 307.

分布（Distribution）：黑龙江（HL）、河北（HEB）、北京（BJ）、河南（HEN）、陕西（SN）、甘肃（GS）、湖北（HB）、四川（SC）、重庆（CQ）

（99）中华斑鱼蛉 *Neochauliodes sinensis* (Walker, 1853)

Chauliodes sinensis Walker, 1853: 199. **Type locality:** China.

Neochauliodes sinensis: Yang *et* Liu, 2010: 309.

分布（Distribution）：安徽（AH）、浙江（ZJ）、江西（JX）、湖南（HN）、湖北（HB）、贵州（GZ）、福建（FJ）、台湾（TW）、广东（GD）、广西（GX）

（100）小碎斑鱼蛉 *Neochauliodes sparsus* Liu *et* Yang, 2005

Neochauliodes sparsus Liu *et* Yang, 2005b: 298. **Type locality:** China (Henan: Huangbaishan).

Neochauliodes sparsus: Yang *et* Liu, 2010: 312.

分布（Distribution）：山东（SD）、河南（HEN）、福建（FJ）

（101）越南斑鱼蛉 *Neochauliodes tonkinensis* (van der Weele, 1907)

Chauliodes tonkinensis van der Weele, 1907: 260. **Type locality:** Vietnam (Tuyen Quang: Chiem-Hoa).

Neochauliodes orientalis Yang *et* Yang, 1991c: 74. **Type locality:** China (Yunnan: Binchuan).

Neochauliodes yunnanensis Navás, 1930e: 1. **Type locality:** China (Yunnan: San-heu-kai).

分布（Distribution）：云南（YN）；越南、老挝、缅甸

（102）荫斑鱼蛉 *Neochauliodes umbratus* Kimmins, 1954

Neochauliodes umbratus Kimmins, 1954: 436. **Type locality:** Indo-China.

Neochauliodes furcatus Yang *et* Yang, 1986: 91. **Type locality:** China (Guangxi: Daqingshan).
Neochauliodes umbratus: Yang *et* Liu, 2010: 319.
分布（Distribution）：广东（GD）、广西（GX）；越南

（103）武鸣斑鱼蛉 *Neochauliodes wuminganus* Yang *et* Yang, 1986

Neochauliodes wuminganus Yang *et* Yang, 1986: 91. **Type locality:** China (Guangxi: Damingshan).
Neochauliodes wuminganus: Yang *et* Liu, 2010: 314.
分布（Distribution）：广西（GX）

9. 准鱼蛉属 *Parachauliodes* van der Weele, 1909

Parachauliodes van der Weele, 1909c: 259. **Type species:** *Chauliodes japonicus* McLachlan, [1867] 1868: 232 (original designation).
Metachauliodes van der Weele, 1910: 46. **Type species:** *Chauliodes japonicus* McLachlan, [1867] 1868: 232 (monotypy, as '*Metachauliodes japonicus*').

（104）暗色准鱼蛉 *Parachauliodes nebulosus* (Okamoto, 1910)

Chauliodes nebulosus Okamoto, 1910a: 261. **Type locality:** China (Taiwan: Shinsho).
Parachauliodes nebulosus: Yang *et* Liu, 2010: 323.
分布（Distribution）：台湾（TW）；日本

（105）布氏准鱼蛉 *Parachauliodes buchi* Navás, 1924

Parachauliodes buchi Navás, 1924c: 224. **Type locality:** China (Zhejiang).
分布（Distribution）：浙江（ZJ）

10. 华鱼蛉属 *Sinochauliodes* Liu *et* Yang, 2006

Sinochauliodes Liu *et* Yang, 2006f: 663. **Type species:** *Sinochauliodes squalidus* Liu *et* Yang, 2006f: 668 (original designation).

（106）福建华鱼蛉 *Sinochauliodes fujianensis* (Yang *et* Yang, 1999)

Neochauliodes fujianensis Yang *et* Yang, 1999: 174. **Type locality:** China (Fujian: Jianyang).
Sinochauliodes fujianensis: Yang *et* Liu, 2010: 327.
分布（Distribution）：福建（FJ）

（107）灰翅华鱼蛉 *Sinochauliodes griesus* Yang *et* Yang, 1992

Neochauliodes griseus Yang *et* Yang, 1992d: 643. **Type locality:** China (Zhejiang: Xitianmushan).
Sinochauliodes griseus: Yang *et* Liu, 2010: 327.
分布（Distribution）：浙江（ZJ）

（108）多斑华鱼蛉 *Sinochauliodes maculosus* Liu *et* Yang, 2006

Sinochauliodes maculosus Liu *et* Yang, 2006f: 668. **Type locality:** China (Guangxi: Maoershan).
Sinochauliodes maculosus: Yang *et* Liu, 2010: 330.
分布（Distribution）：贵州（GZ）、广东（GD）、广西（GX）

（109）污翅华鱼蛉 *Sinochauliodes squalidus* Liu *et* Yang, 2006

Sinochauliodes squalidus Liu *et* Yang, 2006f: 668. **Type locality:** China (Guangdong: Nanling).
Sinochauliodes squalidus: Yang *et* Liu, 2010: 332.
分布（Distribution）：福建（FJ）、广东（GD）

泥蛉科 Sialidae Leach, 1815

1. 印泥蛉属 *Indosialis* Lestage, 1927

Indosialis Lestage, 1927: 118. **Type species:** *Protosialis minora* Banks, 1920: 325 (monotypy).

（1）版纳印泥蛉 *Indosialis bannaensis* Liu, Yang *et* Hayashi, 2006

Indosialis bannaensis Liu, Yang *et* Hayashi, 2006: 33. **Type locality:** China (Yunnan: Shangyong).
Indosialis bannaensis: Yang *et* Liu, 2010: 335.
分布（Distribution）：云南（YN）；越南、泰国

2. 泥蛉属 *Sialis* Latreille, 1802

Sialis Latreille, 1802: 290. **Type species:** *Hemerobius lutarius* Linnaeus, 1758: 550 (monotypy).
Nipponosialis Kuwayama, 1962a: 329. **Type species:** *Sialis jezoensis* Okamoto, 1910a: 258 (original designation).

（2）南方泥蛉 *Sialis australis* Liu, Hayashi *et* Yang, 2015

Sialis australis Liu, Hayashi *et* Yang, 2015a: 453. **Type locality:** Vietnam (Lao Cai: Ngai Thau).
分布（Distribution）：广西（GX）；越南

（3）优雅泥蛉 *Sialis elegans* Liu *et* Yang, 2006

Sialis elegans Liu *et* Yang, 2006a: 27. **Type locality:** China (Yunnan: Yaojiaping).
Sialis elegans: Yang *et* Liu, 2010: 343.
分布（Distribution）：云南（YN）

（4）河南泥蛉 *Sialis henanensis* Liu *et* Yang, 2006

Sialis henanensis Liu *et* Yang, 2006g: 395. **Type locality:** China (Henan: Longyuwan).
Sialis henanensis: Yang *et* Liu, 2010: 344.
分布（Distribution）：河南（HEN）、陕西（SN）

（5）尖峰泥蛉 *Sialis jianfengensis* Yang, Yang *et* Hu, 2002

Sialis jianfengensis Yang, Yang *et* Hu, 2002: 275. **Type locality:** China (Hainan: Jianfengling).

Sialis jianfengensis: Yang *et* Liu, 2010: 346.

分布（Distribution）：海南（HI）

（6）计云泥蛉 *Sialis jiyuni* Liu, Hayashi *et* Yang, 2015

Sialis jiyuni Liu, Hayashi *et* Yang, 2015a: 454. **Type locality:** China (Sichuan: Longcanggou).

分布（Distribution）：四川（SC）

（7）久米泥蛉 *Sialis kumejimae* Okamoto, 1910

Sialis kumejimae Okamoto, 1910a: 257. **Type locality:** Japan (Kume-jima Island).

Sialis formosana Esben-Petersen, 1913b: 262. **Type locality:** China (Taiwan).

Nipponosialis amamiensis Kuwayama, 1964: 27. **Type locality:** Japan (Amami-oshima Island).

分布（Distribution）：台湾（TW）；日本

（8）昆明泥蛉 *Sialis kunmingensis* Liu *et* Yang, 2006

Sialis kunmingensis Liu *et* Yang, 2006a: 30. **Type locality:** China (Yunnan: Kunming).

Sialis kunmingensis: Yang *et* Liu, 2010: 347.

分布（Distribution）：云南（YN）

（9）长刺泥蛉 *Sialis longidens* Klingstedt, 1932

Sialis longidens Klingstedt, 1932: 1. **Type locality:** Russia (Central Siberia).

Sialis longidens: Yang *et* Liu, 2010: 348.

分布（Distribution）：黑龙江（HL）；日本、俄罗斯

（10）罗汉坝泥蛉 *Sialis luohanbaensis* Liu, Hayashi *et* Yang, 2012

Sialis luohanbaensis Liu, Hayashi *et* Yang, [2012] 2011: 266. **Type locality:** China (Yunnan: Luohanba).

分布（Distribution）：云南（YN）

（11）纳氏泥蛉 *Sialis navasi* Liu, Hayashi *et* Yang, 2009

Sialis navasi Liu, Hayashi *et* Yang, 2009b: 66. **Type locality:** China (Shanghai: Sheshan).

分布（Distribution）：上海（SH）

（12）原脉泥蛉 *Sialis primitivus* Liu, Hayashi *et* Yang, 2015

Sialis primitivus Liu, Hayashi *et* Yang, 2015b: 594. China (Hubei: Lichuan).

分布（Distribution）：湖北（HB）

（13）古北泥蛉 *Sialis sibirica* McLachlan, 1872

Sialis sibirica McLachlan, 1872: 55. **Type locality:** Russia (Siberia).

Sialis frequens Okamoto, 1905: 112. **Type locality:** Japan (Hokkaido).

Sialis sibirica: Yang *et* Liu, 2010: 350.

分布（Distribution）：黑龙江（HL）、吉林（JL）、内蒙古（NM）、青海（QH）；日本、蒙古国、俄罗斯、芬兰、挪威、瑞典

（14）中华泥蛉 *Sialis sinensis* Banks, 1940

Sialis sinensis Banks, 1940: 179. **Type locality:** China (Sichuan: Chengdu).

Sialis sinensis: Yang *et* Liu, 2010: 351.

分布（Distribution）：浙江（ZJ）、江西（JX）、四川（SC）、福建（FJ）、台湾（TW）；日本

（15）异色泥蛉 *Sialis versicoloris* Liu *et* Yang, 2006

Sialis versicoloris Liu *et* Yang, 2006a: 32. **Type locality:** China (Zhejiang: Fuyang).

Sialis versicoloris: Yang *et* Liu, 2010: 353.

分布（Distribution）：浙江（ZJ）

蛇蛉目 Raphidioptera Navás, 1916

盲蛇蛉科 Inocelliidae Navás, 1913

1. 异盲蛇蛉属 *Amurinocellia* H. Aspöck *et* U. Aspöck, 1973

Amurinocellia H. Aspöck *et* U. Aspöck, 1973: 91. **Type species:** *Inocellia calida* H. Aspöck *et* U. Aspöck, 1973: 91 (monotypy).

（1）南方异盲蛇蛉 *Amurinocellia australis* Liu, H. Aspöck, Yang *et* U. Aspöck, 2009

Amurinocellia australis Liu, H. Aspöck, Yang *et* U. Aspöck, 2009a: 47. **Type locality:** China (Zhejiang: Tianmushan).

分布（Distribution）：浙江（ZJ）

（2）远东异盲蛇蛉 *Amurinocellia calida* (H. Aspöck *et* U. Aspöck, 1973)

Inocellia calida H. Aspöck *et* U. Aspöck, 1973: 91. **Type locality:** Russia (Khabarovsk in Amur-Region).

分布（Distribution）：吉林（JL）；朝鲜、韩国、俄罗斯

（3）中华异盲蛇蛉 *Amurinocellia sinica* Liu, H. Aspöck, Yang *et* U. Aspöck, 2009

Amurinocellia sinica Liu, H. Aspöck, Yang *et* U. Aspöck, 2009a: 43. **Type locality:** China (Henan: Baotianman).

分布（Distribution）：河南（HEN）

2. 盲蛇蛉属 *Inocellia* Schneider, 1843

Inocellia Schneider, 1843: 84. **Type species:** *Raphidia crassicornis* Schummel, 1832: 15 (monotypy).

（4）双突盲蛇蛉 *Inocellia biprocessus* Liu, H. Aspöck, Yang *et* U. Aspöck, 2010

Inocellia biprocessus Liu, H. Aspöck, Yang *et* U. Aspöck, 2010c: 41. **Type locality:** China (Shandong: Tai-an).

分布（Distribution）：山东（SD）

（5）陈氏盲蛇蛉 *Inocellia cheni* Liu, H. Aspöck, Yang *et* U. Aspöck, 2010

Inocellia cheni Liu, H. Aspöck, Yang *et* U. Aspöck, 2010b: 224. **Type locality:** China (Guangxi: Jiuzhou).

分布（Distribution）：云南（YN）、广西（GX）

（6）粗角盲蛇蛉 *Inocellia crassicornis* (Schummel, 1832)

Raphidia crassicornis Schummel, 1832: 15. **Type locality:** Poland (near Scheitnich).

分布（Distribution）：黑龙江（HL）、吉林（JL）；朝鲜、韩国、蒙古国、俄罗斯、亚美尼亚、瑞典、德国、荷兰、奥地利、波兰、捷克、斯洛伐克

（7）指突盲蛇蛉 *Inocellia digitiformis* Liu, H. Aspöck, Yang *et* U. Aspöck, 2010

Inocellia digitiformis Liu, H. Aspöck, Yang *et* U. Aspöck, 2010c: 44. **Type locality:** China (Sichuan: Emeishan).

分布（Distribution）：四川（SC）

（8）丽盲蛇蛉 *Inocellia elegans* Liu, H. Aspöck, Yang *et* U. Aspöck, 2009

Inocellia elegans Liu, H. Aspöck, Yang *et* U. Aspöck, 2009b: 319. **Type locality:** China (Guizhou: Fanjingshan).

分布（Distribution）：贵州（GZ）

（9）福建盲蛇蛉 *Inocellia fujiana* Yang, 1999

Inocellia fujiana Yang, 1999g: 178. **Type locality:** China (Fujian: Nanjing).

分布（Distribution）：北京（BJ）、山西（SX）、河南（HEN）、陕西（SN）、福建（FJ）

（10）海南盲蛇蛉 *Inocellia hainanica* Liu, H. Aspöck, Bi *et* U. Aspöck, 2013

Inocellia hainanica Liu, H. Aspöck, Bi *et* U. Aspöck, 2013: 60. **Type locality:** China (Hainan: Wuzhishan).

分布（Distribution）：海南（HI）

（11）钩突盲蛇蛉 *Inocellia hamata* Liu, H. Aspöck, Yang *et* U. Aspöck, 2010

Inocellia hamata Liu, H. Aspöck, Yang *et* U. Aspöck, 2010b: 226. **Type locality:** China (Hubei: Wudangshan).

分布（Distribution）：湖北（HB）

（12）黑足盲蛇蛉 *Inocellia nigra* Liu, H. Aspöck, Zhang *et* U. Aspöck, 2012

Inocellia nigra Liu, H. Aspöck, Zhang *et* U. Aspöck, 2012: 45. **Type locality:** China (Yunnan: Baoshan, Mt. Gaoligong).

分布（Distribution）：云南（YN）

（13）钝角盲蛇蛉 *Inocellia obtusangularis* Liu, H. Aspöck, Yang *et* U. Aspöck, 2010

Inocellia obtusangularis Liu, H. Aspöck, Yang *et* U. Aspöck, 2010b: 228. **Type locality:** China (Sichuan: Dechang).

分布（**Distribution**）：四川（SC）

（14）罕盲蛇蛉 *Inocellia rara* Liu, H. Aspöck *et* U. Aspöck, 2014

Inocellia rara Liu, H. Aspöck *et* U. Aspöck, 2014a: 227. **Type locality:** China (Taiwan: Mt. Taipingshan).

分布（**Distribution**）：台湾（TW）

（15）荻原盲蛇蛉 *Inocellia shinohara* U. Aspöck, Liu *et* H. Aspöck, 2009

Inocellia shinohara U. Aspöck, Liu *et* H. Aspöck, 2009: 115. **Type locality:** China (Taiwan: Puli).

分布（**Distribution**）：台湾（TW）

（16）中华盲蛇蛉 *Inocellia sinensis* Navás, 1936

Inocellia sinensis Navás, 1936d: 60. **Type locality:** China (Chemo).

Inocellia aspouckorum Yang, 1999g: 179. **Type locality:** China (Fujian: Fuzhou).

分布（**Distribution**）：浙江（ZJ）、福建（FJ）

（17）台湾盲蛇蛉 *Inocellia taiwana* H. Aspöck *et* U. Aspöck, 1985

Inocellia taiwana H. Aspöck *et* U. Aspöck, 1985: 45. **Type locality:** China (Taiwan: Rengechi).

分布（**Distribution**）：台湾（TW）

（18）云南盲蛇蛉 *Inocellia yunnanica* Liu, H. Aspöck, Zhang *et* U. Aspöck, 2012

Inocellia yunnanica Liu, H. Aspöck, Zhang *et* U. Aspöck, 2012: 46. **Type locality:** China (Yunnan: Wuliangshan).

分布（**Distribution**）：云南（YN）

3. 华盲蛇蛉属 *Sininocellia* Yang, 1985

Sininocellia Yang, 1985a: 25. **Type species:** *Sininocellia gigantos* Yang, 1985a: 26 (original designation).

（19）集昆华盲蛇蛉 *Sininocellia chikun* Liu, H. Aspöck, Zhan *et* U. Aspöck, 2012

Sininocellia chikun Liu, H. Aspöck, Zhan *et* U. Aspöck, 2012: 236. **Type locality:** China (Shaanxi: Sanguanmiao).

分布（**Distribution**）：河南（HEN）、陕西（SN）

（20）硕华盲蛇蛉 *Sininocellia gigantos* Yang, 1985

Sininocellia gigantos Yang, 1985a: 26. **Type locality:** China (Fujian: Jianyang).

分布（**Distribution**）：福建（FJ）、广东（GD）

蛇蛉科 Raphidiidae Latreille, 1810

1. 蒙蛇蛉属 *Mongoloraphidia* H. Aspöck *et* U. Aspöck, 1968

Mongoloraphidia H. Aspöck *et* U. Aspöck, 1968b: 59. **Type species:** *Agulla sororcula* H. Aspöck *et* U. Aspöck, 1967: 226 (original designation).

（1）奇刺蒙蛇蛉 *Mongoloraphidia abnormis* Liu, H. Aspöck, Yang *et* U. Aspöck, 2010

Mongoloraphidia abnormis Liu, H. Aspöck, Yang *et* U. Aspöck, 2010a: 90. **Type locality:** China (Jilin: Mt. Changbaishan).

分布（**Distribution**）：吉林（JL）

（2）独雄蒙蛇蛉 *Mongoloraphidia* (*Formosoraphidia*) *caelebs* H. Aspöck, U. Aspöck *et* Rausch, 1985

Mongoloraphidia (*Formosoraphidia*) *caelebs* H. Aspöck, U. Aspöck *et* Rausch, 1985: 42. **Type locality:** China (Taiwan: Mt. Lalashan).

分布（**Distribution**）：台湾（TW）

（3）弯突蒙蛇蛉 *Mongoloraphidia* (*Formosoraphidia*) *curvata* Liu, H. Aspöck, Hayashi *et* U. Aspöck, 2010

Mongoloraphidia (*Formosoraphidia*) *curvata* Liu, H. Aspöck, Hayashi *et* U. Aspöck, 2010: 412. **Type locality:** China (Taiwan: Mt. Anmashan).

分布（**Distribution**）：台湾（TW）

（4）双千蒙蛇蛉 *Mongoloraphidia duomilia* (Yang, 1998)

Raphidia (*Yuraphidia*) *duomilia* Yang, 1998a: 60. **Type locality:** China (Henan: Longyuwan).

Mongoloraphidia choui H. Aspöck, U. Aspöck *et* Yang, 1998: 124. **Type locality:** China (Shaanxi: Huashan).

分布（**Distribution**）：河北（HEB）、山西（SX）、河南（HEN）、陕西（SN）、甘肃（GS）

（5）宝岛蒙蛇蛉 *Mongoloraphidia* (*Formosoraphidia*) *formosana* (Okamoto, 1917)

Raphidia formosana Okamoto, 1917: 149. **Type locality:** China (Taiwan: Puli).

分布（**Distribution**）：台湾（TW）

（6）六盘山蒙蛇蛉 *Mongoloraphidia liupanshanica* Liu, H. Aspöck, Yang *et* U. Aspöck, 2010

Mongoloraphidia liupanshanica Liu, H. Aspöck, Yang *et* U. Aspöck, 2010a: 93. **Type locality:** China (Ningxia: Mt. Liupanshan).

分布（**Distribution**）：宁夏（NX）

（7）台湾蒙蛇蛉 *Mongoloraphidia* (*Formosoraphidia*) *taiwanica* U. Aspöck *et* H. Aspöck, 1982

Mongoloraphidia (*Formosoraphidia*) *taiwanica* U. Aspöck *et*

H. Aspöck, 1982: 82. **Type locality:** China (Taiwan).

分布（Distribution）：台湾（TW）

（8）西岳蒙蛇蛉 *Mongoloraphidia xiyue* (Yang *et* Chou, 1978)

Agulla xiyue Yang *et* Chou, 1978: 257. **Type locality:** China (Shaanxi: Huashan).

分布（Distribution）：陕西（SN）

（9）杨氏蒙蛇蛉 *Mongoloraphidia yangi* Liu, H. Aspöck, Yang *et* U. Aspöck, 2010

Mongoloraphidia yangi Liu, H. Aspöck, Yang *et* U. Aspöck, 2010a: 96. **Type locality:** China (Hubei: Shennongjia).

分布（Distribution）：湖北（HB）

2. 黄痣蛇蛉属 *Xanthostigma* Navás, 1909

Xanthostigma Navás, 1909b: 145. **Type species:** *Raphidia xanthostigma* Schummel, 1832: 12 (absolute tautonomy).

Raphidilla Navás, 1915f: 477. **Type species:** *Raphidia xanthostigma* Schummel, 1832: 12 (original designation).

Rhaphidilla Navás, [1918-1919] 1917f: 49. An unjustified emendation of *Raphidilla* Navás, 1915.

（10）戈壁黄痣蛇蛉 *Xanthostigma gobicola* U. Aspöck *et* H. Aspöck, 1990

Xanthostigma gobicola U. Aspöck *et* H. Aspöck, 1990: 97. **Type locality:** Mongolia (Omnogovi: Churin-Chalka-Nuru).

分布（Distribution）：内蒙古（NM）、河北（HEB）、北京（BJ）、山西（SX）、河南（HEN）、陕西（SN）；蒙古国

（11）黄痣蛇蛉 *Xanthostigma xanthostigma* (Schummel, 1832)

Raphidia xanthostigma Schummel, 1832: 12. **Type locality:** Poland (Wroclaw: Breslau).

Raphidia londinensis Curtis, [1824] 1824-1839: pl. 37. **Type locality:** United Kingdom (England: London).

Rhaphidia chalybocephala Ratzeburg, 1844: 254. **Type locality:** Unknown.

Raphidia schummeli Girard, 1864: 673. **Type locality:** France (Maisons-Laffitte).

Rhaphidilla germanica Steinmann, 1964b: 222. **Type locality:** Unknown.

Rhaphidilla rapax Steinmann, 1964b: 218. **Type locality:** Unknown.

Agulla trilobata Bartoš, 1965a: 87. **Type locality:** Czech Republic (Jihomoravský: steppe near Pouzdřany).

Agulla rostrata Bartoš, 1965b: 458. **Type locality:** Moldova.

分布（Distribution）：新疆（XJ）；伊朗、蒙古国、奥地利、保加利亚、克罗地亚、捷克、丹麦、芬兰、德国、匈牙利、列支敦士登、摩尔多瓦、荷兰、挪威、波兰、英国、斯洛伐克、斯洛文尼亚、罗马尼亚、俄罗斯、瑞士、法国

脉翅目 Neuroptera Linnaeus, 1758

粉蛉科 Coniopterygidae Burmeister, 1839

囊粉蛉亚科 Aleuropteryginae Enderlein, 1905

1. 囊粉蛉属 *Aleuropteryx* Löw, 1885

Aleuropteryx Löw, 1885: 79. **Type species:** *Aleuropteryx loewii* Klapálek, 1894: 122 (designated by Commission on Zoological Nomenclature, 1990).

(1)中国囊粉蛉 *Aleuropteryx sinica* Liu *et* Yang, 2003

Aleuropteryx sinica Liu *et* Yang, 2003b: 198. **Type locality:** China (Beijing: Haidian).

分布（Distribution）：北京（BJ）

2. 异粉蛉属 *Heteroconis* Enderlein, 1905

Heteroconis Enderlein, 1905c: 226. **Type species:** *Heteroconis ornata* Enderlein, 1905c: 226 (original designation).

Niphadicera Withycombe, 1925: 5. **Type species:** *Malacomyza terminalis* Banks, 1913b: 220 (original designation).

(2) 暗翅异粉蛉 *Heteroconis electrina* Liu *et* Yang, 2004

Heteroconis electrina Liu *et* Yang, 2004a: 367. **Type locality:** China (Hainan: Diaoluoshan).

分布（Distribution）：海南（HI）

(3) 海南异粉蛉 *Heteroconis hainanica* Liu *et* Yang, 2004

Heteroconis hainanica Liu *et* Yang, 2004a: 368. **Type locality:** China (Hainan: Sanya).

分布（Distribution）：海南（HI）

(4) 黑须异粉蛉 *Heteroconis nigripalpis* Meinander, 1972

Heteroconis nigripalpis Meinander, 1972a: 83. **Type locality:** China (Taiwan: Urai).

分布（Distribution）：台湾（TW）

(5)彩角异粉蛉 *Heteroconis picticornis* (Banks, 1939)

Spiloconis picticornis Banks, 1939: 473. **Type locality:** China (Hainan: Wuzhishan).

分布（Distribution）：云南（YN）、广西（GX）、海南（HI）、香港（HK）

(6)锐角异粉蛉 *Heteroconis terminalis* (Banks, 1913)

Malacomyza terminalis Banks, 1913b: 220. **Type locality:** India (Maharashtra).

分布（Distribution）：云南（YN）、广西（GX）、海南（HI）；印度

(7) 三突异粉蛉 *Heteroconis tricornis* Liu *et* Yang, 2004

Heteroconis tricornis Liu *et* Yang, 2004a: 369. **Type locality:** China (Guangdong: Guangzhou).

分布（Distribution）：广东（GD）

(8) 独角异粉蛉 *Heteroconis unicornis* Liu *et* Yang, 2004

Heteroconis unicornis Liu *et* Yang, 2004a: 370. **Type locality:** China (Guangxi: Pingxiang).

分布（Distribution）：广西（GX）

3. 曲粉蛉属 *Coniocompsa* Enderlein, 1905

Coniocompsa Enderlein, 1905c: 225. **Type species:** *Coniocompsa vesiculigera* Enderlein, 1905c: 225 (original designation).

(9) 川贵曲粉蛉 *Coniocompsa chuanguiana* Liu *et* Yang, 2004

Coniocompsa chuanguiana Liu *et* Yang, 2004b: 397. **Type locality:** China (Guizhou: Fanjingshan).

分布（Distribution）：四川（SC）、贵州（GZ）

(10) 丽曲粉蛉 *Coniocompsa elegansis* Liu *et* Yang, 2002

Coniocompsa elegansis Liu *et* Yang, 2002: 302. **Type locality:** China (Hainan: Maling).

分布（Distribution）：海南（HI）

(11) 铗曲粉蛉 *Coniocompsa forticata* Yang *et* Liu, 1999

Coniocompsa forticata Yang *et* Liu, 1999a: 89. **Type locality:**

China (Fujian: Shaxian).
分布（**Distribution**）：福建（FJ）

（12）福建曲粉蛉 *Coniocompsa fujianana* Yang *et* Liu, 1999

Coniocompsa fujianana Yang *et* Liu, 1999a: 89. **Type locality:** China (Fujian: Xiamen).
分布（**Distribution**）：福建（FJ）

（13）中叉曲粉蛉 *Coniocompsa furcata* Banks, 1937

Coniocompsa furcata Banks, 1937: 277. **Type locality:** China (Taiwan: Hassenzan).
分布（**Distribution**）：台湾（TW）、香港（HK）

（14）李氏曲粉蛉 *Coniocompsa lii* Liu *et* Yang, 2004

Coniocompsa lii Liu *et* Yang, 2004b: 398. **Type locality:** China (Xizang: Chayu).
分布（**Distribution**）：西藏（XZ）

（15）龙栖曲粉蛉 *Coniocompsa longqishana* Yang *et* Liu, 1993

Coniocompsa longqishana Yang *et* Liu, 1993a: 225. **Type locality:** China (Fujian: Jiangle).
分布（**Distribution**）：福建（FJ）、广西（GX）

（16）多斑曲粉蛉 *Coniocompsa polymaculata* Liu *et* Yang, 2004

Coniocompsa polymaculata Liu *et* Yang, 2004b: 399. **Type locality:** China (Guangxi: Pingxiang).
分布（**Distribution**）：广西（GX）

（17）后斑曲粉蛉 *Coniocompsa postmaculata* Yang, 1964

Coniocompsa postmaculata Yang, 1964a: 284. **Type locality:** China (Zhejiang: Hangzhou).
分布（**Distribution**）：江苏（JS）、浙江（ZJ）、福建（FJ）

（18）奇斑曲粉蛉 *Coniocompsa spectabilis* Liu *et* Yang, 2003

Coniocompsa spectabilis Liu *et* Yang, 2003a: 143. **Type locality:** China (Yunnan: Ruili).
分布（**Distribution**）：云南（YN）、海南（HI）

（19）截叉曲粉蛉 *Coniocompsa truncata* Yang *et* Liu, 1999

Coniocompsa truncata Yang *et* Liu, 1999a: 88. **Type locality:** China (Fujian: Dehua).
分布（**Distribution**）：福建（FJ）、广东（GD）、广西（GX）

4. 隐粉蛉属 *Cryptoscenea* Enderlein, 1914

Cryptoscenea Enderlein, 1914: 226. **Type species:** *Helicoconis australiensis* Enderlein, 1906: 232 (original designation).

（20）东方隐粉蛉 *Cryptoscenea orientalis* Yang *et* Liu, 1993

Cryptoscenea orientalis Yang *et* Liu, 1993b: 249. **Type locality:** China (Guizhou: Luodian).
分布（**Distribution**）：贵州（GZ）、广西（GX）、海南（HI）

5. 卷粉蛉属 *Helicoconis* Enderlein, 1905

Helicoconis Enderlein, 1905c: 226. **Type species:** *Coniopteryx lutea* Wallengren, 1871: 55 (original designation).

（21）污褐卷粉蛉 *Helicoconis* (*Helicoconis*) *lutea* (Wallengren, 1871)

Coniopteryx lutea Wallengren, 1871: 55. **Type locality:** Sweden (Gotland).
分布（**Distribution**）：北京（BJ）、山西（SX）、陕西（SN）、宁夏（NX）、甘肃（GS）、安徽（AH）、四川（SC）；蒙古国、俄罗斯；欧洲（北部和中部）

6. 瑕粉蛉属 *Spiloconis* Enderlein, 1907

Spiloconis Enderlein, 1907: 6. **Type species:** *Spiloconis sexguttata* Enderlein, 1907: 7 (original designation).

（22）六斑瑕粉蛉 *Spiloconis sexguttata* Enderlein, 1907

Spiloconis sexguttata Enderlein, 1907: 7. **Type locality:** Japan (Honshu: Kanagawa).
分布（**Distribution**）：北京（BJ）、甘肃（GS）、安徽（AH）、江西（JX）、四川（SC）、贵州（GZ）、台湾（TW）、广西（GX）、海南（HI）、香港（HK）；日本

粉蛉亚科 Coniopteryginae Enderlein, 1905

7. 匣粉蛉属 *Thecosemidalis* Meinander, 1972

Thecosemidalis Meinander, 1972b: 135. **Type species:** *Thecosemidalis biacuta* Meinander, 1972b: 136 (original designation).

（23）杨氏匣粉蛉 *Thecosemidalis yangi* Liu, 1995

Thecosemidalis yangi Liu, 1995: 35. **Type locality:** China (Xinjiang: Qira).
分布（**Distribution**）：新疆（XJ）

8. 半粉蛉属 *Hemisemidalis* Meinander, 1972

Hemisemidalis Meinander, 1972a: 290. **Type species:** *Parasemidalis pallida* Withycombe, [1924] 1923: 141 (original designation).

（24）中华半粉蛉 *Hemisemidalis sinensis* Liu, 1995

Hemisemidalis sinensis Liu, 1995: 37. **Type locality:** China (Xinjiang: Qira).

分布（Distribution）：新疆（XJ）

9. 啮粉蛉属 *Conwentzia* Enderlein, 1905

Conwentzia Enderlein, 1905a: 10. **Type species:** *Conwentzia pineticola* Enderlein, 1905a: 10 (original designation).

（25）中越啮粉蛉 *Conwentzia fraternalis* Yang, 1974

Conwentzia fraternalis Yang, 1974a: 89. **Type locality:** China (Guangxi: Pingxiang).

分布（Distribution）：广西（GX）

（26）直胫啮粉蛉 *Conwentzia orthotibia* Yang, 1974

Conwentzia orthotibia Yang, 1974a: 88. **Type locality:** China (Gansu: Wudu).

分布（Distribution）：甘肃（GS）

（27）中华啮粉蛉 *Conwentzia sinica* Yang, 1974

Conwentzia sinica Yang, 1974a: 84. **Type locality:** China (Shaanxi: Zhouzhi).

分布（Distribution）：陕西（SN）、福建（FJ）

（28）云贵啮粉蛉 *Conwentzia yunguiana* Liu *et* Yang, 1993

Conwentzia yunguiana Liu *et* Yang, 1993: 256. **Type locality:** China (Guizhou: Guiyang).

分布（Distribution）：贵州（GZ）

10. 重粉蛉属 *Semidalis* Enderlein, 1905

Semidalis Enderlein, 1905b: 197. **Type species:** *Coniopteryx aleyrodiformis* Stephens, 1836: 116 (original designation).

Alema Enderlein, 1905c: 226. **Type species:** *Alema boliviensis* Enderlein, 1905c: 226 (original designation).

Alemella Enderlein, 1906: 208. **Type species:** *Alema boliviensis* Enderlein, 1905c: 226 (original designation).

Niphas Enderlein, 1908: 12. **Type species:** *Niphas absurdiceps* Enderlein, 1908: 12 (monotypy).

Parasemidalis Roepke, 1916: 156. **Type species:** *Parasemidalis decipiens* Roepke, 1916: 157 (original designation).

Protosemidalis Karny, 1924: 474. **Type species:** *Protosemidalis pluriramosa* Karny, 1924: 476 (monotypy).

Metasemidalis Karny, 1924: 478. **Type species:** *Parasemidalis decipiens* Roepke, 1916: 157 (original designation).

Ahlersia Enderlein, 1929: 221. **Type species:** *Coniopteryx pulchella* Mclachlan, 1882: 173 (original designation).

（29）广重粉蛉 *Semidalis aleyrodiformis* (Stephens, 1836)

Coniopteryx aleyrodiformis Stephens, 1836: 116. **Type locality:** United Kingdom (England: near Ripley).

Semidalis curtisiana Enderlein, 1906: 212. **Type locality:** Germany (Berlin).

Semidalis albata Enderlein, 1907: 5. **Type locality:** Japan (Honshu: Kanagawa).

Semidalis alpina Withycombe, 1925: 17. **Type locality:** India (Jammu and Kashmir: Gulmarg).

Semidalis poincianae Withycombe, 1925: 18. **Type locality:** India (Bihar: Samastipur).

分布（Distribution）：吉林（JL）、辽宁（LN）、内蒙古（NM）、河北（HEB）、天津（TJ）、北京（BJ）、山西（SX）、山东（SD）、河南（HEN）、陕西（SN）、宁夏（NX）、甘肃（GS）、新疆（XJ）、安徽（AH）、江苏（JS）、上海（SH）、浙江（ZJ）、江西（JX）、湖北（HB）、四川（SC）、重庆（CQ）、贵州（GZ）、云南（YN）、西藏（XZ）、福建（FJ）、广东（GD）、广西（GX）、海南（HI）、香港（HK）；日本、泰国、印度、尼泊尔、哈萨克斯坦；欧洲

（30）锚突重粉蛉 *Semidalis anchoroides* Liu *et* Yang, 1993

Semidalis anchoroides Liu *et* Yang, 1993: 257. **Type locality:** China (Yunnan: Ruili).

分布（Distribution）：贵州（GZ）、云南（YN）、广西（GX）

（31）双角重粉蛉 *Semidalis bicornis* Liu *et* Yang, 1993

Semidalis bicornis Liu *et* Yang, 1993: 258. **Type locality:** China (Guizhou: Anshun).

分布（Distribution）：贵州（GZ）、云南（YN）

（32）双突重粉蛉 *Semidalis biprojecta* Yang *et* Liu, 1994

Semidalis biprojecta Yang *et* Liu, 1994: 76. **Type locality:** China (Guangxi: Longzhou).

分布（Distribution）：广西（GX）

（33）大青山重粉蛉 *Semidalis daqingshana* Liu *et* Yang, 1994

Semidalis daqingshana Liu *et* Yang, 1994: 76. **Type locality:** China (Guangxi: Longzhou).

分布（Distribution）：广西（GX）

（34）马氏重粉蛉 *Semidalis macleodi* Meinander, 1972

Semidalis macleodi Meinander, 1972a: 314. **Type locality:** China (Taiwan: Hassenzan).

分布（Distribution）：安徽（AH）、浙江（ZJ）、湖北（HB）、四川（SC）、贵州（GZ）、云南（YN）、台湾（TW）、广东（GD）、广西（GX）

（35）直角重粉蛉 *Semidalis rectangula* Yang *et* Liu, 1994

Semidalis rectangula Yang *et* Liu, 1994: 77. **Type locality:** China (Guangxi: Longzhou).

分布（Distribution）：云南（YN）、广西（GX）

（36）三峡重粉蛉 *Semidalis sanxiana* Liu *et* Yang, 1997

Semidalis sanxiana Liu *et* Yang, 1997: 577. **Type locality:** China (Hubei: Yichang).

分布（Distribution）：湖北（HB）

（37）一角重粉蛉 *Semidalis unicornis* Meinander, 1972

Semidalis unicornis Meinander, 1972a: 330. **Type locality:** China (Taiwan: Tai-Po-Kan).

分布（Distribution）：浙江（ZJ）、四川（SC）、云南（YN）、福建（FJ）、台湾（TW）、广东（GD）、广西（GX）、海南（HI）；蒙古国、马来西亚

（38）丫重粉蛉 *Semidalis ypsilon* Liu *et* Yang, 2003

Semidalis ypsilon Liu *et* Yang, 2003a: 145. **Type locality:** China (Yunnan: Ruili).

分布（Distribution）：云南（YN）

11. 粉蛉属 *Coniopteryx* Curtis, 1834

Coniopteryx Curtis, 1834: 528. **Type species:** *Coniopteryx tineiformis* Curtis, 1834 528 (original designation).

Malacomyza Wesmael, 1836: 166. **Type species:** *Malacomyza lacea* Wesmael, 1836: 167 (monotypy).

Sciodus Zetterstedt, 1840: 1050. **Type species:** *Sciodus lacteus* Zetterstedt, 1840: 1051 (monotypy).

Aleuronia Fitch, 1856: 96. **Type species:** *Aleuronia westwoodi* Fitch, 1856: 98 (monotypy).

Deasia Navás *et* Marcet, 1910: 150. **Type species:** *Deasia parthenia* Navás *et* Marcet, 1910: 151 (monotypy).

（39）腹粉蛉 *Coniopteryx* (*Coniopteryx*) *abdominalis* Okamoto, 1905

Coniopteryx abdominalis Okamoto, 1905: 115. **Type locality:** Japan (Hattaribetsu).

Coniopteryx pulverulenta Enderlein, 1907: 3. **Type locality:** Japan (Honshu: Kanagawa).

分布（Distribution）：中国；日本

（40）翼突粉蛉 *Coniopteryx* (*Coniopteryx*) *alifera* Yang *et* Liu, 1994

Coniopteryx (*Coniopteryx*) *alifera* Yang *et* Liu, 1994: 77. **Type locality:** China (Guangxi: Pingxiang).

分布（Distribution）：广西（GX）

（41）疑粉蛉 *Coniopteryx* (*Coniopteryx*) *ambigua* Withycombe, 1925

Coniopteryx ambigua Withycombe, 1925: 13. **Type locality:** India (Nilgiris).

Coniopteryx withycombei Tjeder, 1968b: 145. **Type locality:** Sri Lanka (Nuwara Eliya).

分布（Distribution）：中国；马来西亚、印度、斯里兰卡

（42）北方粉蛉 *Coniopteryx* (*Coniopteryx*) *arctica* Liu *et* Yang, 1998

Coniopteryx (*Coniopteryx*) *arctica* Liu *et* Yang, 1998: 188. **Type locality:** China (Neimenggu).

分布（Distribution）：内蒙古（NM）

（43）阿氏粉蛉 *Coniopteryx* (*Coniopteryx*) *aspoecki* Kis, 1967

Coniopteryx aspoecki Kis, 1967: 123. **Type locality:** Romania (Găvojdia).

分布（Distribution）：吉林（JL）、内蒙古（NM）、河北（HEB）、北京（BJ）、山西（SX）、河南（HEN）、陕西（SN）、宁夏（NX）、甘肃（GS）、上海（SH）、浙江（ZJ）、贵州（GZ）；蒙古国、俄罗斯、罗马尼亚、奥地利

（44）双刺粉蛉 *Coniopteryx* (*Coniopteryx*) *bispinalis* Liu *et* Yang, 1993

Coniopteryx (*Coniopteryx*) *bispinalis* Liu *et* Yang, 1993: 255. **Type locality:** China (Guizhou: Libo).

分布（Distribution）：贵州（GZ）、云南（YN）、广西（GX）；越南

（45）周氏粉蛉 *Coniopteryx* (*Coniopteryx*) *choui* Liu *et* Yang, 1998

Coniopteryx (*Coniopteryx*) *choui* Liu *et* Yang, 1998: 189. **Type locality:** China (Gansu: Tianshui).

分布（Distribution）：甘肃（GS）

（46）扁角粉蛉 *Coniopteryx* (*Coniopteryx*) *compressa* Yang *et* Liu, 1999

Coniopteryx (*Coniopteryx*) *compressa* Yang *et* Liu, 1999a: 92. **Type locality:** China (Fujian: Xiamen).

分布（Distribution）：福建（FJ）、海南（HI）

（47）曲角粉蛉 *Coniopteryx* (*Coniopteryx*) *crispicornis* Liu *et* Yang, 1994

Coniopteryx (*Coniopteryx*) *crispicornis* Liu *et* Yang, 1994: 79. **Type locality:** China (Guangxi: Longzhou).

分布（Distribution）：广西（GX）

（48）指额粉蛉 *Coniopteryx* (*Coniopteryx*) *dactylifrons* Yang *et* Liu, 1999

Coniopteryx (*Coniopteryx*) *dactylifrons* Yang *et* Liu, 1999a: 92. **Type locality:** China (Fujian: Dehua).

分布（Distribution）：福建（FJ）

（49）突角粉蛉 *Coniopteryx* (*Coniopteryx*) *gibberosa* Yang *et* Liu, 1994

Coniopteryx (*Coniopteryx*) *gibberosa* Yang *et* Liu, 1994: 79. **Type locality:** China (Guangxi: Longzhou).

分布（Distribution）：广西（GX）、海南（HI）

（50）广西粉蛉 *Coniopteryx (Coniopteryx) guangxiana* Liu *et* Yang, 1994

Coniopteryx (*Coniopteryx*) *guangxiana* Liu *et* Yang, 1994: 80. **Type locality:** China (Guangxi: Tianlin).

分布（**Distribution**）：广西（GX）

（51）岛粉蛉 *Coniopteryx (Coniopteryx) insularis* Meinander, 1972

Coniopteryx (*Coniopteryx*) *insularis* Meinander, 1972a: 243. **Type locality:** Japan (Ryukyu: Okinawa).

分布（**Distribution**）：台湾（TW）；日本、越南

（52）奇突粉蛉 *Coniopteryx (Coniopteryx) miraparameris* Liu *et* Yang, 1994

Coniopteryx (*Coniopteryx*) *miraparameris* Liu *et* Yang, 1994: 81. **Type locality:** China (Guangxi: Xiashi).

分布（**Distribution**）：广西（GX）

（53）南宁粉蛉 *Coniopteryx (Coniopteryx) nanningana* Liu *et* Yang, 1994

Coniopteryx (*Coniopteryx*) *nanningana* Liu *et* Yang, 1994: 81. **Type locality:** China (Guangxi: Nanning).

分布（**Distribution**）：广西（GX）

（54）淡粉蛉 *Coniopteryx (Coniopteryx) pallescens* Meinander, 1972

Coniopteryx (*Coniopteryx*) *pallescens* Meinander, 1972a: 244. **Type locality:** China (Taiwan: Musha).

分布（**Distribution**）：台湾（TW）；越南

（55）圣洁粉蛉 *Coniopteryx (Coniopteryx) pygmaea* Enderlein, 1906

Coniopteryx pygmaea Enderlein, 1906: 201. **Type locality:** Germany (Berlin).

Deasia parthenia Navás *et* Marcet, 1910: 151. **Type locality:** Spain (Catalunya).

分布（**Distribution**）：辽宁（LN）、内蒙古（NM）、河北（HEB）、北京（BJ）、山西（SX）、宁夏（NX）、甘肃（GS）、浙江（ZJ）；中东；亚洲（北部）、欧洲

（56）斜突粉蛉 *Coniopteryx (Coniopteryx) plagiotropa* Liu *et* Yang, 1997

Coniopteryx (*Coniopteryx*) *plagiotropa* Liu *et* Yang, 1997: 576. **Type locality:** China (Gansu: Wenxian).

分布（**Distribution**）：北京（BJ）、陕西（SN）、甘肃（GS）、湖北（HB）

（57）爪角粉蛉 *Coniopteryx (Coniopteryx) prehensilis* Murphy *et* Lee, 1971

Coniopteryx prehensilis Murphy *et* Lee, 1971: 155. **Type locality:** Singapore (Bukit Timah).

Coniopteryx (*Coniopteryx*) *unguicornis* Meinander, 1972a: 249. **Type locality:** China (Hainan: Ta Han).

分布（**Distribution**）：浙江（ZJ）、海南（HI）；新加坡、印度

（58）单刺粉蛉 *Coniopteryx (Coniopteryx) unispinalis* Liu *et* Yang, 1994

Coniopteryx (*Coniopteryx*) *unispinalis* Liu *et* Yang, 1994: 83. **Type locality:** China (Guangxi: Longzhou).

分布（**Distribution**）：广西（GX）

（59）宽带粉蛉 *Coniopteryx (Coniopteryx) vittiformis* Liu *et* Yang, 1998

Coniopteryx (*Coniopteryx*) *vittiformis* Liu *et* Yang, 1998: 190. **Type locality:** China (Jilin: Tonghua).

分布（**Distribution**）：吉林（JL）

（60）武夷粉蛉 *Coniopteryx (Coniopteryx) wuyishana* Yang *et* Liu, 1999

Coniopteryx (*Coniopteryx*) *wuyishana* Yang *et* Liu, 1999a: 93. **Type locality:** China (Fujian: Jianyang).

分布（**Distribution**）：福建（FJ）

（61）双峰粉蛉 *Coniopteryx (Coniopteryx) praecisa* Yang *et* Liu, 1994

Coniopteryx (*Coniopteryx*) *praecisa* Yang *et* Liu, 1994: 82. **Type locality:** China (Yunnan: Jinghong).

分布（**Distribution**）：云南（YN）、广西（GX）

（62）突额粉蛉 *Coniopteryx (Coniopteryx) protrufrons* Yang *et* Liu, 1999

Coniopteryx (*Coniopteryx*) *protrufrons* Yang *et* Liu, 1999a: 91. **Type locality:** China (Hainan: Jianfengling).

分布（**Distribution**）：福建（FJ）、海南（HI）

（63）闽干粉蛉 *Coniopteryx (Xeroconiopteryx) minana* Yang *et* Liu, 1999

Coniopteryx (*Xeroconiopteryx*) *minana* Yang *et* Liu, 1999a: 90. **Type locality:** China (Fujian: Xiamen).

分布（**Distribution**）：福建（FJ）

（64）蒙干粉蛉 *Coniopteryx (Xeroconiopteryx) mongolica* Meinander, 1969

Coniopteryx mongolica Meinander, 1969: 7. **Type locality:** Mongolia (Dundgovi).

分布（**Distribution**）：北京（BJ）、宁夏（NX）；蒙古国

（65）琼干粉蛉 *Coniopteryx (Xeroconiopteryx) qiongana* Liu *et* Yang, 2002

Coniopteryx (*Xeroconiopteryx*) *qiongana* Liu *et* Yang, 2002: 303. **Type locality:** China (Hainan: Jianfengling).

分布（**Distribution**）：海南（HI）

（66）爪干粉蛉 *Coniopteryx (Xeroconiopteryx) unguigonarcuata* H. Aspöck *et* U. Aspöck, 1968

Coniopteryx unguigonarcuata H. Aspöck *et* U. Aspöck, 1968a:

34. **Type locality:** Mongolia (Dundgovi).
分布（**Distribution**）：北京（BJ）、宁夏（NX）；蒙古国

泽蛉科 Nevrorthidae Zwick, 1967

1. 汉泽蛉属 *Nipponeurorthus* Nakahara, 1958

Nipponeurorthus Nakahara, 1958: 25. **Type species:** *Nipponeurorthus pallidinervis* Nakahara, 1958: 25 (original designation).

（1）大明山汉泽蛉 *Nipponeurorthus damingshanicus* Liu, H. Aspöck *et* U. Aspöck, 2014

Nipponeurorthus damingshanicus Liu, H. Aspöck *et* U. Aspöck, 2014b: 225. **Type locality:** China (Guangxi: Damingshan).
分布（**Distribution**）：广西（GX）

（2）带斑汉泽蛉 *Nipponeurorthus fasciatus* Nakahara, 1958

Nipponeurorthus fasciatus Nakahara, 1958: 28. **Type locality:** China (Taiwan: Urai).
分布（**Distribution**）：台湾（TW）

（3）叉突汉泽蛉 *Nipponeurorthus furcatus* Liu, H. Aspöck *et* U. Aspöck, 2014

Nipponeurorthus furcatus Liu, H. Aspöck *et* U. Aspöck, 2014b: 229. **Type locality:** China (Yunnan: Lvchun).
分布（**Distribution**）：云南（YN）

（4）美脉汉泽蛉 *Nipponeurorthus multilineatus* Nakahara, 1966

Nipponeurorthus multilineatus Nakahara, 1966a: 204. **Type locality:** China (Taiwan: Ilan).
分布（**Distribution**）：台湾（TW）

（5）秦汉泽蛉 *Nipponeurorthus qinicus* Yang, 1998

Nipponeurorthus qinicus Yang, 1998: 104. **Type locality:** China (Shaanxi: Ankang).
分布（**Distribution**）：陕西（SN）

（6）天目汉泽蛉 *Nipponeurorthus tianmushanus* Yang *et* Gao, 2001

Nipponeurorthus tianmushanus Yang *et* Gao, 2001: 308. **Type locality:** China (Zhejiang: Tianmushan).
分布（**Distribution**）：浙江（ZJ）

2. 华泽蛉属 *Sinoneurorthus* Liu, H. Aspöck *et* U. Aspöck, 2012

Sinoneurorthus Liu, H. Aspöck *et* U. Aspöck, 2012: 132. **Type species:** *Sinoneurorthus yunnanicus* Liu, H. Aspöck *et* U. Aspöck, 2012: 133 (original designation).

（7）云南华泽蛉 *Sinoneurorthus yunnanicus* Liu, H. Aspöck *et* U. Aspöck, 2012

Sinoneurorthus yunnanicus Liu, H. Aspöck *et* U. Aspöck, 2012: 133. **Type locality:** China (Yunnan: Xiaocaoba).
分布（**Distribution**）：云南（YN）

水蛉科 Sisyridae Handlirsch, 1906

1. 水蛉属 *Sisyra* Burmeister, 1839

Sisyra Burmeister, 1839: 975. **Type species:** *Hemerobius fuscatus* Fabricius, 1793: 84 (designated by Banks, 1905: 25).
Branchiotoma Westwood, [1842] 1841-1843: 108. **Type species:** *Branchiotoma spongillae* Westwood, [1842] 1841- 1843: 108 (monotypy).
Nopia Navás, [1910i] 1909: 398. **Type species:** *Nopia nikkoana* Navás, [1910i] 1909: 398 (monotypy).
Sisyrella Banks, 1913b: 218. **Type species:** *Nopia nikkoana* Navás, [1910i] 1909: 398 (monotypy).

（1）曙光水蛉 *Sisyra aurorae* Navás, 1933

Sisyra aurorae Navás, 1933f: 13. **Type locality:** China (Zhejiang: Zhoushan).
分布（**Distribution**）：浙江（ZJ）

（2）弯突水蛉 *Sisyra curvata* Yang *et* Gao, 2002

Sisyra curvata Yang *et* Gao, 2002: 288. **Type locality:** China (Hainan: Xinglong).
分布（**Distribution**）：海南（HI）

（3）海南水蛉 *Sisyra hainana* Yang *et* Gao, 2002

Sisyra hainana Yang *et* Gao, 2002: 286. **Type locality:** China (Hainan: Nada).
分布（**Distribution**）：海南（HI）

（4）畸脉水蛉 *Sisyra nervata* Yang *et* Gao, 2002

Sisyra nervata Yang *et* Gao, 2002: 287. **Type locality:** China (Hainan: Yaxian).
分布（**Distribution**）：海南（HI）

（5）云水蛉 *Sisyra yunana* Yang, 1986

Sisyra yunana Yang, 1986b: 156. **Type locality:** China (Yunnan: Jinghong).
分布（**Distribution**）：云南（YN）

2. 阶水蛉属 *Sisyrina* Banks, 1939

Sisyrina Banks, 1939: 470. **Type species:** *Sisyrina nirvana* Banks, 1939: 470 (monotypy).

（6）琼阶水蛉 *Sisyrina qiong* Yang *et* Gao, 2002

Sisyrina qiong Yang *et* Gao, 2002: 288. **Type locality:** China

(Hainan: Ledong).
分布（Distribution）：海南（HI）

溪蛉科 Osmylidae Leach, 1815

溪蛉亚科 Osmylinae Krüger, 1913

1. 亚溪蛉属 *Hyposmylus* McLachlan, 1870

Hyposmylus McLachlan, 1870: 200. **Type species:** *Osmylus punctipennis* Walker, 1860: 183 (monotypy).

（1）具斑亚溪蛉 *Hyposmylus punctipennis* (Walker, 1860)

Osmylus punctipennis Walker, 1860: 183. **Type locality:** India.
分布（Distribution）：四川（SC）；印度

2. 溪蛉属 *Osmylus* Latreille, 1802

Osmylus Latreille, 1802: 289. **Type species:** *Hemerobius maculatus* Fabricius, 1787: 247 (monotypy).
Dictyosmylus Navás, 1910h: 189. **Type species:** *Dictyosmylus lunatus* Navás, 1910h: 189 (monotypy).

（2）双角溪蛉 *Osmylus biangulus* Wang *et* Liu, 2010

Osmylus biangulus Wang *et* Liu, 2010: 61. **Type locality:** China (Henan: Songxian).
分布（Distribution）：河南（HEN）

（3）双突溪蛉 *Osmylus bipapillatus* Wang *et* Liu, 2010

Osmylus bipapillatus Wang *et* Liu, 2010: 65. **Type locality:** China (Henan: Neixiang).
分布（Distribution）：河南（HEN）

（4）错那溪蛉 *Osmylus conanus* Yang, 1987

Osmylus conanus Yang, 1987: 191. **Type locality:** China (Xizang: Cona).
分布（Distribution）：西藏（XZ）

（5）偶瘤溪蛉 *Osmylus fuberosus* Yang, 1997

Osmylus fuberosus Yang, 1997a: 580. **Type locality:** China (Hubei: Shennongjia).
分布（Distribution）：湖北（HB）、重庆（CQ）

（6）亮翅溪蛉 *Osmylus lucalatus* Wang *et* Liu, 2010

Osmylus lucalatus Wang *et* Liu, 2010: 64. **Type locality:** China (Henan: Songxian).
分布（Distribution）：河南（HEN）

（7）大溪蛉 *Osmylus megistus* Yang, 1987

Osmylus megistus Yang, 1987: 192. **Type locality:** China (Xizang: Bomi).
分布（Distribution）：西藏（XZ）

（8）小溪蛉 *Osmylus miniscula* Yang, 1987

Osmylus minisculus Yang, 1987: 192. **Type locality:** China (Xizang: Zhangmu).
分布（Distribution）：西藏（XZ）

（9）粗角溪蛉 *Osmylus pachycaudatus* Wang *et* Liu, 2010

Osmylus pachycaudatus Wang *et* Liu, 2010: 66. **Type locality:** China (Henan: Luanchuan).
分布（Distribution）：河南（HEN）

（10）后斑溪蛉 *Osmylus posticatus* Banks, 1947

Osmylus posticatus Banks, 1947: 99. **Type locality:** China (Sichuan: Tu-pa-keo).
分布（Distribution）：四川（SC）

（11）台湾溪蛉 *Osmylus taiwanensis* New, 1991

Osmylus taiwanensis New, 1991: 2. **Type locality:** China (Taiwan: Nantowlo).
分布（Distribution）：台湾（TW）

（12）武夷山溪蛉 *Osmylus wuhishanus* Yang, 1999

Osmylus wuhishanus Yang, 1999b: 97. **Type locality:** China (Fujian: Jianyang).
分布（Distribution）：福建（FJ）

（13）西藏溪蛉 *Osmylus xizangensis* Yang, 1988

Osmylus xizangensis Yang, 1988: 193. **Type locality:** China (Xizang: Bomi).
分布（Distribution）：西藏（XZ）

3. 近溪蛉属 *Parosmylus* Needham, 1909

Parosmylus Needham, 1909: 209. **Type species:** *Parosmylus prominens* Needham, 1909: 209 (monotypy).
Grandosmylus Makarkin, 1985c: 37. **Type species:** *Grandosmylus centrasius* Makarkin, 1985c: 44 (original designation).

（14）粗角近溪蛉 *Parosmylus brevicornis* Wang *et* Liu, 2009

Parosmylus brevicornis Wang *et* Liu, 2009: 60. **Type locality:** China (Gansu: Quzhou).
分布（Distribution）：甘肃（GS）

（15）江巴近溪蛉 *Parosmylus jombai* Yang, 1987

Parosmylus jombai Yang, 1987: 193. **Type locality:** China (Xizang: Bomi).
分布（Distribution）：西藏（XZ）

（16）六盘山近溪蛉 *Parosmylus liupanshanensis* Wang *et* Liu, 2009

Parosmylus liupanshanensis Wang *et* Liu, 2009: 58. **Type locality:** China (Ningxia: Liupanshan).

分布（Distribution）：宁夏（NX）

（17）西藏近溪蛉 *Parosmylus tibetanus* Yang, 1987

Parosmylus tibetanus Yang, 1987: 194. **Type locality:** China (Xizang: Renbu).

分布（Distribution）：西藏（XZ）

（18）亚东近溪蛉 *Parosmylus yadonganus* Yang, 1987

Parosmylus yadonganus Yang, 1987: 194. **Type locality:** China (Xizang: Yadong).

分布（Distribution）：西藏（XZ）

4. 丰溪蛉属 *Plethosmylus* Krüger, 1913

Plethosmylus Krüger, 1913a: 43. **Type species:** *Osmylus hyalinatus* McLachlan, 1875a: 181 (original designation).

（19）细点丰溪蛉 *Plethosmylus atomatus* Yang, 1988

Plethosmylus atomatus Yang, 1988: 194. **Type locality:** China (Xizang: Medog).

分布（Distribution）：西藏（XZ）

（20）浙丰溪蛉 *Plethosmylus zheanus* Yang *et* Liu, 2001

Plethosmylus zheanus Yang *et* Liu, 2001: 302. **Type locality:** China (Zhejiang: Tianmushan).

分布（Distribution）：浙江（ZJ）

5. 华溪蛉属 *Sinosmylus* Yang, 1992

Sinosmylus Yang, 1992c: 438. **Type species:** *Sinosmylus hengduanus* Yang, 1992c: 438 (original designation).

（21）横断华溪蛉 *Sinosmylus hengduanus* Yang, 1992

Sinosmylus hengduanus Yang, 1992c: 438. **Type locality:** China (Yunnan: Lushui).

分布（Distribution）：云南（YN）

少脉溪蛉亚科 Protosmylinae Krüger, 1913

6. 离溪蛉属 *Lysmus* Navás, 1911

Lysmus Navás, 1911d: 112. **Type species:** *Osmyllus harrnandinus* Navás, 1910h: 190 (original designation).

Eososmylus Krüger, 1915: 74. **Type species:** *Spilosmylus nigricornis* Nakahara, 1914: 509 (original designation).

Neolysmus Nakahara, 1955a: 13. **Type species:** *Neolysmus ogatai* Nakahara, 1955a: 13 (original designation).

（22）欧博离溪蛉 *Lysmus oberthurinus* (Navás, 1910)

Osmylus oberthurinus Navás, 1910h: 194. **Type locality:** China (Sichuan).

分布（Distribution）：四川（SC）、云南（YN）

（23）短翅离溪蛉 *Lysmus ogatai* (Nakahara, 1955)

Neolysmus ogatai Nakahara, 1955a: 13. **Type locality:** Japan (Osaka: Mt. Iwawaki).

分布（Distribution）：台湾（TW）；日本

（24）淡离溪蛉 *Lysmus pallidius* Yang, 2001

Lysmus pallidius Yang, 2001: 303. **Type locality:** China (Zhejiang: Tianmushan).

分布（Distribution）：浙江（ZJ）

（25）庆元离溪蛉 *Lysmus qingyuanus* Yang, 1995

Lysmus qingyuanus Yang, 1995: 281. **Type locality:** China (Zhejiang: Mt. Baishanzu).

分布（Distribution）：浙江（ZJ）

（26）胜利离溪蛉 *Lysmus victus* Yang, 1997

Lysmus victus Yang, 1997a: 581. **Type locality:** China (Hubei: Shennongjia).

分布（Distribution）：河北（HEB）、陕西（SN）、甘肃（GS）、浙江（ZJ）、湖南（HN）、湖北（HB）、贵州（GZ）

（27）藏离溪蛉 *Lysmus zanganus* Yang, 1988

Lysmus zanganus Yang, 1988: 196. **Type locality:** China (Xizang: Bomi).

分布（Distribution）：西藏（XZ）

7. 异溪蛉属 *Heterosmylus* Krüger, 1913

Heterosmylus Krüger, 1913b: 237. **Type species:** *Heterosmylus aspersus* Krüger, 1913b: 237 (original designation).

（28）曲阶异溪蛉 *Heterosmylus curvagrdaus* Yang, 1999

Heterosmylus curvagrdaus Yang, 1999b: 99. **Type locality:** China (Fujian: Chong'an).

分布（Distribution）：福建（FJ）

（29）淡黄异溪蛉 *Heterosmylus flavidus* Yang, 1992

Heterosmylus flavidus Yang, 1992c: 440. **Type locality:** China (Yunnan: Lushui).

分布（Distribution）：云南（YN）

（30）斜纹异溪蛉 *Heterosmylus limulus* Yang, 1987

Heterosmylus limulus Yang, 1987: 196. **Type locality:** China (Xizang: Yadong).

分布（Distribution）：西藏（XZ）

（31）台湾异溪蛉 *Heterosmylus primus* Nakahara, 1955

Heterosmylus primus Nakahara, 1955b: 9. **Type locality:** China (Taiwan: Taiheizan).

分布（Distribution）：台湾（TW）

（32）神农异溪蛉 *Heterosmylus shennonganus* Yang, 1997

Heterosmylus shennonganus Yang, 1997a: 581. **Type locality:** China (Hubei: Shennongjia).

分布（Distribution）：河南（HEN）、陕西（SN）、湖北（HB）、重庆（CQ）

（33）卧龙异溪蛉 *Heterosmylus wolonganus* Yang, 1992

Heterosmylus wolonganus Yang, 1992c: 440. **Type locality:** China (Sichuan: Wolong).

分布（Distribution）：河南（HEN）、陕西（SN）、甘肃（GS）、四川（SC）

（34）云南异溪蛉 *Heterosmylus yunnanus* Yang, 1986

Heterosmylus yunnanus Yang, 1986b: 153. **Type locality:** China (Yunnan: Lushui).

分布（Distribution）：云南（YN）、西藏（XZ）

（35）樟木异溪蛉 *Heterosmylus zhamanus* Yang, 1987

Heterosmylus zhamanus Yang, 1987: 195. **Type locality:** China (Xizang: Zhangmu).

分布（Distribution）：西藏（XZ）

瑕溪蛉亚科 Spilosmylinae Krüger, 1913

8. 斑溪蛉属 *Glenosmylus* Krüger, 1913

Glenosmylus Krüger, 1913a: 91. **Type species:** *Glenosmylus elegans* Krüger, 1913a: 91 (original designation).

（36）优雅斑溪蛉 *Glenosmylus elegans* Krüger, 1913

Glenosmylus elegans Krüger, 1913a: 91. **Type locality:** China (Taiwan).

分布（Distribution）：台湾（TW）

9. 瑕溪蛉属 *Spilosmylus* Kolbe, 1897

Spilosmylus Kolbe, 1897: 3. **Type species:** *Osmylus tuberculatus* Walker, 1853: 235 (designated by Navás, 1911f: 235).

Ripidosmylus Krüger, 1913a: 61. **Type species:** *Osmylus africanus* Kolbe, 1897: 33 (original designation).

Conchylosmylus Krüger, 1914: 20. **Type species:** *Spilosmylus triseriatus* Banks, 1913b: 214 (monotypy).

Kelidosmylus Krüger, 1914: 29. **Type species:** *Kelidosmylus togonesis* Krüger, 1914: 77 (original designation).

Ostreosmylus Krüger, 1914: 30. **Type species:** *Osmylus inquinatus* McLachlan, 1870: 200 (original designation).

Stigmatosmylus Krüger, 1914: 32. **Type species:** *Stigmatosmylus ocellatus* Krüger, 1914: 32 (original designation).

Grammosmylus Krüger, 1914: 34. **Type species:** *Spilosmylus punctatus* Navás, 1912b: 186 (original designation).

Heliosmylus Krüger, 1915: 80. **Type species:** *Glenosmylus kruegeri* Esben-Petersen, 1914: 269 (original designation).

Centrolysmus Navás, 1917c: 15. **Type species:** *Centrolysmus epiphanues* Navás, 1917c: 16 (original designation).

（37）黄痣瑕溪蛉 *Spilosmylus asahinai* Nakahara, 1966

Spilosmylus asahinai Nakahara, 1966a: 206. **Type locality:** China (Taiwan: Coastal mountain range).

分布（Distribution）：台湾（TW）

（38）安氏瑕溪蛉 *Spilosmylus epiphanies* (Navás, 1917)

Centrolysmus epiphanes Navás, 1917c: 16. **Type locality:** Unknown.

分布（Distribution）：四川（SC）、云南（YN）

（39）克氏瑕溪蛉 *Spilosmylus kruegeri* (Esben-Petersen, 1914)

Glenosmylus kruegeri Esben-Petersen, 1914: 269. **Type locality:** China (Taiwan: Kosempo).

Heliosmylus kruegeri Krüger, 1915: 86. **Type locality:** China (Taiwan: Kosempo).

分布（Distribution）：台湾（TW）

（40）泸定瑕溪蛉 *Spilosmylus ludinganus* Yang, 1992

Spilosmylus ludinganus Yang, 1992c: 439. **Type locality:** China (Sichuan: Luding).

分布（Distribution）：四川（SC）

（41）瘤斑瑕溪蛉 *Spilosmylus tubersulatus* (Walker, 1853)

Osmylus tubersulatus Walker, 1853: 235. **Type locality:** Unknown.

分布（Distribution）：云南（YN）、福建（FJ）、广西（GX）

10. 窗溪蛉属 *Thyridosmylus* Krüger, 1913

Thyridosmylus Krüger, 1913a: 87. **Type species:** *Osmylus langii* McLachlan, 1870: 197 (original designation).

（42）棕色窗溪蛉 *Thyridosmylus fuscus* Yang, 1999

Thyridosmylus fuscus Yang, 1999b: 99. **Type locality:** China (Guangxi: Tianpinshan).

分布（Distribution）：浙江（ZJ）、福建（FJ）、广西（GX）

（43）朗氏窗溪蛉 *Thyridosmylus langii* (McLachlan, 1870)

Osmylus langii McLachlan, 1870: 197. **Type locality:** India (Assam).

Thyridosmylus laetus Yang, 1988: 195. **Type locality:** China (Xizang: Bomi).

分布（Distribution）：云南（YN）、西藏（XZ）；印度

（44）茂兰窗溪蛉 *Thyridosmylus maolanus* Yang, 1993

Thyridosmylus maolanus Yang, 1993b: 261. **Type locality:** China (Guizhou: Maolan).

分布（Distribution）：四川（SC）、贵州（GZ）

（45）墨脱窗溪蛉 *Thyridosmylus medoganus* Yang, 1988

Thyridosmylus medoganus Yang, 1988: 195. **Type locality:** China (Xizang: Medog).

分布（Distribution）：西藏（XZ）

（46）小窗溪蛉 *Thyridosmylus perspicillaris minor* Kimmins, 1942

Thyridosmylus perspicillaris minor Kimmins, 1942: 851. **Type locality:** India (Sikkim).

Thyridosmylus similaminor Yang, 1992c: 440. **Type locality:** China (Yunnan: Weixi).

分布（Distribution）：云南（YN）、西藏（XZ）；印度

（47）淡斑窗溪蛉 *Thyridosmylus pallidius* Yang, 2002

Thyridosmylus pallidius Yang, 2002: 283. **Type locality:** China (Hainan: Wuzhishan).

分布（Distribution）：海南（HI）

（48）近朗氏窗溪蛉 *Thyridosmylus paralangii* Wang, Winterton *et* Liu, 2011

Thyridosmylus paralangii Wang, Winterton *et* Liu, 2011: 336. **Type locality:** China (Guangxi: Shengtangshan).

分布（Distribution）：广西（GX）

（49）多刺窗溪蛉 *Thyridosmylus polyacanthus* Wang, Du *et* Liu, 2008

Thyridosmylus polyacanthus Wang, Du *et* Liu, 2008: 65. **Type locality:** China (Guangxi: Damingshan).

分布（Distribution）：广西（GX）

（50）丽窗溪蛉 *Thyridosmylus pulchrus* Yang, 1988

Thyridosmylus pulchrus Yang, 1988: 196. **Type locality:** China (Xizang: Tongmai).

Thyridosmylus mimoroides Yang, 1988: 196. **Type locality:** China (Xizang: Zhangmu).

分布（Distribution）：西藏（XZ）

（51）黔窗溪蛉 *Thyridosmylus qianus* Yang, 1993

Thyridosmylus qianus Yang, 1993b: 262. **Type locality:** China (Guizhou: Qianlingshan).

Thyridosmylus vulgatus Yang, 1999b: 100. **Type locality:** China (Fujian: Chong'an).

分布（Distribution）：山东（SD）、浙江（ZJ）、湖北（HB）、重庆（CQ）、贵州（GZ）、福建（FJ）

（52）三带窗溪蛉 *Thyridosmylus trifasciatus* Yang, 1993

Thyridosmylus trifasciatus Yang, 1993b: 262. **Type locality:** China (Guizhou: Maolan).

分布（Distribution）：贵州（GZ）

（53）三斑窗溪蛉 *Thyridosmylus trimaculatus* Wang, Du *et* Liu, 2008

Thyridosmylus trimaculatus Wang, Du *et* Liu, 2008: 67. **Type locality:** China (Guangxi: Dayaoshan).

分布（Distribution）：广西（GX）

（54）三丫窗溪蛉 *Thyridosmylus triypsiloneurus* Yang, 1995

Thyridosmylus triypsiloneurus Yang, 1995: 282. **Type locality:** China (Zhejiang: Mt. Baishanzu).

分布（Distribution）：浙江（ZJ）、湖南（HN）、湖北（HB）、福建（FJ）、广西（GX）

11. 虹溪蛉属 *Thaumatosmylus* Krüger, 1913

Thaumatosmylus Krüger, 1913a: 89. **Type species:** *Osmylus diaphanous* Gerstaecker, 1893: 168 (original designation).

（55）海南虹溪蛉 *Thaumatosmylus hainanus* Yang, 2002

Thaumatosmylus hainanus Yang, 2002: 282. **Type locality:** China (Hainan: Jianfengling).

分布（Distribution）：海南（HI）

（56）饰虹溪蛉 *Thaumatosmylus ornatus* Nakahara, 1955

Thaumatosmylus ornatus Nakahara, 1955b: 10. **Type locality:** China (Taiwan: Tôho).

分布（Distribution）：台湾（TW）

（57）小点虹溪蛉 *Thaumatosmylus punctulosus* Yang, 1999

Thaumatosmylus punctulosus Yang, 1999b: 98. **Type locality:** China (Fujian: Chong'an).

分布（Distribution）：河南（HEN）、福建（FJ）

（58）浙虹溪蛉 *Thaumatosmylus zheanus* Yang, 2001

Thaumatosmylus zheanus Yang, 2001: 303. **Type locality:** China (Zhejiang: Tianmushan).

分布（Distribution）：浙江（ZJ）

栉角蛉科 Dilaridae Newman, 1853

1. 鳞栉角蛉属 *Berothella* Banks, 1934

Berothella Banks, 1934: 567. **Type species:** *Berothella phan-*

toma Banks, 1934: 568 (monotypy).

（1）丽鳞栉角蛉 *Berothella pretiosa* Banks, 1939

Berothella pretiosa Banks, 1939: 469. **Type locality:** China (Hainan: Tahan).

分布（**Distribution**）：海南（HI）

2. 栉角蛉属 *Dilar* Rambur, 1838

Dilar Rambur, [1838] 1837-1840: 445. **Type species:** *Dilar nevadensis* Rambur, [1838] 1837-1840: pl. 9 (monotypy).

Cladocera Hagen, 1860b: 56. Nomen nudum.

Lidar Navás, 1909d: 153. **Type species:** *Dilar meridionalis* Hagen, 1866a: 295 (original designation).

Fuentenus Navás, 1909d: 154. **Type species:** *Dilar campestris* Navás, 1903a: 380 (original designation).

Rexavius Navás, [1909h] 1908-1909: 664. **Type species:** *Dilar nietneri* Hagen, 1858a: 482 (designated by Navás, 1914m: 10).

Nepal Navás, [1909h] 1908-1909: 661. **Type species:** *Nepal harmandi* Navás, [1909h] 1908-1909: 661 (original designation).

（2）二叉栉角蛉 *Dilar bifurcatus* Zhang, Liu, H. Aspöck *et* U. Aspöck, 2015

Dilar bifurcatus Zhang, Liu, H. Aspöck *et* U. Aspöck, 2015: 455. **Type locality:** China (Jiangxi: Lushan).

分布（**Distribution**）：江西（JX）

（3）车八岭栉角蛉 *Dilar chebalingensis* Zhang, Liu, H. Aspöck *et* U. Aspöck, 2015

Dilar chebalingensis Zhang, Liu, H. Aspöck *et* U. Aspöck, 2015: 463. **Type locality:** China (Guangdong: Chebaling).

分布（**Distribution**）：湖南（HN）、广东（GD）

（4）角突栉角蛉 *Dilar cornutus* Zhang, Liu, H. Aspöck *et* U. Aspöck, 2015

Dilar cornutus Zhang, Liu, H. Aspöck *et* U. Aspöck, 2015: 486. **Type locality:** China (Yunnan: Longling).

分布（**Distribution**）：云南（YN）

（5）东川栉角蛉 *Dilar dongchuanus* Yang, 1986

Dilar dongchuanus Yang, 1986b: 155. **Type locality:** China (Yunnan: Dongchuan).

分布（**Distribution**）：云南（YN）

（6）独龙江栉角蛉 *Dilar dulongjiangensis* Zhang, Liu, H. Aspöck *et* U. Aspöck, 2015

Dilar dulongjiangensis Zhang, Liu, H. Aspöck *et* U. Aspöck, 2015: 471. **Type locality:** China (Yunnan: Dulongjiang).

分布（**Distribution**）：云南（YN）

（7）丽栉角蛉 *Dilar formosanus* Okamoto *et* Kuwayama, 1920

Dilar formosanus Okamoto *et* Kuwayama, 1920: 49. **Type locality:** China (Taiwan: Alishan).

分布（**Distribution**）：台湾（TW）

（8）尺栉角蛉 *Dilar geometroides* H. Aspöck *et* U. Aspöck, 1968

Dilar geometroides H. Aspöck *et* U. Aspöck, 1968c: 3. **Type locality:** Nepal (Janakpur).

Dilar aspersus Yang, 1988: 197. **Type locality:** China (Xizang: Linzhi).

分布（**Distribution**）：西藏（XZ）；尼泊尔

（9）广西栉角蛉 *Dilar guangxiensis* Zhang, Liu, H. Aspöck *et* U. Aspöck, 2015

Dilar guangxiensis Zhang, Liu, H. Aspöck *et* U. Aspöck, 2015: 473. **Type locality:** China (Guangxi: Huaping).

分布（**Distribution**）：贵州（GZ）、广西（GX）

（10）汉氏栉角蛉 *Dilar harmandi* (Navás, 1909)

Nepal harmandi Navás, [1909h] 1908-1909: 661. **Type locality:** India (West Bengal).

分布（**Distribution**）：西藏（XZ）；印度、尼泊尔

（11）长矛栉角蛉 *Dilar hastatus* Zhang, Liu, H. Aspöck *et* U. Aspöck, 2014

Dilar hastatus Zhang, Liu, H. Aspöck *et* U. Aspöck, 2014: 11. **Type locality:** China (Hebei: Yangjiaping).

分布（**Distribution**）：河北（HEB）、北京（BJ）

（12）海岛栉角蛉 *Dilar insularis* Zhang, Liu *et* U. Aspöck, 2014

Dilar insularis Zhang, Liu *et* U. Aspöck, 2014: 152. **Type locality:** China (Hainan: Wuzhishan).

分布（**Distribution**）：台湾（TW）、海南（HI）

（13）李氏栉角蛉 *Dilar lii* Zhang, Liu, H. Aspöck *et* U. Aspöck, 2015

Dilar lii Zhang, Liu, H. Aspöck *et* U. Aspöck, 2015: 487. **Type locality:** China (Guangxi: Dayaoshan).

分布（**Distribution**）：广西（GX）

（14）丽江栉角蛉 *Dilar lijiangensis* Zhang, Liu, H. Aspöck *et* U. Aspöck, 2015

Dilar lijiangensis Zhang, Liu, H. Aspöck *et* U. Aspöck, 2015: 480. **Type locality:** China (Yunnan: Lijiang).

分布（**Distribution**）：云南（YN）

（15）长刺栉角蛉 *Dilar longidens* Zhang, Liu, H. Aspöck *et* U. Aspöck, 2015

Dilar longidens Zhang, Liu, H. Aspöck *et* U. Aspöck, 2015: 464. **Type locality:** China (Guangxi: Huaping).

分布（**Distribution**）：广西（GX）

（16）多斑栉角蛉 *Dilar maculosus* Zhang, Liu, H. Aspöck *et* U. Aspöck, 2015

Dilar maculosus Zhang, Liu, H. Aspöck *et* U. Aspöck, 2015: 489. **Type locality:** China (Yunnan: Baoshan).

分布（**Distribution**）：云南（YN）

(17)猫儿山栉角蛉 ***Dilar maoershanensis* Zhang, Liu, H. Aspöck *et* U. Aspöck, 2015**

Dilar maoershanensis Zhang, Liu, H. Aspöck *et* U. Aspöck, 2015: 466. **Type locality:** China (Guangxi: Maoershan).

分布(Distribution):广西(GX)

(18)广翅栉角蛉 ***Dilar megalopterus* Yang, 1986**

Dilar megalopterus Yang, 1986b: 154. **Type locality:** China (Yunnan: Dongchuan).

分布(Distribution):云南(YN)

(19)山地栉角蛉 ***Dilar montanus* Yang, 1992**

Dilar montanus Yang, 1992c: 441. **Type locality:** China (Sichuan: Xiangcheng).

Dilar wangi Yang, 1992c: 441. **Type locality:** China (Yunnan: Zhongdian).

分布(Distribution):四川(SC)、云南(YN)

(20)奇异栉角蛉 ***Dilar nobilis* Zhang, Liu, H. Aspöck *et* U. Aspöck, 2015**

Dilar nobilis Zhang, Liu, H. Aspöck *et* U. Aspöck, 2015: 482. **Type locality:** China (Yunnan: Huanglianshan).

分布(Distribution):云南(YN)

(21)灰栉角蛉 ***Dilar pallidus* Nakahara, 1955**

Dilar pallidus Nakahara, 1955d: 140. **Type locality:** China (Taiwan: Tattaka).

分布(Distribution):台湾(TW)

(22)北方栉角蛉 ***Dilar septentrionalis* Navás, 1912**

Dilar septentrionalis Navás, 1912d: 38. **Type locality:** Russia (Vladivostok).

分布(Distribution):吉林(JL)、辽宁(LN);俄罗斯、韩国

(23)中华栉角蛉 ***Dilar sinicus* Nakahara, 1957**

Dilar sinicus Nakahara, 1957: 31. **Type locality:** China (Shanxi).

分布(Distribution):内蒙古(NM)、河北(HEB)、山西(SX)、陕西(SN)、甘肃(GS)

(24)深斑栉角蛉 ***Dilar spectabilis* Zhang, Liu, H. Aspöck *et* U. Aspöck, 2014**

Dilar spectabilis Zhang, Liu, H. Aspöck *et* U. Aspöck, 2014: 19. **Type locality:** China (Ningxia: Liupanshan).

分布(Distribution):河南(HEN)、陕西(SN)、宁夏(NX)、甘肃(GS)

(25)狭翅栉角蛉 ***Dilar stenopterus* Yang, 1999**

Dilar stenopterus Yang, 1999a: 95. **Type locality:** China (Fujian: Nanping).

分布(Distribution):福建(FJ)

(26)江苏栉角蛉 ***Dilar subdolus* Navás, 1932**

Dilar subdolus Navás, 1932e: 921. **Type locality:** China (Jiangsu: Zhenjiang).

分布(Distribution):江苏(JS)

(27)太白栉角蛉 ***Dilar taibaishanus* Zhang, Liu, H. Aspöck *et* U. Aspöck, 2014**

Dilar taibaishanus Zhang, Liu, H. Aspöck *et* U. Aspöck, 2014: 21. **Type locality:** China (Shaanxi: Taibaishan).

分布(Distribution):陕西(SN)

(28)台湾栉角蛉 ***Dilar taiwanensis* Banks, 1937**

Dilar taiwanensis Banks, 1937: 276. **Type locality:** China: (Taiwan: Alishan).

Dilar distinctus Nakahara, 1955d: 139. **Type locality:** China (Taiwan: Tattaka).

Nepal kanoi Nakahara, 1955b: 6. **Type locality:** China (Taiwan: Tattaka).

分布(Distribution):台湾(TW);日本

(29)天目栉角蛉 ***Dilar tianmuanus* Yang, 2001**

Dilar tianmuanus Yang, 2001: 306. **Type locality:** China (Zhejiang: Lin'an).

分布(Distribution):安徽(AH)、浙江(ZJ)

(30)西藏栉角蛉 ***Dilar tibetanus* Yang, 1987**

Dilar tibetanus Yang, 1987: 197. **Type locality:** China (Xizang: Bomi).

Dilar pumilus Yang 1988: 621. **Type locality:** China (Xizang: Bomi).

Dilar pusillus Yang, 1992a: 379. **Type locality:** China (Xizang: Bomi).

分布(Distribution):西藏(XZ)

(31)武夷栉角蛉 ***Dilar wuyianus* Yang, 1999**

Dilar wuyianus Yang, 1999a: 94. **Type locality:** China (Fujian: Jianyang).

分布(Distribution):福建(FJ)

(32)杨氏栉角蛉 ***Dilar yangi* Zhang, Liu, H. Aspöck *et* U. Aspöck, 2015**

Dilar yangi Zhang, Liu, H. Aspöck *et* U. Aspöck, 2015: 475. **Type locality:** China (Guangxi: Damingshan).

分布(Distribution):广西(GX)

(33)云南栉角蛉 ***Dilar yunnanus* Yang, 1986**

Dilar yunnanus Yang, 1986b: 154. **Type locality:** China (Yunnan: Ruili).

分布(Distribution):云南(YN)

鳞蛉科 Berothidae Handlirsch, 1906

1. 鳞蛉属 *Berotha* Walker, 1860

Berotha Walker, 1860: 186. **Type species:** *Berotha insolita* Walker, 1860: 187 (monotypy).
Sisyrura Navás, 1905a: 51. **Type species:** *Sisyrura pectinata* Navás, 1905a: 51 (monotypy).
Frawalkeria Navás, 1929g: 50. **Type species:** *Isoscelipteron puncticolle* Navás, 1911d: 112 (original designation).

（1）八闽鳞蛉 *Berotha baminana* Yang *et* Liu, 1999

Berotha baminana Yang *et* Liu, 1999b: 100. **Type locality:** China (Fujian: Shuikou).
分布（**Distribution**）：福建（FJ）

（2）版纳鳞蛉 *Berotha bannana* (Yang, 1986)

Berothella bannana Yang, 1986b: 156. **Type locality:** China (Yunnan: Menghai).
分布（**Distribution**）：云南（YN）

（3）周尧鳞蛉 *Berotha chouioi* Yang *et* Liu, 2002

Berotha chouioi Yang *et* Liu, 2002b: 284. **Type locality:** China (Hainan: Nada).
分布（**Distribution**）：海南（HI）

（4）浙江鳞蛉 *Berotha zhejiangana* Yang *et* Liu, 1995

Berotha zhejiangana Yang *et* Liu, 1995: 280. **Type locality:** China (Zhejiang: Mt. Baishanzu).
分布（**Distribution**）：浙江（ZJ）

（5）斯佩塔鳞蛉 *Berotha spetana* U. Aspöck, Liu *et* H. Aspöck, 2013

Berotha spetana U. Aspöck, Liu *et* H. Aspöck, 2013: 222. **Type locality:** China (Taiwan: Huisun).
分布（**Distribution**）：台湾（TW）

（6）台湾鳞蛉 *Berotha taiwanica* U. Aspöck, Liu *et* H. Aspöck, 2013

Berotha taiwanica U. Aspöck, Liu *et* H. Aspöck, 2013: 224. **Type locality:** China (Taiwan: Dalin).
分布（**Distribution**）：台湾（TW）

2. 等鳞蛉属 *Isoscelipteron* Costa, 1863

Isoscelipteron Costa, 1863: 34. **Type species:** *Isoscelipteron fulvum* Costa, 1863: 35 (monotypy).
Dasypteryx Stein, 1863: 418. **Type species:** *Dasypteryx graeca* Stein, 1863: 418 (monotypy).
Acroberotha Krüger, 1922a: 66. **Type species:** *Acroberotha tonkinensis* Krüger, 1922a: 66 (original designation).

（7）喜网等鳞蛉 *Isoscelipteron dictyophilum* Yang *et* Liu, 1995

Isoscelipteron dictyophilum Yang *et* Liu, 1995: 280. **Type locality:** China (Zhejiang: Mt. Gutian).
分布（**Distribution**）：浙江（ZJ）

（8）优等鳞蛉 *Isoscelipteron eucallum* Yang *et* Liu, 1999

Isoscelipteron eucallum Yang *et* Liu, 1999b: 101. **Type locality:** China (Fujian: Sangang).
分布（**Distribution**）：福建（FJ）

（9）台湾等鳞蛉 *Isoscelipteron formosense* (Krüger, 1922)

Acroberotha formosensis Krüger, 1922a: 66. **Type locality:** China (Taiwan: Chiasien).
分布（**Distribution**）：台湾（TW）

（10）栉形等鳞蛉 *Isoscelipteron pectinatum* (Navás, 1905)

Sisyrura pectinata Navás, 1905a: 51. **Type locality:** China (Shanghai).
分布（**Distribution**）：上海（SH）

（11）点斑等鳞蛉 *Isoscelipteron puncticolle* Navás, 1911

Isoscelipteron puncticolle Navás, 1911d: 112. **Type locality:** China (Taiwan: Tainan).
分布（**Distribution**）：台湾（TW）

螳蛉科 Mantispidae Leach, 1815

卓螳蛉亚科 Drepanicinae Enderlein, 1910

1. 异螳蛉属 *Allomantispa* Liu, Wu, Winterton *et* Ohl, 2015

Allomantispa Liu, Wu, Winterton *et* Ohl, 2015: 187. **Type species:** *Allomantispa tibetana* Liu, Wu *et* Winterton, 2015: 190 (original designation).

（1）西藏异螳蛉 *Allomantispa tibetana* Liu, Wu *et* Winterton, 2015

Allomantispa tibetana Liu, Wu *et* Winterton, 2015: 190. **Type locality:** China (Xizang: Medog).
分布（**Distribution**）：西藏（XZ）

螳蛉亚科 Mantispinae Leach, 1815

2. 澳蜂螳蛉属 *Austroclimaciella* Handschin, 1961

Austroclimaciella Handschin, 1961: 287. **Type species:** *Man-*

tispa quadrituberculata Westwood, 1852: 264 (original designation).

（2）褐缘澳蜂螳蛉 *Austroclimaciella habutsuella* (Okamoto, 1910)

Climaciella habutsuella Okamoto, 1910d: 542. **Type locality:** Japan (Kagoshima: Yakushima Island).

分布（Distribution）：台湾（TW）；日本

（3）拉氏澳蜂螳蛉 *Austroclimaciella lacolombierei* (Navás, 1931)

Climaciella lacolombierei Navás, 1931e: 3. **Type locality:** China (Jiangsu: Lou Bou).

分布（Distribution）：江苏（JS）

（4）吕宋澳蜂螳蛉 *Austroclimaciella luzonica* (van der Weele, 1909)

Mantispa quadrituberculata luzonica van der Weele, 1909d: 94. **Type locality:** Philippines (Luzon).

Mantispa taylori Navás, 1927b: 57. **Type locality:** Philippines (Polillo).

分布（Distribution）：云南（YN）、海南（HI）；菲律宾

（5）小褐澳蜂螳蛉 *Austroclimaciella subfusca* (Nakahara, 1912)

Climaciella subfusca Nakahara, 1912a: 562. **Type locality:** Japan.

Climaciella subflava Nakahara, 1912b: 15. **Type locality:** Unknown.

分布（Distribution）：江西（JX）；日本

（6）韦氏澳蜂螳蛉 *Austroclimaciella weelei* Handschin, 1961

Austroclimaciella weelei Handschin, 1961: 289. **Type locality:** Indonesia (Sumba).

分布（Distribution）：福建（FJ）；印度尼西亚

（7）四瘤澳蜂螳蛉 *Austroclimaciella quadrituberculata* (Westwood, 1852)

Mantispa quadrituberculata Westwood, 1852: 264. **Type locality:** India (northern).

Mantispa quadrituberculata luzonica van der Weele, 1909d: 94. **Type locality:** India (northern).

分布（Distribution）：台湾（TW）；日本、印度

3. 梯螳蛉属 *Euclimacia* Enderlein, 1910

Euclimacia Enderlein, 1910: 362. **Type species:** *Euclimacia partita* Enderlein, 1910: 366 (original designation).

（8）铜头梯螳蛉 *Euclimacia badia* Okamoto, 1910

Euclimacia badia Okamoto, 1910d: 543. **Type locality:** China (Taiwan: Arikan).

Euclimacia sauteri Navás, 1927a: 39. **Type locality:** China (Taiwan: Kankau).

分布（Distribution）：台湾（TW）；日本

（9）黄头梯螳蛉 *Euclimacia fusca* Stitz, 1913

Euclimacia fusca Stitz, 1913: 41. **Type locality:** China (Taiwan).

分布（Distribution）：台湾（TW）；日本

（10）拟蜂梯螳蛉 *Euclimacia vespiformis* Okamoto, 1910

Euclimacia vespiformis Okamoto, 1910d: 543. **Type locality:** China (Taiwan: Nantou).

分布（Distribution）：台湾（TW）；日本

4. 优螳蛉属 *Eumantispa* Okamoto, 1910

Eumantispa Okamoto, 1910d: 538. **Type species:** *Mantispa harmandi* Navás, [1909g] 1908-1909: 480 (original designation).

（11）褐颈优螳蛉 *Eumantispa fuscicolla* Yang, 1992

Eumantispa fuscicolla Yang, 1992c: 445. **Type locality:** China (Yunnan: Weixi).

分布（Distribution）：云南（YN）

（12）汉优螳蛉 *Eumantispa harmandi* (Navás, 1909)

Mantispa harmandi Navás, [1909g] 1908-1909: 480. **Type locality:** Japan (Kanto).

Mantispa nawae Miyake, 1910: 216. **Type locality:** Japan.

Mantispa sasakii Miyake, 1910: 217. **Type locality:** Japan.

Eumantispa suzukii Okamoto, 1910d: 538. **Type locality:** Japan (Kansai: Kyoto).

分布（Distribution）：吉林（JL）、河北（HEB）、北京（BJ）、陕西（SN）、湖南（HN）、湖北（HB）、四川（SC）、台湾（TW）；日本、韩国、俄罗斯、越南

（13）拟汉优螳蛉 *Eumantispa pseudoharmandi* Yang *et* Liu, 2010

Eumantispa pseudoharmandi Yang *et* Liu, 2010: 58. **Type locality:** China (Fujian: Dazhulan).

分布（Distribution）：福建（FJ）

（14）台湾优螳蛉 *Eumantispa taiwanensis* Kuwayama, 1925

Eumantispa taiwanensis Kuwayama, [1925] 1924-1925: 258. **Type locality:** China (Taiwan).

分布（Distribution）：台湾（TW）；日本

（15）西藏优螳蛉 *Eumantispa tibetana* Yang, 1988

Eumantispa tibetana Yang, 1988: 205. **Type locality:** China (Xizang: Bomi).

分布（Distribution）：西藏（XZ）

5. 螳蛉属 *Mantispa* Illiger, 1798

Mantispa Illiger, 1798: 499. **Type species:** *Mantis pagana* Fabricius, 1775: 278 (monotypy).

Mantispilla Enderlein, 1910: 346. **Type species:** *Mantispa indica* Westwood, 1852: 268 (original designation).

Amycla Rafinesque, 1815: 118. An unjustified emendation of *Mantispa* Illiger in Kugelann, 1798.

（16）阿紫螳蛉 *Mantispa azihuna* (Stitz, 1913)

Mantispilla azihuna Stitz, 1913: 7. **Type locality:** China (Taiwan: Azihuna).

分布（**Distribution**）：台湾（TW）；日本

（17）艾氏螳蛉 *Mantispa aphavexelte* U. Aspöck *et* H. Aspöck, 1994

Mantispa aphavexelte U. Aspöck *et* H. Aspöck, 1994: 110. **Type locality:** Greece.

分布（**Distribution**）：中国；蒙古国、土耳其、哈萨克斯坦、高加索地区；欧洲（南部）

（18）宽痣螳蛉 *Mantispa brevistigma* Yang, 1999

Mantispa brevistigma Yang, 1999d: 134. **Type locality:** China (Fujian: Dehua).

分布（**Distribution**）：福建（FJ）

（19）丽螳蛉 *Mantispa deliciosa* (Navás, 1927)

Mantispilla deliciosa Navás, [1927g] 1927-1928: 4. **Type locality:** China (Jiangsu).

分布（**Distribution**）：江苏（JS）

（20）印度螳蛉 *Mantispa indica* Westwood, 1852

Mantispa indica Westwood, 1852: 268. **Type locality:** India (Calcutta) or Nepal.

分布（**Distribution**）：台湾（TW）；印度、尼泊尔、斯里兰卡、越南

（21）日本螳蛉 *Mantispa japonica* McLachlan, 1875

Mantispa japonica McLachlan, 1875a: 178. **Type locality:** Japan (Yokohama).

分布（**Distribution**）：浙江（ZJ）；日本、韩国、俄罗斯

（22）汉螳蛉 *Mantispa mandarina* Navás, 1914

Mantispa mandarina Navás, 1914a: 213. **Type locality:** China (northern China).

分布（**Distribution**）：中国北方

（23）辐翅螳蛉 *Mantispa radialis* (Navás, 1929)

Mantispilla radialis Navás, 1929e: 53. **Type locality:** China (Shanghai).

分布（**Distribution**）：上海（SH）

（24）斯提利亚螳蛉 *Mantispa styriaca* (Poda, 1761)

Raphidia styriaca Poda, 1761: 101. **Type locality:** Austria (Steiermark).

Raphidia mantispa Scopoli, 1763: 272. **Type locality:** Slovenia (Carniolia).

Mantis pagana Fabricius, 1775: 278. **Type locality:** France.

Mantispa hauseri Poivre, 1982: 11. **Type locality:** Unknown.

Mantispa kononenkoi Makarkin, 1985a: 620. **Type locality:** Unknown.

分布（**Distribution**）：河北（HEB）、北京（BJ）、山西（SX）、陕西（SN）、宁夏（NX）、甘肃（GS）；古北区广布

（25）长胸螳蛉 *Mantispa transversa* (Stitz, 1913)

Mantispilla transversa Stitz, 1913: 5. **Type locality:** China (Taiwan: near Tainan).

分布（**Distribution**）：台湾（TW）；日本

6. 简脉螳蛉属 *Necyla* Navás, 1913

Necyla Navás, 1913b: 280. **Type species:** *Necyla exigua* Navás, 1913b: 281 (monotypy).

（26）台湾简脉螳蛉 *Necyla formosana* (Okamoto, 1910)

Mantispa (*Mantispilla*) *formosana* Okamoto, 1910d: 537. **Type locality:** China (Taiwan: Tainan).

Mantispilla formosana var. *major* Stitz, 1913: 7. **Type locality:** China (Taiwan: Taihorin).

分布（**Distribution**）：台湾（TW）；印度尼西亚

（27）东方简脉螳蛉 *Necyla orientalis* (Esben-Petersen, 1913)

Mantispa orientalis Esben-Petersen, 1913b: 261. **Type locality:** China (Taiwan: Hoozan).

Mantispilla nigra Stitz, 1913: 3. **Type locality:** Unknown.

分布（**Distribution**）：台湾（TW）；日本

7. 东螳蛉属 *Orientispa* Poivre, 1984

Orientispa Poivre, 1984: 27. **Type species:** *Cercomantispa shirozui* Nakahara, 1961: 63 (original designation).

（28）皇冠东螳蛉 *Orientispa coronata* Yang, 1999

Orientispa coronata Yang, 1999d: 138. **Type locality:** China (Fujian: Chong'an).

分布（**Distribution**）：福建（FJ）

（29）黄基东螳蛉 *Orientispa flavacoxa* Yang, 1999

Orientispa flavacoxa Yang, 1999d: 139. **Type locality:** China (Fujian: Jianyang).

分布（**Distribution**）：福建（FJ）

（30）福建东螳蛉 *Orientispa fujiana* Yang, 1999

Orientispa fujiana Yang, 1999d: 135. **Type locality:** China (Fujian: Dehua).

分布（**Distribution**）：福建（FJ）

（31）龙岩东螳蛉 *Orientispa longyana* Yang, 1999

Orientispa longyana Yang, 1999d: 136. **Type locality:** China (Fujian: Longyan).

分布（Distribution）：福建（FJ）

（32）黑基东螳蛉 *Orientispa nigricoxa* Yang, 1999

Orientispa nigricoxa Yang, 1999d: 139. **Type locality:** China (Fujian: Chong'an).

分布（Distribution）：福建（FJ）

（33）眉斑东螳蛉 *Orientispa ophryuta* Yang, 1999

Orientispa ophryuta Yang, 1999d: 138. **Type locality:** China (Fujian: Chong'an).

分布（Distribution）：福建（FJ）

（34）小东螳蛉 *Orientispa pusilla* Yang, 1999

Orientispa pusilla Yang, 1999d: 136. **Type locality:** China (Fujian: Dehua).

分布（Distribution）：福建（FJ）

（35）半黑东螳蛉 *Orientispa semifurva* Yang, 1999

Orientispa semifurva Yang, 1999d: 137. **Type locality:** China (Fujian: Chong'an).

分布（Distribution）：福建（FJ）

（36）黄背东螳蛉 *Orientispa xuthoraca* Yang, 1999

Orientispa xuthoraca Yang, 1999d: 135. **Type locality:** China (Fujian: Shaowu).

分布（Distribution）：福建（FJ）

8. 矢螳蛉属 *Sagittalata* Handschin, 1959

Sagittalata Handschin, 1959: 215. **Type species:** *Mantispilla hilaris* Navás, 1925c: 573 (original designation).

（37）亚矢螳蛉 *Sagittalata asiatica* Yang, 1999

Sagittalata asiatica Yang, 1999d: 134. **Type locality:** China (Fujian: Wuyishan).

分布（Distribution）：福建（FJ）

（38）黑矢螳蛉 *Sagittalata ata* Yang, 1999

Sagittalata ata Yang, 1999d: 134. **Type locality:** China (Fujian: Chong'an).

分布（Distribution）：福建（FJ）

（39）豫黑矢螳蛉 *Sagittalata yuata* Yang *et* Peng, 1998

Sagittalata yuata Yang *et* Peng, 1998: 62. **Type locality:** China (Henan: Luanchuan).

分布（Distribution）：河南（HEN）

9. 瘤螳蛉属 *Tuberonotha* Handschin, 1961

Tuberonotha Handschin, 1961: 282. **Type species:** *Mantispa strenua* Gerstaecker, [1894] 1893: 150 (original designation).

（40）华瘤螳蛉 *Tuberonotha sinica* (Yang, 1999)

Entanoneura sinica Yang, 1999d: 133. **Type locality:** China (Fujian: Wuyishan).

分布（Distribution）：云南（YN）、福建（FJ）、广西（GX）、海南（HI）

褐蛉科 Hemerobiidae Leach, 1815

钩翅褐蛉亚科 Drepanepteryginae Krüger, 1922

1. 脉线蛉属 *Neuronema* McLachlan, 1869

Neuronema McLachlan, 1869b: 27. **Type species:** *Hemerobius decisus* Walker, 1860: 185 (monotypy).

Ninguta Navás, 1912g: 420. **Type species:** *Megalomus deltoides* Navás, [1910i] 1909: 396 (original designation).

Ninga Navás, 1913e: 122. **Type species:** *Megalomus deltoides* Navás, [1910i] 1909: 396 (original designation).

Kulinga Navás, 1936d: 49. **Type species:** *Kulinga pielina* Navás, 1936d: 50 (monotypy).

Sineuronema Yang, 1964b: 276. **Type species:** *Neuronema sinensis* Tjeder, 1936: 6 (original designation).

（1）白斑脉线蛉 *Neuronema albadelta* Yang, 1964

Neuronema albadelta Yang, 1964b: 267. **Type locality:** China (Zhejiang: Tianmushan).

分布（Distribution）：浙江（ZJ）

（2）痣斑脉线蛉 *Neuronema albostigma* (Matsumura, 1907)

Hemerobius albostigma Matsumura, 1907: 171. **Type locality:** Japan.

Sineuronema gyironganum Yang, 1981b: 309. **Type locality:** China (Xizang: Gilong).

分布（Distribution）：西藏（XZ）；俄罗斯、日本、朝鲜、尼泊尔

（3）细颈华脉线蛉 *Neuronema angusticollum* (Yang, 1997)

Sineuronema angusticollum Yang, 1997b: 586. **Type locality:** China (Hubei: Shennongjia).

分布（Distribution）：湖北（HB）

（4）属模脉线蛉 *Neuronema decisum* (Walker, 1860)

Hemerobius decisum Walker, 1860: 185. **Type locality:** India.

分布（Distribution）：西藏（XZ）；印度

（5）梵净脉线蛉 *Neuronema fanjingshanum* Yan *et* Liu, 2006

Neuronema fanjingshanum Yan *et* Liu, 2006: 608. **Type locality:** China (Guizhou: Fanjingshan).

分布（Distribution）：贵州（GZ）

（6）韩氏华脉线蛉 *Neuronema hani* (Yang, 1988)

Sineuronema hani Yang, 1988: 200. **Type locality:** China (Xizang: Medog).

分布（Distribution）：西藏（XZ）

（7）异斑脉线蛉 *Neuronema heterodelta* Yang *et* Liu, 2001

Neuronema heterodelta Yang *et* Liu, 2001: 299. **Type locality:** China (Zhejiang: Tianmushan).

分布（Distribution）：浙江（ZJ）

（8）黄氏脉线蛉 *Neuronema huangi* Yang, 1981

Neuronema huangi Yang, 1981b: 305. **Type locality:** China (Xizang: Cuonamama).

Sineuronema quxamanum Yang, 1981b: 310. **Type locality:** China (Xizang: Zhangmu).

分布（Distribution）：西藏（XZ）

（9）印度脉线蛉 *Neuronema indicum* Navás, 1928

Neuronema indicum Navás, 1928b: 36. **Type locality:** India.

分布（Distribution）：西藏（XZ）；印度

（10）灌县脉线蛉 *Neuronema kwanshiense* Kimmins, 1943

Neuronema kwanshiense Kimmins, 1943: 52. **Type locality:** China (Sichuan: Kwanshien).

分布（Distribution）：四川（SC）

（11）薄叶脉线蛉 *Neuronema laminatum* Tjeder, 1936

Neuronema laminatum Tjeder, 1936: 8. **Type locality:** China (Gansu: Wutsena).

分布（Distribution）：黑龙江（HL）、吉林（JL）、辽宁（LN）、内蒙古（NM）、河北（HEB）、北京（BJ）、山西（SX）、河南（HEN）、陕西（SN）、宁夏（NX）、甘肃（GS）、安徽（AH）、湖南（HN）、湖北（HB）、四川（SC）、福建（FJ）；俄罗斯

（12）丽江脉线蛉 *Neuronema lianum* Yang, 1986

Neuronema lianum Yang, 1986b: 157. **Type locality:** China (Yunnan: Lijiang).

分布（Distribution）：云南（YN）

（13）多斑脉线蛉 *Neuronema maculosum* Zhao, Yan *et* Liu, 2013

Neuronema maculosum Zhao, Yan *et* Liu, 2013: 561. **Type locality:** China (Gansu: Tewo).

分布（Distribution）：甘肃（GS）、重庆（CQ）

（14）墨脱脉线蛉 *Neuronema medogense* Yang, 1988

Neuronema medogense Yang, 1988: 199. **Type locality:** China (Xizang: Medog).

分布（Distribution）：西藏（XZ）

（15）那氏脉线蛉 *Neuronema navasi* Kimmins, 1943

Neuronema navasi Kimmins, 1943: 49. **Type locality:** China (Taiwan).

分布（Distribution）：湖北（HB）、台湾（TW）

（16）林芝华脉线蛉 *Neuronema nyingchianum* (Yang, 1981)

Sineuronema nyingchianum Yang, 1981b: 310. **Type locality:** China (Xizang: Linzhi).

分布（Distribution）：西藏（XZ）

（17）峨眉脉线蛉 *Neuronema omeishanum* Yang, 1964

Neuronema omeishanum Yang, 1964b: 274. **Type locality:** China (Sichuan: Emeishan).

分布（Distribution）：四川（SC）

（18）璧氏脉线蛉 *Neuronema pielinum* (Navás, 1936)

Kulinga pielinum Navás, 1936d: 50. **Type locality:** China (Jiangxi: Lushan).

分布（Distribution）：陕西（SN）、江西（JX）、四川（SC）、贵州（GZ）

（19）陕华脉线蛉 *Neuronema simile* Banks, 1940

Neuronema simile Banks, 1940: 183. **Type locality:** China (Sichuan).

分布（Distribution）：陕西（SN）、四川（SC）

（20）中华脉线蛉 *Neuronema sinense* Tjeder, 1936

Neuronema sinense Tjeder, 1936: 6. **Type locality:** China (Gansu: Wutsena).

Sineuronema bomeanum Yang, 1981b: 306. **Type locality:** China (Xizang: Bomi).

Sineuronema gyironganum Yang, 1981b: 309. **Type locality:** China (Xizang: Gilong).

Sineuronema magmanganum Yang, 1981b: 307. **Type locality:** China (Xizang: Cuonamama).

Sineuronema yadonganum Yang, 1981b: 308. **Type locality:** China (Xizang: Yadong).

分布（Distribution）：甘肃（GS）、西藏（XZ）

（21）条纹脉线蛉 *Neuronema striatum* Yan *et* Liu, 2006

Neuronema striatum Yan *et* Liu, 2006: 605. **Type locality:** China (Sichuan: Kangding).

分布（Distribution）：四川（SC）

（22）黑点脉线蛉 *Neuronema unipunctum* Yang, 1964

Neuronema unipunctum Yang, 1964b: 269. **Type locality:** China (Jiangxi: Lushan).

分布（Distribution）：浙江（ZJ）、江西（JX）、湖北（HB）、福建（FJ）、广西（GX）

（23）雅江华脉线蛉 *Neuronema yajianganum* (Yang, 1992)

Sineuronema yajianganum Yang, 1992c: 443. **Type locality:** China (Sichuan: Yajiang).

分布（Distribution）：四川（SC）

（24）丫形脉线蛉 *Neuronema ypsilum* Zhao, Yan *et* Liu, 2013

Neuronema ypsilum Zhao, Yan *et* Liu, 2013: 559. **Type locality:** China (Beijing: Mentougou).

分布（Distribution）：北京（BJ）、陕西（SN）

（25）云华脉线蛉 *Neuronema yunicum* (Yang, 1986)

Sineuronema yunicum Yang, 1986b: 157. **Type locality:** China (Yunnan: Lijiang).

分布（Distribution）：云南（YN）

（26）樟木华脉线蛉 *Neuronema zhamanum* (Yang, 1981)

Sineuronema zhamanum Yang, 1981b: 310. **Type locality:** China (Xizang: Zhangmu).

分布（Distribution）：西藏（XZ）

2. 钩翅褐蛉属 *Drepanepteryx* Leach, 1815

Drepanepteryx Leach, 1815: 138. **Type species:** *Hemerobius phalaenoides* Linnaeus, 1758: 550 (monotypy).
Canisius Navás, 1913d: 512. **Type species:** *Hemerobius algidus* Erichson, 1851: 69 (original designation).
Oedobius Nakahara, 1915b: 44. **Type species:** *Oedobius infalatus* Nakahara, 1915b: 44 (original designation).
Phlebonema Krüger, 1922b: 170. **Type species:** *Hemerobius algidus* Erichson, 1851: 69 (original designation).
Bestreta Navás, 1924c: 222. **Type species:** *Bestreta iaponica* Navás, 1924c: 222 (monotypy).

（27）钩翅褐蛉 *Drepanepteryx phalaenoides* (Linnaeus, 1758)

Hemerobius phalaenoides Linnaeus, 1758: 550. **Type locality:** Russia.

分布（Distribution）：黑龙江（HL）、吉林（JL）、北京（BJ）、陕西（SN）；古北区广布

褐蛉亚科 Hemerobiinae Latreille, 1802

3. 褐蛉属 *Hemerobius* Linnaeus, 1758

Hemerobius Linnaeus, 1758: 549. **Type species:** *Hemerobius humulinus* Linnaeus, 1758: 550 (designated by the International Commission on Zoological Nomenclature, 1954: 3).
Egnyonyx Wesmael, 1836: 167. **Type species:** *Hemerobius humulinus* Linnaeus, 1758: 550 (designated by Kimmins, 1963: 202).
Mucropalpus Rambur, 1842: 420. **Type species:** *Hemerobius lutescens* Fabricius, 1793: 84 (designated by Aspöck, 1980: 208).
Stenolomus Navás, 1906: 701. **Type species:** *Stenolomus cabrerai* Navás, 1906: 701 (designated by Aspöck, 1980: 208).
Hemerodomia Navás, 1909f: 215. **Type species:** *Hemerodomia buyssoni* Navás, 1909f: 217 (monotypy).
Brauerobius Krüger, 1922b: 171. **Type species:** *Hemerobius marginatus* Stephens, 1836: 109 (original designation).
Hagenobius Krüger, 1922b: 171. **Type species:** *Hemerobius citrinus* Hagen, 1861: 204 (original designation).
Reuterobius Krüger, 1922b: 171. **Type species:** *Hemerobius pini* Stephens, 1836: 111 (original designation).
Schneiderobius Krüger, 1922b: 171. **Type species:** *Hemerobius nitidulus* Fabricius, 1777: 244 (original designation).
Anotiobiella Kimmins, 1928: 364. **Type species:** *Anotiobiella withycombei* Kimmins, 1928: 365 (monotypy).
Allemerobius Banks, 1940: 183. **Type species:** *Allemerobius flaveolus* Banks, 1940: 184 (monotypy).
Dyshemerobius Tjeder, 1961: 352. **Type species:** *Dyshemerobius productus* Tjeder, 1961: 354 (original designation).
Mesohemerobius Nakahara, 1966a: 202. **Type species:** *Mesohemerobius subacutus* Nakahara, 1966a: 202 (original designation).
Semohemerobius Yang, 1983: 128. **Type species:** *Mesohemerobius subacutus* Nakahara, 1966a: 202 (original designation).
Monorobius Makarkin, 1985b: 167. **Type species:** *Hemerobius lutescens* Fabricius, 1793: 84 (original designation).

（28）狭翅褐蛉 *Hemerobius angustipennis* Yang, 1992

Hemerobius angustipennis Yang, 1992c: 444. **Type locality:** China (Sichuan: Xiangcheng).

分布（Distribution）：四川（SC）

（29）黑三角褐蛉 *Hemerobius atriangulus* Yang, 1987

Hemerobius atriangulus Yang, 1987: 202. **Type locality:** China (Xizang: Yadong).

分布（Distribution）：西藏（XZ）

（30）黑额褐蛉 *Hemerobius atrifrons* McLachlan, 1868

Hemerobius atrifrons McLachlan, 1868: 184. **Type locality:** England, Russia, and Austria.

分布（Distribution）：河北（HEB）、山西（SX）；日本、俄罗斯、英国、奥地利

（31）黑体褐蛉 *Hemerobius atrocorpus* Yang, 1997

Hemerobius atrocorpus Yang, 1997b: 589. **Type locality:** China (Hubei: Shennongjia).

分布（Distribution）：湖北（HB）

（32）双刺褐蛉 *Hemerobius bispinus* Banks, 1940

Hemerobius bispinus Banks, 1940: 186. **Type locality:** China (Sichuan).

分布（Distribution）：甘肃（GS）、新疆（XJ）、四川（SC）、西藏（XZ）

（33）双芒康褐蛉 *Hemerobius chiangi* Banks, 1940

Hemerobius chiangi Banks, 1940: 184. **Type locality:** China (Sichuan).

Hemerobius mangkamanus Yang, 1981b: 314. **Type locality:** China (Xizang: Mangkang).

分布（Distribution）：四川（SC）、西藏（XZ）；尼泊尔

（34）大雪山褐蛉 *Hemerobius daxueshanus* Yang, 1992

Hemerobius daxueshanus Yang, 1992c: 444. **Type locality:** China (Yunnan: Zhongdian).

分布（Distribution）：云南（YN）

（35）埃褐蛉 *Hemerobius exoterus* Navás, 1936

Hemerobius exoterus Navás, 1936d: 51. **Type locality:** China (Sichuan: Ship-y-Shan).

分布（Distribution）：河南（HEN）、江西（JX）、四川（SC）、福建（FJ）；俄罗斯

（36）黄镰褐蛉 *Hemerobius flaveolus* (Banks, 1940)

Allemerobius flaveolus Banks, 1940: 184. **Type locality:** China (Sichuan: Emeishan).

分布（Distribution）：四川（SC）；尼泊尔

（37）寡汉褐蛉 *Hemerobius grahami* Banks, 1940

Hemerobius grahami Banks, 1940: 185. **Type locality:** China (Sichuan: Suifu).

分布（Distribution）：四川（SC）

（38）哈曼褐蛉 *Hemerobius harmandinus* Navás, 1910

Hemerobius harmandinus Navás, [1910i] 1909: 395. **Type locality:** Japan.

分布（Distribution）：河南（HEN）、上海（SH）、浙江（ZJ）、江西（JX）、湖北（HB）、四川（SC）、云南（YN）、福建（FJ）；日本

（39）甘肃褐蛉 *Hemerobius hedini* Tjeder, 1936

Hemerobius hedini Tjeder, 1936: 13. **Type locality:** China (Gansu: Vabago).

分布（Distribution）：甘肃（GS）

（40）横断褐蛉 *Hemerobius hengduanus* Yang, 1981

Hemerobius hengduanus Yang, 1981b: 314. **Type locality:** China (Xizang: Yadong).

分布（Distribution）：西藏（XZ）

（41）全北褐蛉 *Hemerobius humuli* Linnaeus, 1758

Hemerobius humuli Linnaeus, 1758: 550. **Type locality:** Europe.

分布（Distribution）：辽宁（LN）、河北（HEB）、山西（SX）、陕西（SN）、江苏（JS）、江西（JX）、湖北（HB）、四川（SC）、西藏（XZ）；日本、印度、俄罗斯

（42）淡脉褐蛉 *Hemerobius hyalinus* Nakahara, 1966

Hemerobius hyalinus Nakahara, 1966a: 201. **Type locality:** China (Taiwan).

分布（Distribution）：台湾（TW）

（43）印度褐蛉 *Hemerobius indicus* Kimmins, 1938

Hemerobius indicus Kimmins, 1938: 305. **Type locality:** India.

分布（Distribution）：台湾（TW）；印度

（44）日本褐蛉 *Hemerobius japonicus* Nakahara, 1915

Hemerobius japonicus Nakahara, 1915b: 25. **Type locality:** Japan.

Hemerobius ferox Tjeder, 1936: 14. **Type locality:** China (Gansu).

Hemerobius spinigerus Banks, 1937: 279. **Type locality:** China (Taiwan).

分布（Distribution）：河南（HEN）、陕西（SN）、甘肃（GS）、西藏（XZ）、台湾（TW）；日本

（45）李氏褐蛉 *Hemerobius lii* Yang, 1981

Hemerobius lii Yang, 1981b: 313. **Type locality:** China (Xizang: Linzhi).

分布（Distribution）：西藏（XZ）

（46）长翅褐蛉 *Hemerobius longialatus* Yang, 1987

Hemerobius longialatus Yang, 1987: 203. **Type locality:** China (Xizang: Yadong).

分布（Distribution）：西藏（XZ）

（47）缘布褐蛉 *Hemerobius marginatus* Stephens, 1836

Hemerobius marginatus Stephens, 1836: 109. **Type locality:** United Kingdom.

分布（Distribution）：内蒙古（NM）、河北（HEB）、山西（SX）、河南（HEN）；英国

（48）南峰褐蛉 *Hemerobius namjagbarwanus* Yang, 1988

Hemerobius namjagbarwanus Yang, 1988: 201. **Type locality:** China (Xizang: Medog).

分布（Distribution）：西藏（XZ）

（49）黑褐蛉 *Hemerobius nigricornis* Nakahara, 1915

Hemerobius nigricornis Nakahara, 1915b: 27. **Type locality:** Japan.

分布（Distribution）：台湾（TW）；日本

（50）波褐蛉 *Hemerobius poppii* Esben-Petersen, 1921

Hemerobius poppii Esben-Petersen, 1921a: 40. **Type locality:** China (Xizang: Lasa).

分布（Distribution）：甘肃（GS）、西藏（XZ）；蒙古国、俄罗斯

（51）灰翅褐蛉 *Hemerobius spodipennis* Yang, 1987

Hemerobius spodipennis Yang, 1987: 201. **Type locality:** China (Xizang: Yadong).

分布（Distribution）：西藏（XZ）

（52）亚三角褐蛉 *Hemerobius subtriangulus* Yang, 1987

Hemerobius subtriangulus Yang, 1987: 202. **Type locality:** China (Xizang: Yadong).

分布（Distribution）：西藏（XZ）

（53）三带褐蛉 *Hemerobius ternarius* Yang, 1987

Hemerobius ternarius Yang, 1987: 200. **Type locality:** China (Xizang: Yadong).

分布（Distribution）：西藏（XZ）

4. 丛褐蛉属 *Wesmaelius* Krüger, 1922

Wesmaelius Krüger, 1922b: 170. **Type species:** *Hemerobius concinnus* Stephens, 1836: 106 (original designation).

Kimminsia Killington, 1937: 254. **Type species:** *Hemerobius betulinus* Strøm, 1788: 387 (original designation).

（54）亚洲丛褐蛉 *Wesmaelius asiaticus* Yang, 1980

Wesmaelius asiaticus Yang, 1980a: 56. **Type locality:** China (Hebei: Xinglong).

分布（Distribution）：河北（HEB）；俄罗斯

（55）贝加尔齐褐蛉 *Wesmaelius baikalensis* (Navás, 1929)

Hemerobius (*Boriomyia*) *baikalensis* Navás, 1929b: 36. **Type locality:** Russia.

分布（Distribution）：新疆（XJ）；俄罗斯

（56）双钩齐褐蛉 *Wesmaelius bihamitus* (Yang, 1980)

Kimminsia bihamita Yang, 1980a: 57. **Type locality:** China (Beijing: Baijiatuan).

分布（Distribution）：河北（HEB）、天津（TJ）、北京（BJ）、陕西（SN）、宁夏（NX）、四川（SC）、西藏（XZ）

（57）北齐褐蛉 *Wesmaelius conspurcatus* (McLachlan, 1875)

Hemerobius conspurcatus McLachlan, 1875b: 15. **Type locality:** Kyrgyzstan.

Kimminsia pekinensis Yang, 1980a: 59. **Type locality:** China (Beijing, Qinghai).

分布（Distribution）：北京（BJ）、青海（QH）；吉尔吉斯斯坦

（58）韩氏齐褐蛉 *Wesmaelius hani* (Yang, 1985)

Kimminsia hani Yang, 1985b: 97. **Type locality:** China (Xinjiang: Wensu).

分布（Distribution）：新疆（XJ）

（59）贺兰丛褐蛉 *Wesmaelius helanensis* Tian *et* Liu, 2011

Wesmaelius helanensis Tian *et* Liu, 2011: 772. **Type locality:** China (Neimenggu: Helanshan).

分布（Distribution）：内蒙古（NM）

（60）那氏齐褐蛉 *Wesmaelius navasi* (Andréu, 1911)

Boriomyia navasi Andréu, 1911: 58. **Type locality:** Spain.

Kimminsia neimenica Yang, 1980a: 60. **Type locality:** China (Neimenggu: Bayannur).

分布（Distribution）：内蒙古（NM）、湖北（HB）；西班牙

（61）尖顶齐褐蛉 *Wesmaelius nervosus* (Fabricius, 1793)

Hemerobius nervosus Fabricius, 1793: 85. **Type locality:** France.

Kimminsia acuminata Yang, 1980a: 61. **Type locality:** China (Liaoning: Xiongyue).

分布（Distribution）：辽宁（LN）、河北（HEB）、西藏（XZ）；法国

（62）奎塔齐褐蛉 *Wesmaelius quettanus* (Navás, 1931)

Hemerobius quettanus Navás, [1931c] 1930: 86. **Type locality:** Pakistan.

Boriomyia sinica Tjeder, 1936: 10. **Type locality:** China (Sichuan: Tu-pa-keo).

分布（Distribution）：内蒙古（NM）、宁夏（NX）、四川（SC）；巴基斯坦

（63）广钩齐褐蛉 *Wesmaelius subnebulosus* (Stephens, 1836)

Hemerobius subnebulosus Stephens, 1836: 106. **Type locality:** United Kingdom.

分布（Distribution）：西藏（XZ）；英国、加拿大、美国、新西兰

（64）疏附齐褐蛉 *Wesmaelius sufuensis* Tjeder, 1968

Wesmaelius sufuensis Tjeder, 1968a: 137. **Type locality:** China (Xinjiang: Kashi).

分布（Distribution）：新疆（XJ）；哈萨克斯坦、塔吉克斯坦

（65）异脉齐褐蛉 *Wesmaelius trivenulatus* (Yang, 1980)

Kimminsia trivenulata Yang, 1980a: 62. **Type locality:** China (Sichuan: Qing Shan).

分布（Distribution）：四川（SC）、云南（YN）、西藏（XZ）

（66）托峰齐褐蛉 *Wesmaelius tuofenganus* (Yang, 1985)

Kimminsia tuofengana Yang, 1985b: 96. **Type locality:** China (Xinjiang: Wensu).

分布（Distribution）：新疆（XJ）

（67）雾灵齐褐蛉 *Wesmaelius ulingensis* (Yang, 1980)

Kimminsia ulingensis Yang, 1980a: 59. **Type locality:** China (Hebei: Xinglong).

分布（Distribution）：河北（HEB）

（68）环丛褐蛉 *Wesmaelius vaillanti* (Navás, 1927)

Hemerobius vaillanti Navás, 1927e: 25. **Type locality:** China (Gansu).

分布（Distribution）：甘肃（GS）

绿褐蛉亚科 Notiobiellinae Nakahara, 1960

5. 绿褐蛉属 *Notiobiella* Banks, 1909

Notiobiella Banks, 1909a: 80. **Type species:** *Notiobiella unita* Banks, 1909a: 80 (original designation).

Vaja Navás, 1925d: 192. **Type species:** *Vaja tumida* Navás, 1925d: 192 (monotypy).

Buxtonia Esben-Petersen, 1928: 93. **Type species:** *Buxtonia fulva* Esben-Petersen, 1928: 93 (original designation).

Ganchetus Navás, 1929c: 21. **Type species:** *Ganchetus africanus* Navás, 1929c: 22 (monotypy).

（69）丽绿褐蛉 *Notiobiella gloriosa* Navás, 1933

Notiobiella gloriosa Navás, 1933c: 5. **Type locality:** China (Fujian).

分布（Distribution）：福建（FJ）

（70）海南绿褐蛉 *Notiobiella hainana* Yang *et* Liu, 2002

Notiobiella hainana Yang *et* Liu, 2002a: 280. **Type locality:** China (Hainan: Mei Shan).

分布（Distribution）：海南（HI）

（71）荔枝绿褐蛉 *Notiobiella lichicola* Yang *et* Liu, 2002

Notiobiella lichicola Yang *et* Liu, 2002a: 280. **Type locality:** China (Hainan: Tongzha).

分布（Distribution）：海南（HI）

（72）黄绿褐蛉 *Notiobiella ochracea* Nakahara, 1966

Notiobiella ochracea Nakahara, 1966a: 195. **Type locality:** Japan (Ryukyu Islands).

分布（Distribution）：台湾（TW）；日本

（73）翅痣绿褐蛉 *Notiobiella pterostigma* Yang *et* Liu, 2001

Notiobiella pterostigma Yang *et* Liu, 2001: 301. **Type locality:** China (Zhejiang: Tianmushan).

分布（Distribution）：浙江（ZJ）

（74）三峡绿褐蛉 *Notiobiella sanxiana* Yang, 1997

Notiobiella sanxiana Yang, 1997b: 590. **Type locality:** China (Hubei: Xingshan).

分布（Distribution）：湖北（HB）

（75）星绿褐蛉 *Notiobiella stellata* Nakahara, 1966

Notiobiella stellata Nakahara, 1966a: 193. **Type locality:** Japan (Ryukyu Islands).

分布（Distribution）：台湾（TW）；日本

（76）亚星绿褐蛉 *Notiobiella substellata* Yang, 1999

Notiobiella substellata Yang, 1999c: 104. **Type locality:** China (Fujian: Gushan).

分布（Distribution）：福建（FJ）

（77）淡绿褐蛉 *Notiobiella subolivacea* Nakahara, 1915

Notiobiella subolivacea Nakahara, 1915b: 20. **Type locality:** Japan.

分布（Distribution）：台湾（TW）；日本

（78）单点绿褐蛉 *Notiobiella unipuncta* Yang, 1999

Notiobiella unipuncta Yang, 1999c: 105. **Type locality:** China (Fujian: Dehua).

分布（Distribution）：福建（FJ）

6. 寡脉褐蛉属 *Zachobiella* Banks, 1920

Zachobiella Banks, 1920: 335. **Type species:** *Zachobiella punctata* Banks, 1920: 335 (original designation).

（79）海南寡脉褐蛉 *Zachobiella hainanensis* Banks, 1939

Zachobiella hainanensis Banks, 1939: 467. **Type locality:** China (Hainan).

分布（Distribution）：海南（HI）

（80）条斑寡脉褐蛉 *Zachobiella striata* Nakahara, 1966

Zachobiella striata Nakahara, 1966a: 198. **Type locality:** China (Taiwan).

分布（**Distribution**）：云南（YN）、台湾（TW）

（81）云南寡脉褐蛉 *Zachobiella yunanica* Zhao, Yan *et* Liu, 2015

Zachobiella yunanica Zhao, Yan *et* Liu, 2015: 29. **Type locality:** China (Yunnan: Mengxiu).

分布（**Distribution**）：云南（YN）

（82）亚缘寡脉褐蛉 *Zachobiella submarginata* Esben-Petersen, 1929

Zachobiella submarginata Esben-Petersen, 1929: 33. **Type locality:** Australia.

分布（**Distribution**）：云南（YN）、广西（GX）；澳大利亚

7. 啬褐蛉属 *Psectra* Hagen, 1866

Psectra Hagen, 1866b: 376. **Type species:** *Hemerobius diptera* Burmeister, 1839: 973 (monotypy).

Annandalia Needham, 1909: 208. **Type species:** *Annandalia curta* Needham, 1909: 208 (monotypy).

Eucarobius Esben-Petersen, 1928: 95. **Type species:** *Eucarobius fasciatus* Esben-Petersen, 1928: 95 (original designation).

Kimminsiella Nakahara, 1960: 14. **Type species:** *Annandalia tillyardi* Kimmins, 1940: 228 (original designation).

（83）装饰啬褐蛉 *Psectra decorata* (Nakahara, 1966)

Annandalia decorata Nakahara, 1966a: 196. **Type locality:** China (Taiwan).

分布（**Distribution**）：台湾（TW）

（84）双翅啬褐蛉 *Psectra diptera* (Burmeister, 1839)

Hemerobius dipterus Burmeister, 1839: 973. **Type locality:** Germany (Sachsen).

分布（**Distribution**）：黑龙江（HL）、河北（HEB）；日本、德国、罗马尼亚、加拿大

（85）阴啬褐蛉 *Psectra iniqua* (Hagen, 1859)

Hemerobius iniquus Hagen, 1859: 208. **Type locality:** Sri Lanka (Ramboda).

分布（**Distribution**）：云南（YN）、福建（FJ）、台湾（TW）、广东（GD）、广西（GX）、海南（HI）；日本、泰国、印度尼西亚、印度、斯里兰卡

（86）暹罗啬褐蛉 *Psectra siamica* Nakahara *et* Kuwayama, 1960

Psectra siamica Nakahara *et* Kuwayama, 1960: 11. **Type locality:** Thailand (Chiang Mai).

分布（**Distribution**）：广西（GX）；新加坡、泰国

（87）玉女啬褐蛉 *Psectra yunu* Yang, 1981

Psectra yunu Yang, 1981a: 194. **Type locality:** China (Fujian: Chong'an).

分布（**Distribution**）：福建（FJ）

益蛉亚科 Sympherobiinae Comstock, 1918

8. 益蛉属 *Sympherobius* Banks, 1904

Sympherobius Banks, 1904: 209. **Type species:** *Hemerobius amiculus* Fitch, 1854: 799 (monotypy).

Spadobius Needham, 1905: 16. **Type species:** *Hemerobius occidentalis* Fitch, 1854: 799 (original designation).

Palmobius Needham, 1905: 17. **Type species:** *Hemerobius amiculus* Fitch, 1854: 799 (original designation).

Niremberge Navás, 1909c: 377. **Type species:** *Niremberge limpida* Navás, 1909c: 377 (monotypy).

Coloma Navás, 1915g: 129. **Type species:** *Megalomus marmoratipennis* Blanchard, 1854: 127 (original designation).

Nefasitus Navás, 1915g: 131. **Type species:** *Sympherobius amicus* Navás, [1915h] 1914-1915: 332 (original designation).

Eurobius Krüger, 1922b: 171. **Type species:** *Hemerobius elegans* Stephens, 1836: 113 (original designation).

Lachlanius Krüger, 1922b: 171. **Type species:** *Hemerobius inconspicuus* McLachlan, 1868: 177 (original designation).

Sympheromima Kimmins, 1928: 363. **Type species:** *Sympheromima marginata* Kimmins, 1928: 363 (original designation).

（88）海南益蛉 *Sympherobius hainanus* Yang *et* Liu, 2002

Sympherobius hainanus Yang *et* Liu, 2002a: 280. **Type locality:** China (Hainan: Xinglong).

分布（**Distribution**）：海南（HI）

（89）东北益蛉 *Sympherobius manchuricus* Nakahara, 1960

Sympherobius manchuricus Nakahara, 1960: 18. **Type locality:** China (Liaoning).

分布（**Distribution**）：辽宁（LN）

（90）云杉益蛉 *Sympherobius piceaticus* Yang *et* Yan, 1990

Sympherobius piceaticus Yang *et* Yan, 1990: 221. **Type locality:** China (Neimenggu: Daqingshan).

分布（**Distribution**）：内蒙古（NM）

（91）卫松益蛉 *Sympherobius tessellatus* Nakahara, 1915

Sympherobius tessellatus Nakahara, 1915b: 22. **Type locality:** Japan.

Sympherobius matsucocciphagus Yang, 1980b: 88. **Type locality:** China (Liaoning: Liaoyang).

Sympherobius weisong Yang, 1980b: 89. **Type locality:** China (Zhejiang: Yinxian, Hangzhou; Jiangxi: Lushan).

Sympherobius luojiaensis Yang, 1980b: 90. **Type locality:** China (Hubei: Wuchang).

分布（Distribution）：辽宁（LN）、北京（BJ）、山东（SD）、甘肃（GS）、新疆（XJ）、江苏（JS）、浙江（ZJ）、江西（JX）、湖北（HB）；日本、朝鲜

（92）托木尔益蛉 *Sympherobius tuomurensis* Yang, 1985

Sympherobius tuomurensis Yang, 1985b: 97. **Type locality:** China (Xinjiang: Wensu).

分布（Distribution）：新疆（XJ）

（93）武夷益蛉 *Sympherobius wuyianus* Yang, 1981

Sympherobius wuyianus Yang, 1981a: 192. **Type locality:** China (Fujian: Jianyang).

分布（Distribution）：福建（FJ）

（94）云松益蛉 *Sympherobius yunpinus* Yang, 1986

Sympherobius yunpinus Yang, 1986b: 157. **Type locality:** China (Yunnan: Dehong).

分布（Distribution）：河北（HEB）、北京（BJ）、宁夏（NX）、云南（YN）、福建（FJ）

广褐蛉亚科 Megalominae Krüger, 1922

9. 广褐蛉属 *Megalomus* Rambur, 1842

Megalomus Rambur, 1842: 418. **Type species:** *Megalomus tortricoides* Rambur, 1842: 419 (designated by Banks, 1905: 43).

Boriomyia Banks, 1904: 209. **Type species:** *Hemerobius fidelis* Banks, 1897: 27 (designated by Killington, 1937: 256).

Pleomegalomus Krüger, 1922b: 170. **Type species:** *Megalomus pictus* Hagen, 1861: 198 (original designation).

Pirionus Navás, [1929d] 1928: 113. **Type species:** *Pirionus nigratus* Navás, [1929d] 1928: 114 (monotypy).

Allotomyia Banks, 1930: 224. **Type species:** *Hemerobius fidelis* Banks, 1897: 27 (designated by Oswald *et* Penny, 1991: 12).

Spinomegalomus Nakahara, 1966b: 118. **Type species:** *Spinomegalomus flinti* Nakahara, 1966b: 119 (original designation).

（95）勺突广褐蛉 *Megalomus arytaenoideus* Yang, 1997

Megalomus arytaenoideus Yang, 1997b: 587. **Type locality:** China (Hubei: Xingshan).

分布（Distribution）：湖北（HB）

（96）若象广褐蛉 *Megalomus elephiscus* Yang, 1997

Megalomus elephiscus Yang, 1997b: 588. **Type locality:** China (Sichuan: Huili).

分布（Distribution）：四川（SC）

（97）台湾广褐蛉 *Megalomus formosanus* Banks, 1937

Megalomus formosanus Banks, 1937: 279. **Type locality:** China (Taiwan).

分布（Distribution）：台湾（TW）

（98）友谊广褐蛉 *Megalomus fraternus* Yang *et* Liu, 2001

Megalomus fraternus Yang *et* Liu, 2001: 300. **Type locality:** China (Zhejiang: Tianmushan).

分布（Distribution）：浙江（ZJ）

（99）西藏广褐蛉 *Megalomus tibetanus* Yang, 1988

Megalomus xizanganus Yang, 1988: 201. **Type locality:** China (Xizang: Medog).

分布（Distribution）：西藏（XZ）

（100）云南广褐蛉 *Megalomus yunnanus* Yang, 1986

Megalomus yunnanus Yang, 1986b: 159. **Type locality:** China (Yunnan: Lijiang).

分布（Distribution）：云南（YN）

钩褐蛉亚科 Drepanacrinae Oswald, 1993

10. 钩褐蛉属 *Drepanacra* Tillyard, 1916

Drepanacra Tillyard, 1916: 293. **Type species:** *Drepanepteryx humilis* McLachlan, 1863: 116 (original designation).

Menopteryx Krüger, 1922b: 170. **Type species:** *Megalomus lanceolatus* Gerstaecker, [1885] 1884a: 110 (original designation).

Drepanacrella Kimmins, 1940: 222. **Type species:** *Drepanacrella khasiana* Kimmins, 1940: 223 (original designation).

（101）镰翅褐蛉 *Drepanacra plaga* Banks, 1939

Drepanacra plaga Banks, 1939: 467. **Type locality:** China (Taiwan).

分布（Distribution）：台湾（TW）

（102）云南钩褐蛉 *Drepanacra yunanica* Yang, 1986

Drepanacra yunanica Yang, 1986b: 159. **Type locality:** China (Yunnan: Dehong).

分布（Distribution）：云南（YN）

脉褐蛉亚科 Microminae Krüger, 1922

11. 脉褐蛉属 *Micromus* Rambur, 1842

Micromus Rambur, 1842: 416. **Type species:** *Hemerobius variegatus* Fabricius, 1793: 85 (designated by Banks, 1905: 44).
Nesomicromus Perkins, 1899: 37. **Type species:** *Nesomicromus vagus* Perkins, 1899: 37 (designated by Zimmerman, 1940: 505).
Pseudopsectra Perkins, 1899: 46. **Type species:** *Pseudopsectra lobipennis* Perkins, 1899: 46 (monotypy).
Nesothauma Perkins, 1899: 47. **Type species:** *Nesothauma haleakalae* Perkins, 1899: 47 (monotypy).
Nenus Navás, 1912b: 200. **Type species:** *Nenus longulus* Navás, 1912b: 200 (monotypy).
Eumicromus Nakahara, 1915b: 36. **Type species:** *Micromus numerosus* Navás, [1910i] 1909: 396 (original designation).
Paramicromus Nakahara, 1919: 137. **Type species:** *Eumicronus dissimilis* Nakahara, 1915b: 43 (original designation).
Archaeomicromus Krüger, 1922b: 171. **Type species:** *Micromus timidus* Hagen, 1853: 481 (original designation).
Indomicromus Krüger, 1922b: 171. **Type species:** *Micromus australis* Hagen, 1858a: 483 (original designation).
Stenomicromus Krüger, 1922b: 171. **Type species:** *Hemeiobius paganus* Linnaeus, 1767: 912 (original designation).
Heteromicromus Krüger, 1922b: 171. **Type species:** *Heteromicromus audax* Krüger, 1922b: 171 (original designation).
Neomicromus Krüger, 1922b: 154. **Type species:** *Micromus tessellatus* Gerstaecker, [1888] 1887: 129 (original designation).
Pseudomicromus Krüger, 1922b: 172. **Type species:** *Hemerobius angulatus* Stephens, 1836: 106 (original designation).
Paramicromus Krüger, 1922b: 172. **Type species:** *Micromus insipidus* Hagen, 1861: 199 (original designation).
Stenomus Navás, 1922: 55. **Type species:** *Stenomus nesaeus* Navás, 1922: 55 (monotypy).
Phlebiomus Navás, [1923e] 1922: 25. **Type species:** *Phlebiomus yunnanus* Navás, [1923e] 1922: 25 (monotypy).
Tanca Navás, 1929a: 374. **Type species:** *Tanca loriana* Navás, 1929a: 374 (monotypy).
Menutus Navás, 1932d: 35. **Type species:** *Micromus haitiensis* Smith, 1931: 800 (original designation).
Idiomicromus Nakahara, 1955b: 8. **Type species:** *Zdiomicromus kanoi* Nakahara, 1955b: 8 (original designation).
Spilomicromus Nakahara, 1960: 26. **Type species:** *Eumicromus maculatipes* Nakahara, 1915b: 39 (original designation).
Anomicromus Nakahara, 1960: 30. **Type species:** *Nesomicromus paradoxus* Perkins, 1899: 39 (original designation).
Ameromicromus Nakahara, 1960: 33. **Type species:** *Micromus insipidus* Hagen, 1861: 199 (original designation).
Afromicromus Nakahara, 1960: 34. **Type species:** *Micromus capensis* Esben-Petersen, 1920: 508 (original designation).
Austromicromus Nakahara, 1960: 35. **Type species:** *Hemerobius tasmaniae* Walker, 1860: 186 (original designation).
Mixomicromus Ghosh, 1977: 235. **Type species:** *Mixomicromus lampus* Ghosh, 1977: 235 (original designation).

（103）角纹脉褐蛉 *Micromus angulatus* (Stephens, 1836)

Hemerobius angulatus Stephens, 1836: 106. **Type locality:** United Kingdom.
分布（Distribution）：内蒙古（NM）、河北（HEB）、北京（BJ）、河南（HEN）、陕西（SN）、宁夏（NX）、浙江（ZJ）、湖北（HB）、云南（YN）、台湾（TW）；日本、英国

（104）瑕脉褐蛉 *Micromus calidus* Hagen, 1859

Micromus calidus Hagen, 1859: 207. **Type locality:** Sri Lanka.
Micromus xia Yang, 1981b: 302. **Type locality:** China (Xizang: Yadong).
Eumicvomus maculatipes Nakahara, 1915b: 39. **Type locality:** Japan.
Micromus pictipes Banks, 1920: 334. **Type locality:** Philippines (Luzon).
分布（Distribution）：浙江（ZJ）、西藏（XZ）、福建（FJ）、台湾（TW）；菲律宾、缅甸、印度、斯里兰卡、日本

（105）密斑脉褐蛉 *Micromus densimaculosus* Yang *et* Liu, 1995

Micromus densimaculosus Yang *et* Liu, 1995: 279. **Type locality:** China (Zhejiang: Mt. Baishanzu).
分布（Distribution）：浙江（ZJ）

（106）台湾脉褐蛉 *Micromus formosanus* (Krüger, 1922)

Archaeomicromus formosanus Krüger, 1922b: 171. **Type locality:** China (Taiwan).
分布（Distribution）：台湾（TW）

（107）乙果脉褐蛉 *Micromus igorotus* Banks, 1920

Micromus igorotus Banks, 1920: 335. **Type locality:** Philippines.
分布（Distribution）：台湾（TW）、广西（GX）、海南（HI）；日本、菲律宾、泰国

（108）印度脉褐蛉 *Micromus kapuri* (Nakahara, 1971)

Eumicromus kapuri Nakahara, 1971: 11. **Type locality:** India.
分布（Distribution）：云南（YN）、福建（FJ）、海南（HI）；印度

（109）点线脉褐蛉 *Micromus linearis* Hagen, 1858

Micromus linearis Hagen, 1858a: 483. **Type locality:** Sri Lanka.
Micromus multipunctatus Matsumura, 1907: 171. **Type locality:** Japan.

分布（Distribution）：内蒙古（NM）、河南（HEN）、陕西（SN）、宁夏（NX）、甘肃（GS）、浙江（ZJ）、江西（JX）、湖南（HN）、湖北（HB）、四川（SC）、重庆（CQ）、贵州（GZ）、云南（YN）、西藏（XZ）、福建（FJ）、台湾（TW）、广西（GX）；日本、斯里兰卡、俄罗斯

（110）稚脉褐蛉 *Micromus minusculus* Monserrat, 1993

Micromus minusculus Monserrat, 1993: 500. **Type locality:** China (Xizang: Bomi).

Micromus minimus Yang, 1988: 199. **Type locality:** China (Xizang: Bomi).

分布（Distribution）：西藏（XZ）

（111）奇斑脉褐蛉 *Micromus mirimaculatus* Yang *et* Liu, 1995

Micromus mirimaculatus Yang *et* Liu, 1995: 278. **Type locality:** China (Zhejiang: Mt. Baishanzu).

分布（Distribution）：浙江（ZJ）、福建（FJ）、广东（GD）

（112）密点脉褐蛉 *Micromus myriostictus* Yang, 1988

Micromus myriostictus Yang, 1988: 198. **Type locality:** China (Xizang: Bomi).

分布（Distribution）：西藏（XZ）

（113）日本脉褐蛉 *Micromus numerosus* (Navás, 1910)

Eumicromus numerosus Navás, [1910i] 1909: 396. **Type locality:** Japan.

分布（Distribution）：西藏（XZ）、台湾（TW）；日本

（114）农脉褐蛉 *Micromus paganus* (Linnaeus, 1767)

Hemerobius paganus Linnaeus, 1767: 912. **Type locality:** Sweden.

分布（Distribution）：黑龙江（HL）、内蒙古（NM）、河北（HEB）、北京（BJ）、山西（SX）、新疆（XJ）、湖南（HN）、湖北（HB）、四川（SC）、云南（YN）、广西（GX）；瑞典

（115）淡异脉褐蛉 *Micromus pallidius* (Yang, 1987)

Idiomicromus pallidius Yang, 1987: 197. **Type locality:** China (Xizang: Zhangmu).

分布（Distribution）：贵州（GZ）、西藏（XZ）

（116）颇丽脉褐蛉 *Micromus perelegans* Tjeder, 1936

Micromus perelegans Tjeder, 1936: 16. **Type locality:** China (Gansu: Kung-tze-tagga).

分布（Distribution）：陕西（SN）、宁夏（NX）、甘肃（GS）、新疆（XJ）、浙江（ZJ）、湖北（HB）

（117）小脉褐蛉 *Micromus pumilus* Yang, 1987

Micromus pumilus Yang, 1987: 197. **Type locality:** China (Xizang: Jilong).

分布（Distribution）：西藏（XZ）

（118）多支脉褐蛉 *Micromus ramosus* Navás, 1934

Micromus ramosus Navás, 1934b: 4. **Type locality:** China.

分布（Distribution）：浙江（ZJ）、云南（YN）、福建（FJ）、广西（GX）

（119）多毛脉褐蛉 *Micromus setulosus* Zhao, Tian *et* Liu, 2014

Micromus setulosus Zhao, Tian *et* Liu, 2014: 127. **Type locality:** China (Ningxia: Guyuan).

分布（Distribution）：宁夏（NX）

（120）细纹脉褐蛉 *Micromus striolatus* Yang, 1997

Micromus striolatus Yang, 1997b: 586. **Type locality:** China (Sichuan: Wushan).

分布（Distribution）：四川（SC）

（121）梯阶脉褐蛉 *Micromus timidus* Hagen, 1853

Micromus timidus Hagen, 1853: 481. **Type locality:** Mozambique.

分布（Distribution）：黑龙江（HL）、浙江（ZJ）、云南（YN）、福建（FJ）、台湾（TW）、广西（GX）、海南（HI）；日本、印度、莫桑比克

（122）天目连脉褐蛉 *Micromus tianmuanus* (Yang *et* Liu, 2001)

Paramicromus tianmuanus Yang *et* Liu, 2001: 299. **Type locality:** China (Zhejiang: Tianmushan).

分布（Distribution）：河南（HEN）、浙江（ZJ）、湖北（HB）、四川（SC）、重庆（CQ）、贵州（GZ）

（123）花斑脉褐蛉 *Micromus variegatus* (Fabricius, 1793)

Hemerobius variegatus Fabricius, 1793: 85. **Type locality:** United Kingdom.

分布（Distribution）：河南（HEN）、陕西（SN）、浙江（ZJ）、湖北（HB）、四川（SC）；日本、英国、加拿大

（124）藏异脉褐蛉 *Micromus yunnanus* (Navás, 1923)

Phlebiomus yunnanus Navás, [1923e] 1922: 25. **Type locality:** China (Xizang: Linzhi).

分布（Distribution）：四川（SC）、云南（YN）、西藏（XZ）、台湾（TW）

（125）赵氏脉褐蛉 *Micromus zhaoi* Yang, 1987

Micromus zhaoi Yang, 1987: 198. **Type locality:** China (Xizang: Yadong).

分布（Distribution）：西藏（XZ）

草蛉科 Chrysopidae Schneider, 1851

网蛉亚科 Apochrysinae Handlirsch, 1908

1. 娜草蛉属 *Nacaura* Navás, 1913

Nacaura Navás, 1913b: 280. **Type species:** *Apochrysa matsumurae* Okamoto, 1912: 13 (original designation).

（1）松村娜草蛉 *Nacaura matsumurae* (Okamoto, 1912)

Apochrysa matsumurae Okamoto, 1912: 13. **Type locality:** Japan (Kyushu: Kagoshima).
Apochrysa minomoana Nakahara, 1915a: 120. **Type locality:** Japan (Kyushu: Kagoshima).
Nacaura matsumurae: Yang *et al.*, 2005: 46.
分布（Distribution）：浙江（ZJ）、贵州（GZ）、福建（FJ）、台湾（TW）、海南（HI）；日本

草蛉亚科 Chrysopinae Schneider, 1851

2. 绢草蛉属 *Ankylopteryx* Brauer, 1864

Ankylopteryx Brauer, 1864: 899. **Type sepcies**: *Chrysopa venusta* Hagen, 1853: 481 (designated by Tjeder, 1966: 493).
Ethiochrysa Fraser, 1952: 57. **Type species:** *Ethiochrysa polychlora* Fraser, 1952: 57 (original designation).

（2）台湾绢草蛉 *Ankylopteryx* (*Ankylopteryx*) *doleschalii* Brauer, 1864

Ankylopteryx doleschalii Brauer, 1864: 901. **Type locality:** Indonesia (Maluku: Moluccas, Ambon).
Ankylopteryx (*Ankylopteryx*) *doleschalii*: Yang *et al.*, 2005: 51.
分布（Distribution）：台湾（TW）；印度尼西亚

（3）曲脉绢草蛉 *Ankylopteryx* (*Ankylopteryx*) *fraterna* Banks, 1939

Ankylopteryx fraterna Banks, 1939: 473. **Type locality:** China.
Ankylopteryx (*Ankylopteryx*) *fraterna*: Yang *et al.*, 2005: 51.
分布（Distribution）：广东（GD）、海南（HI）

（4）黑痣绢草蛉 *Ankylopteryx* (*Ankylopteryx*) *gracilis* Nakahara, 1955

Ankylopteryx gracilis Nakahara, 1955c: 143. **Type locality:** China (Taiwan).
Ankylopteryx (*Ankylopteryx*) *gracilis*: Yang *et al.*, 2005: 53.
分布（Distribution）：台湾（TW）

（5）海南绢草蛉 *Ankylopteryx* (*Ankylopteryx*) *laticosta* Banks, 1939

Ankylopteryx laticosta Banks, 1939: 472. **Type locality:** China (Hainan).
Ankylopteryx (*Ankylopteryx*) *laticosta*: Yang *et al.*, 2005: 53.
分布（Distribution）：海南（HI）

（6）李氏绢草蛉 *Ankylopteryx* (*Ankylopteryx*) *lii* Yang, 1987

Ankylopteryx lii Yang, 1987: 204. **Type locality:** China (Xizang: Chayu: Shajiong).
Ankylopteryx (*Ankylopteryx*) *lii*: Yang *et al.*, 2005: 54.
分布（Distribution）：西藏（XZ）

（7）大斑绢草蛉 *Ankylopteryx* (*Ankylopteryx*) *magnimaculata* Yang, 1987

Ankylopteryx magnimaculata Yang, 1987: 204. **Type locality:** China (Xizang: Dongjiong).
Ankylopteryx (*Ankylopteryx*) *magnimaculata*: Yang *et al.*, 2005: 54.
分布（Distribution）：西藏（XZ）

（8）八斑绢草蛉 *Ankylopteryx* (*Ankylopteryx*) *octopunctata* (Fabricius, 1793)

Hemerobius octopunctatus Fabricius, 1793: 202. **Type locality:** Vietnam.
Hemerobius trimaculatus Girard, 1859: 167. **Type locality:** Indonesia (Sumatra: Pandang).
Chrysopa punctata Hagen, 1858a: 483. **Type locality:** Sri Lanka (Ramboda).
Ankylopteryx anomala Brauer, 1864: 901. **Type locality:** India (Andaman and Nicobar).
Ankylopteryx sigillaris Gerstaecker, 1893: 162. **Type locality:** Indonesia (Java).
Ankylopteryx (*Ankylopteryx*) *octopunctata*: Yang *et al.*, 2005: 55.
分布（Distribution）：江西（JX）、湖南（HN）、四川（SC）、云南（YN）、福建（FJ）、台湾（TW）、广东（GD）、广西（GX）、海南（HI）；菲律宾、印度尼西亚、印度、斯里兰卡、越南

（9）四斑绢草蛉 *Ankylopteryx* (*Ankylopteryx*) *quadrimaculata* (Guerin, 1844)

Hemerobius qundrimaculatus Guérin-Méneville, 1844: 388. **Type locality:** China (Taiwan).
Ankylopteryx (*Ankylopteryx*) *quadrimaculata*: Yang *et al.*, 2005: 56.
分布（Distribution）：台湾（TW）

（10）西藏绢草蛉 *Ankylopteryx* (*Ankylopteryx*) *tibetana* Yang, 1987

Ankylopteryx tibetana Yang, 1987: 205. **Type locality:** China

(Xizang: Dongjiong).
Ankylopteryx (*Ankylopteryx*) *tibetana*: Yang *et al*., 2005: 56.
分布（**Distribution**）：西藏（XZ）

（11）缺室雁草蛉 *Ankylopteryx* (*Sencera*) *exquisita* (Nakahara, 1955)

Sencera exquisita Nakahara, 1955c: 143. **Type locality:** China (Taiwan).
Ankylopteryx (*Sencera*) *exquisita*: Yang *et al*., 2005: 56.
分布（**Distribution**）：台湾（TW）

3. 边草蛉属 *Brinckochrysa* Tjeder, 1966

Brinckochrysa Tjeder, 1966: 360. **Type species:** *Chrysopa* (*Brinckochrysa*) *peri* Tjeder, 1966: 361 (original designation).
Neda Navás, 1933h: 106. **Type species:** *Neda decaryella* Navás, 1933h: 106 (monotypy).

（12）桂边草蛉 *Brinckochrysa guiana* Dong, Yang *et* Yang, 2003

Brinckochrysa guiana Dong, Yang *et* Yang, 2003: 292. **Type locality:** China (Guangxi).
Brinckochrysa guiana: Yang *et al*., 2005: 59.
分布（**Distribution**）：广西（GX）

（13）琼边草蛉 *Brinckochrysa qiongana* Yang in Yang *et* Yang, 2002

Brinckochrysa qiongana Yang in Yang *et* Yang, 2002: 292. **Type locality:** China (Hainan: Nada).
Brinckochrysa qiongana: Yang *et al*., 2005: 60.
分布（**Distribution**）：广西（GX）、海南（HI）

（14）莲座边草蛉 *Brinckochrysa rosulata* Yang *et* Yang, 2002

Brinckochrysa rosulata Yang *et* Yang, 2002: 292. **Type locality:** China (Hainan: Jiangfengling).
Brinckochrysa rosulata: Yang *et al*., 2005: 61.
分布（**Distribution**）：海南（HI）

（15）膨板边草蛉 *Brinckochrysa turgidua* (Yang *et* Wang, 1990)

Navasius turgidua Yang *et* Wang, 1990: 158. **Type locality:** China (Hubei: Yichang).
Brinckochrysa turgidua: Yang *et al*., 2005: 62.
分布（**Distribution**）：湖北（HB）

（16）秉氏边草蛉 *Brinckochrysa zina* (Navás, 1933)

Chrysopa zina Navás, 1933f: 12. **Type locality:** China (Jiangsu: Hufu).
Brinckochrysa zina: Yang *et al*., 2005: 62.
分布（**Distribution**）：江苏（JS）、浙江（ZJ）、湖北（HB）

4. 尾草蛉属 *Chrysocerca* van der Weele, 1909

Chrysocerca van der Weele, 1909d: 75. **Type species:** *Chrysocerca jacobsoni* van der Weele, 1909d: 75 (original designation).
Pseudochrysa Okamoto, 1914: 55. **Type species:** *Pseudochrysa formosana* Okamoto, 1914: 55 (original designation).

（17）红肩尾草蛉 *Chrysocerca formosana* (Okamoto, 1914)

Pseudochrysa formosana Okamoto, 1914: 55. **Type locality:** China (Taiwan).
Chrysocerca formosana: Yang *et al*., 2005: 66.
分布（**Distribution**）：四川（SC）、贵州（GZ）、云南（YN）、福建（FJ）、台湾（TW）、广东（GD）、广西（GX）、海南（HI）

（18）瑞丽尾草蛉 *Chrysocerca ruiliana* Yang *et* Wang, 1994

Chrysocerca ruiliana Yang et Wang, 1994: 66. **Type locality:** China (Yunnan: Ruili).
Chrysocerca ruiliana: Yang et *al*., 2005: 67.
分布（**Distribution**）：云南（YN）

5. 草蛉属 *Chrysopa* Leach, 1815

Chrysopa Leach, 1815: 138. **Type species:** *Hemerobius perla* Linnaeus, 1758: 549 (original designation).
Aelolops Billberg, 1820: 95. **Type species:** *Hemerobius chrysops* Linnaeus, 1758: 549 (original designation).
Chrysopisca McLachlan, 1875b: 23. **Type species:** *Chrysopisca miunta* McLachlan, 1875b: 23 (original designation).
Cintameva Navás, 1914a: 214. **Type species:** *Cintameva venulosa* Navás, 1914a: 214 (original designation).
Metachrysopa Steinmann, 1964a: 264. **Type species:** *Chrysopa septempunctata* Wesmael, 1841: 210 (original designation).
Nigrochrysopa Steinmann, 1964a: 264. **Type species:** *Chrysopa formosa* Brauer, 1851: 8 (original designation).
Prachryspa Séméria, 1983: 310. **Type species:** *Hemerobius pallens* Rambur, 1842: 425 (original designation).

（19）弧斑草蛉 *Chrysopa abbreviata* Curtis, 1834

Chrysopa abbreviata Curtis, 1834: 520. **Type locality:** Unknown.
Chrysopa immaculata Stephens, 1836: 103. **Type locality:** United Kingdom (England: near London).
Hemerobious chlorophanus Ratzeburg, 1844: 248. **Type locality:** Unknown.
Nothochrysa germanica Esben-Petersen, 1913a: 533. **Type locality:** Germany (Rheinprovinz: Sieg-Mündung).
Chrysopa singularis Lacroix, 1917: 187. **Type locality:** Unknown.

Chrysopa abbreviata: Yang *et al.*, 2005: 72.
分布（Distribution）：内蒙古（NM）、新疆（XJ）；蒙古国；亚洲（中部）、欧洲

（20）无斑草蛉 *Chrysopa adonis* Banks, 1937

Chrysopa adonis Banks, 1937: 282. **Type locality:** China (Taiwan).
Chrysopa adonis: Yang *et al.*, 2005: 338.
分布（Distribution）：台湾（TW）

（21）黑纹草蛉 *Chrysopa alethes* Banks, 1940

Chrysopa alethes Banks, 1940: 191. **Type locality:** China (Sichuan: Taichow).
Chrysopa alethes: Yang *et al.*, 2005: 338.
分布（Distribution）：四川（SC）

（22）阿勒泰草蛉 *Chrysopa altaica* Hölzel, 1967

Chrysopa altaica Hölzel, 1967: 254. **Type locality:** Unknown.
Chrysopa altaica: Yang *et al.*, 2005: 74.
分布（Distribution）：内蒙古（NM）、新疆（XJ）；蒙古国、俄罗斯

（23）兜草蛉 *Chrysopa calathina* Yang *et* Yang, 1989

Chrysopa calathina Yang *et* Yang, 1989: 13. **Type locality:** China (Shaanxi: Ganquan).
Chrysopa calathina: Yang *et al.*, 2005: 75.
分布（Distribution）：陕西（SN）

（24）广东草蛉 *Chrysopa cantonensis* Navás, 1931

Chrysopa cantonensis Navás, 1931a: 81. **Type locality:** China (Guangdong).
Chrysopa cantonensis: Yang *et al.*, 2005: 339.
分布（Distribution）：广东（GD）

（25）褐角草蛉 *Chrysopa chemoensis* (Navás, 1936)

Cintameva chemoensis Navás, 1936d: 56. **Type locality:** China (Jiangsu).
Chrysopa chemoensis: Yang *et al.*, 2005: 76.
分布（Distribution）：江苏（JS）

（26）逗草蛉 *Chrysopa commata* Kis *et* Újhelyi, 1965

Chrysopa commata Kis *et* Újhelyi, 1965: 349. **Type locality:** Unknown.
Chrysopa commata: Yang *et al.*, 2005: 76.
分布（Distribution）：内蒙古（NM）；俄罗斯；欧洲

（27）背草蛉 *Chrysopa devia* McLachlan, 1887

Chrysopa devia McLachlan, 1887: 451. **Type locality:** China (Qinghai: Zaidam).
分布（Distribution）：青海（QH）

（28）青海草蛉 *Chrysopa dubitans* McLachlan, 1887

Chrysopa dubitans McLachlan, 1887: 448. **Type locality:** China (Qinghai: Zaidam).
分布（Distribution）：青海（QH）

（29）卓草蛉 *Chrysopa eximia* Yang *et* Yang, 1999

Chrysopa eximia Yang *et* Yang, 1999: 110. **Type locality:** China (Fujian).
Chrysopa eximia: Yang *et al.*, 2005: 77.
分布（Distribution）：福建（FJ）

（30）红缘草蛉 *Chrysopa feana* (Navás, 1929)

Cintameva feana Navás, 1929a: 367. **Type locality:** China (Taiwan).
Cintameva feana: Yang *et al.*, 2005: 339.
分布（Distribution）：台湾（TW）

（31）平大草蛉 *Chrysopa flata* Yang *et* Yang, 1999

Chrysopa flata Yang *et* Yang, 1999: 111. **Type locality:** China (Fujian: Shaowu).
Chrysopa flata: Yang *et al.*, 2005: 78.
分布（Distribution）：福建（FJ）

（32）丽草蛉 *Chrysopa formosa* Brauer, 1851

Chrysopa formosa Brauer, 1851: 8. **Type locality:** Austria (Wien: Prater).
Chrysopa burmeisteri Schneider, 1851: 123. **Type locality:** Brazil (Espirito Santo).
Hemerobius beckii Costa, 1855: 16. **Type locality:** Italy (Campania: Napoli).
Chrysopa atomaria Navás, 1908a: 18. **Type locality:** Spain (Zaragoza).
Chrysopa laletana Navás, 1909e: 793. **Type locality:** Spain (Catalunya: Barcelona).
Chrysopa frontalis Pongracz, 1912: 201. **Type locality:** Unknown.
Chrysopa decempunctata Lacroix, 1913: 106. **Type locality:** France (Poitou-Charentes: Châtelaillon).
Chrysopa gelini Lacroix, 1913: 105. **Type locality:** France (Poitou-Charentes: Fouras).
Chrysopa gundisavi Navás, 1914a: 214. **Type locality:** Unknown.
Chrysopa bufona Navás, 1915c: 73. **Type locality:** Unknown.
Chrysopa gundisalvi Navás, 1915c: 73. **Type locality:** Unknown.
Chrysopa japana Okamoto, 1919: 42. **Type locality:** Japan and Korea.
Chrysopa foedata Navás, 1919f: 54. **Type locality:** Spain (Catalunya: Martorell).
Chrysopa boguniana Navás, 1919f: 54. **Type locality:** Spain (Catalunya: Sarriá).
Chrysopa yuanensis Navás, 1932b: 113. **Type locality:** China (Tsingshuiho: Sui Juan).
Cintameva sobradielina Navás, [1933g] 1932: 15. **Type locality:** Spain (Sobradiel).
Cintameva tetuanensis Navás, 1934b: 6. **Type locality:** Morocco (Tetuan).

Chrysopa bicristata Tjeder, 1936: 28. **Type locality:** China (Gansu: Ma-yin-tsai).
Chrysopa formosa: Yang *et al*., 2005: 79.
分布（Distribution）：黑龙江（HL）、吉林（JL）、辽宁（LN）、内蒙古（NM）、河北（HEB）、北京（BJ）、山西（SX）、山东（SD）、河南（HEN）、陕西（SN）、宁夏（NX）、甘肃（GS）、青海（QH）、新疆（XJ）、安徽（AH）、江苏（JS）、浙江（ZJ）、江西（JX）、湖南（HN）、湖北（HB）、四川（SC）、贵州（GZ）、云南（YN）、西藏（XZ）、福建（FJ）、广东（GD）；日本、朝鲜、蒙古国、俄罗斯；欧洲

（33）拱大草蛉 *Chrysopa fornicata* Yang *et* Yang, 1990

Chrysopa fornicata Yang *et* Yang, 1990: 227. **Type locality:** China (Neimenggu: Bamengwuqi).
Chrysopa fornicata: Yang *et al*., 2005: 81.
分布（Distribution）：内蒙古（NM）

（34）峨眉草蛉 *Chrysopa fratercula* Banks, 1940

Chrysopa fratercula Banks, 1940: 190. **Type locality:** China (Sichuan).
Chrysopa fratercula: Yang *et al*., 2005: 339.
分布（Distribution）：四川（SC）

（35）四川草蛉 *Chrysopa grandis* (Navás, 1933)

Cintameva grandis Navás, 1933a: 75. **Type locality:** China (Sichuan).
Chrysopa grandis: Yang *et al*., 2005: 339.
分布（Distribution）：四川（SC）

（36）优草蛉 *Chrysopa gratiosa* (Navás, 1933)

Cintameva gratiosa Navás, 1933a: 76. **Type locality:** China (Tunkun, Sajan).
分布（Distribution）：中国

（37）胡氏草蛉 *Chrysopa hummeli* Tjeder, 1936

Chrysopa hummeli Tjeder, 1936: 8. **Type locality:** Mongolia.
Chrysopa hummeli: Yang *et al*., 2005: 82.
分布（Distribution）：内蒙古（NM）、新疆（XJ）；蒙古国、俄罗斯

（38）饰带草蛉 *Chrysopa infulata* Yang *et* Yang, 1990

Chrysopa infulata Yang *et* Yang, 1990a: 228. **Type locality:** China (Neimenggu: Gubamengdengkou).
Chrysopa infulata: Yang *et al*., 2005: 83.
分布（Distribution）：内蒙古（NM）

（39）多斑草蛉 *Chrysopa intima* McLachlan, 1893

Chrysopa intima McLachlan, 1893: 230. **Type locality:** Russia (Amurland: Pokrofska).
Chrysopa perla var. *fracta* Navás, 1910d: 38. **Type locality:** Japan (Chubu: Yamanashi).
Chrysopa chrysops silens Steinmann, 1971: 257. **Type locality:** Europe.
Chrysopa intima: Yang *et al*., 2005: 84.
分布（Distribution）：黑龙江（HL）、吉林（JL）、辽宁（LN）、内蒙古（NM）、山西（SX）、陕西（SN）、甘肃（GS）、湖北（HB）、四川（SC）、云南（YN）；日本、朝鲜、俄罗斯；欧洲

（40）玉草蛉 *Chrysopa jaspida* Yang *et* Yang, 1990

Chrysopa jaspida Yang *et* Yang, 1990a: 228. **Type locality:** China (Neimenggu).
Chrysopa jaspida: Yang *et al*., 2005: 85.
分布（Distribution）：内蒙古（NM）

（41）甘肃草蛉 *Chrysopa kansuensis* Tjeder, 1936

Chrysopa kansuensis Tjeder, 1936: 26. **Type locality:** China (Gansu).
Chrysopa kansuensis: Yang *et al*., 2005: 86.
分布（Distribution）：甘肃（GS）

（42）奇缘草蛉 *Chrysopa magica* Yang, 1990

Chrysopa magica Yang, 1990: 236. **Type locality:** China (Neimenggu: Amengejinaqi).
Chrysopa magica: Yang *et al*., 2005: 87.
分布（Distribution）：内蒙古（NM）

（43）闽大草蛉 *Chrysopa minda* Yang *et* Yang, 1999

Chrysopa minda Yang *et* Yang, 1999: 112. **Type locality:** China (Fujian: Nanping).
Chrysopa minda: Yang *et al*., 2005: 88.
分布（Distribution）：福建（FJ）

（44）内蒙古大草蛉 *Chrysopa neimengana* Yang *et* Yang, 1990

Chrysopa neimengana Yang *et* Yang, 1990: 229. **Type locality:** China (Neimenggu: Wumengliangcheng).
Chrysopa neimengana: Yang *et al*., 2005: 89.
分布（Distribution）：内蒙古（NM）

（45）大草蛉 *Chrysopa pallens* (Rambur, 1838)

Hemerobius pallens Rambur, 1838: 9. **Type locality:** Spain (near Malaga).
Chrysopa bipunctata Fitch, 1855: 791. **Type locality:** Japan.
Chrysopa septempunctata Wesmael, 1841: 210. **Type locality:** Belgium (Brabant: near Brussels).
Hemerobius mauricianus Rambur, 1842: 425. **Type locality:** Mauritius.
Chrysopa nobilis Schneider, 1851: 142 **Type locality:** Austria (Niederösterreich: Mödling).
Chrysopa quadripunctata Schneider, 1851: 102. **Type locality:** North America.
Chrysopa cognata McLachlan, [1867] 1868: 249. **Type locality:** Cambodia.
Chrysopa centralis McLachlan, 1875b: 19. **Type locality:**

Unknown.

Nothochrysa robusta Gerstaecker, 1893: 165. **Type locality:** Japan (Honshu: Kanagawa: Yokohama).

Chrysopa ricciana Navás, 1910a: 193. **Type locality:** China (Beijing, Jiangxi and Sichuan).

Chrysopa montandoni Navás, 1910d: 38. **Type locality:** Romania (Bucharest).

Chrysopa pazsiczkyi Pongracz, 1912: 194. **Type locality:** Unknown.

Chrysopa occipitalis Pongracz, 1912: 195. **Type locality:** Democratic Republic of the Congo (Kawa: Lulua).

Chrysopa longicollis Navás, 1913d: 509. **Type locality:** Belgium (Arlón).

Chrysopa septemunctata var. *puncticollis* Navás, 1915c: 71. **Type locality:** Belgium (Brabant: near Brussels).

Chrysopa polysticta Navás, 1915f: 473. **Type locality:** Spain (Catalunya: Sarriá).

Chrysopa punctulata Navás, 1916b: 155. **Type locality:** Unknown.

Chrysopa hernandezi Navás, 1918a: 353. **Type locality:** Spain (Soria: Dévanos).

Cintameva media Navás, 1929b: 34. **Type locality:** China (Gansu: Tsinlingschan).

Cintameva rubriceps Navás, 1932a: 68. **Type locality:** Spain (Valencia: Burjassot, Estación Fitopatológica).

Cintameva frontalis Navás, 1934b: 4. **Type locality:** China (Jiangsu: Hufu).

Metachrysopa gibeauxi Leraut, 1989: 107. **Type locality:** France (Provence-Alpes-Côte: Ville-Vieille).

Chrysopa pallens: Yang *et al.*, 2005: 90.

分布（Distribution）：黑龙江（HL）、吉林（JL）、辽宁（LN）、内蒙古（NM）、河北（HEB）、北京（BJ）、山西（SX）、山东（SD）、河南（HEN）、陕西（SN）、宁夏（NX）、甘肃（GS）、新疆（XJ）、安徽（AH）、江苏（JS）、浙江（ZJ）、江西（JX）、湖南（HN）、湖北（HB）、四川（SC）、贵州（GZ）、云南（YN）、福建（FJ）、台湾（TW）、广东（GD）、广西（GX）、海南（HI）；日本、朝鲜、俄罗斯；欧洲

（46）黑腹草蛉 *Chrysopa perla* (Linnaeus, 1758)

Hemerobius perla Linnaeus, 1758: 540. **Type locality:** Europe.

Hemerobius chrysops Linnaeus, 1758: 549. **Type locality:** Europe.

Hemerobius viridis Retzius, 1783: 59. **Type locality:** Unknown.

Hemerobius cancellata Schrank, 1802: 189. **Type locality:** Germany (Bayern).

Chrysopa reticulata Leach, 1815: 138. **Type locality:** Unknown.

Chrysopa maculata Stephens, 1836 311. **Type locality:** United Kingdom (England: Darenth wood).

Chrysopa reticulata Curtis, 1834: 520. **Type locality:** Unknown.

Chrysopa divisa Navás, 1910d: 38. **Type locality:** China (Xizang).

Chrysopa nigrodorsalis Pongracz, 1912: 206. **Type locality:** Unknown.

Chrysopa fallax Navás, 1914h: 85. South Africa (North Cape).

Chrysopa nothochrysiformis Lacroix, 1915b: 244. **Type locality:** Unknown.

Chrysopa elongata Lacroix, 1916: 215. **Type locality:** Unknown.

Cintameva nothochrysodes Navás, 1936f: 69. **Type locality:** France (Champagne-Ardenne: Laifour).

Chrysopa perla: Yang *et al.*, 2005: 92.

分布（Distribution）：西藏（XZ）；日本、俄罗斯；欧洲

（47）结草蛉 *Chrysopa perplexa* McLachlan, 1887

Chrysopa perplexa McLachlan, 1887: 449. **Type locality:** China (Qinghai).

Cintameva kreyembergi Navás, 1933b: 107. **Type locality:** China (Ientschoufou, Schant).

Chrysopa perplexa: Yang *et al.*, 2005: 93.

分布（Distribution）：黑龙江（HL）、内蒙古（NM）、山东（SD）、青海（QH）、四川（SC）；朝鲜

（48）叶色草蛉 *Chrysopa phyllochroma* Wesmael, 1841

Chrysopa phyllochroma Wesmael, 1841: 209. **Type locality:** Belgium (Brabant: near Brussels).

Chrysopa tenella Brauer, 1851: 7. **Type locality:** Austria (Wien: Prater).

Chrysopa pusilla Brauer, 1851: 5. **Type locality:** Belgium (Brabant: near Brussels).

Chrysopa labbei Navás, 1910d: 39. **Type locality:** Russia (Baikal: Olkhon).

Chrysopa magnicauda Tjeder, 1936: 24. **Type locality:** Belgium (Brabant: near Brussels).

Chrysopa electra Hölzel, 1965: 458. **Type locality:** Belgium (Brabant: near Brussels).

Chrysopa phyllochroma: Yang *et al.*, 2005: 94.

分布（Distribution）：黑龙江（HL）、吉林（JL）、辽宁（LN）、内蒙古（NM）、河北（HEB）、北京（BJ）、山西（SX）、山东（SD）、河南（HEN）、陕西（SN）、宁夏（NX）、甘肃（GS）、新疆（XJ）、安徽（AH）、江苏（JS）、浙江（ZJ）、湖南（HN）、湖北（HB）、四川（SC）、西藏（XZ）、福建（FJ）；日本、朝鲜、俄罗斯；欧洲

（49）彩面草蛉 *Chrysopa pictifacialis* Yang, 1988

Chrysopa pictifacialis Yang, 1988: 204. **Type locality:** China (Xizang: Bomi: Yigong).

Chrysopa pictifacialis: Yang *et al.*, 2005: 95.

分布（Distribution）：西藏（XZ）

（50）突瘤草蛉 *Chrysopa strumata* Yang *et* Yang, 1990

Chrysopa strumata Yang *et* Yang, 1990a: 231. **Type locality:**

China (Neimenggu: Humengchenbaerhuqi).
Chrysopa strumata: Yang *et al*., 2005: 97.
分布（**Distribution**）：内蒙古（NM）

（51）太谷草蛉 *Chrysopa taikuensis* Kuwayama, 1962

Chrysopa taikuensis Kuwayama, 1962b: 11. **Type locality:** China (Shanxi).
Chrysopa taikuensis: Yang *et al*., 2005: 340.
分布（**Distribution**）：山西（SX）

（52）疑藏草蛉 *Chrysopa thibetana* McLachlan, 1887

Chrysopa thibetana McLachlan, 1887: 450. **Type locality:** central Asia, perhaps western China.
分布（**Distribution**）：中国

（53）锈色草蛉 *Chrysopa yuanica* Navás, 1932

Chrysopa yuanica Navás, 1932b: 113. **Type locality:** China (Tsingshuiho: Sui Juan).
Chrysopa yuanica: Yang *et al*., 2005: 340.
分布（**Distribution**）：内蒙古（NM）、河北（HEB）

（54）藏大草蛉 *Chrysopa zangda* Yang, 1987

Chrysopa zangda Yang, 1987: 207. **Type locality:** China (Xizang: Chayu: Jigong).
Chrysopa zangda: Yang *et al*., 2005: 97.
分布（**Distribution**）：西藏（XZ）

（55）张氏草蛉 *Chrysopa* (*Euryloba*) *zhangi* Yang, 1991

Chrysopa (*Euryloba*) *zhangi* Yang, 1991b: 238. **Type locality:** China (Xinjiang: Yecheng).
Chrysopa (*Euryloba*) *zhangi*: Yang *et al*., 2005: 97.
分布（**Distribution**）：新疆（XJ）

6. 通草蛉属 *Chrysoperla* Steinmann, 1964

Chrysopa (*Chrysoperla*) Steinmann, 1964a: 260. **Type species:** *Chrysopa carnea* Steinmann, 1836: 103 (original designation).

（56）小齿通草蛉 *Chrysoperla annae* Brooks, 1994

Chrysoperla annae Brooks, 1994: 157. **Type locality:** China (Xizang).
Chrysoperla annae: Yang *et al*., 2005: 102.
分布（**Distribution**）：西藏（XZ）；缅甸

（57）雅通草蛉 *Chrysoperla bellatula* Yang *et* Yang, 1992

Chrysoperla bellatula Yang *et* Yang, 1992f: 79. **Type locality:** China (Hainan: Jianfengling).
Chrysoperla bellatula: Yang *et al*., 2005: 103.
分布（**Distribution**）：海南（HI）

（58）普通草蛉 *Chrysoperla carnea* (Stephens, 1836)

Chrysopa carnea Stephens, 1836: 103. **Type locality:** United Kingdom (England: near London).
Chrysopa affinis Stephens, 1836: 104. **Type locality:** United Kingdom (England: near London, Dover or Devonshire).
Chrysopa microcephala Brauer, 1851: 6. **Type locality:** Austria (Wien: Prater); Switzerland (Thurgau: Erlen).
Chrysopa vulgaris Schneider, 1851: 68. **Type locality:** Unknown.
Chrysopa lamproptera Stein, 1863: 419. **Type locality:** Montenegro (Dalmatia: Herceg Novi).
Chrysopa radialis Navás, 1904: 119. **Type locality:** Spain (Madrid: Chamartín de la Rosa).
Chrysopa rubricata Navás, 1905b: 14. **Type locality:** Spain (Catalunya: Barcelona).
Chrysopa namurcensis Navás, 1910a: 75. **Type locality:** Belgium (near Namur: Jambes).
Chrysopa lulliana Navás, 1910c: 248. **Type locality:** Spain (Illes Baleares: Pollença).
Chrysopa viridella Navás, 1911a: 207. **Type locality:** Spain (Granada).
Chrysopa notata Pongracz, 1912: 209. **Type locality:** Unknown.
Chrysopa minor Pongracz, 1912: 209. **Type locality:** Unknown.
Chrysopa fulviceps Pongracz, 1912: 209. **Type locality:** Unknown.
Chrysopa cingulata Navás, 1912f: 751. **Type locality:** Austria (Steiermark).
Chrysopa lucasina Lacroix, 1912: 203. **Type locality:** Algeria (Tiare: Frend).
Chrysopa nigropilosa Navás, 1913d: 507. **Type locality:** Belgium (Arlón).
Chrysopa lateralis Navás, 1913d: 508. **Type locality:** Belgium (Namur and Arlón).
Chrysopa memorosa Navás, 1913d: 508. **Type locality:** Unknown.
Chrysopa stigmalis Navás, 1913d: 508. **Type locality:** Belgium (Lives and Arlón).
Chrysopa mista Navás, 1913b: 279. **Type locality:** Turkey (Fergana).
Chrysopa pillichi Pongracz, 1913: 185. **Type locality:** Unknown.
Chrysopa praetexta Lacroix, 1913: 101. **Type locality:** France (Poitou-Charentes: Busseau).
Chrysopa thoracica Navás, 1915f: 471. **Type locality:** Spain (Aragon: Zaragoza).
Chrysopa tristicta Navás, 1915f: 472. **Type locality:** Spain (Aragon: Zaragoza).
Chrysopa disticha Navás, 1915f: 472. **Type locality:** Spain (Aragon: Zaragoza).
Chrysopa doriana Navás, 1915b: 277. **Type locality:** Italy (Toscana: Giglio).
Chrysopa catalaunica Navás, 1915c: 28. **Type locality:** Spain (Catalunya: Barcelona).
Chrysopa ornata Navás, 1915c: 31. **Type locality:** Spain

(Gerona).

Chrysopa haematodes Navás, 1915d: 194. **Type locality:** Spain (Madrid: San Lorenzo de El Escorial).

Chrysopa vicina Lacroix, 1915a: 229. **Type locality:** France (Poitou-Charentes: Amuré, Sainte-Pezenne).

Chrysopa striolata Navás, 1916a: 593. **Type locality:** Spain (Lleida: Arán valley: Bossòst).

Chrysopa entoneura Navás, 1917d: 167. **Type locality:** Andorra (San Julián de Loria).

Chrysopa gemella Navás, 1917e: 87. **Type locality:** Unknown.

Chrysopa festiva Navás, 1918a: 350. **Type locality:** Spain (Aragon: Zaragoza).

Chrysopa inversa Navás, 1918a: 350. **Type locality:** Spain (Ribas: Madrid).

Chrysopa proxima Navás, 1918b: 18. **Type locality:** Spain (Puente la Reina: Osca).

Chrysopa seriata Navás, 1919e: 195. **Type locality:** Spain (Girona: Viladráu).

Chrysopa perezacostai Navás, 1919e: 195. **Type locality:** Spain (Girona: Viladráu).

Chrysopa moneri Navás, 1919e: 196. **Type locality:** Spain (Girona: Viladráu).

Chrysopa seroi Navás, 1919e: 197. **Type locality:** Spain (Lleida: Grañena de Cervera).

Chrysopa prothoracica Navás, 1919f: 52. **Type locality:** Spain (Aragon: Zaragoza).

Chrysopa cephalica Navás, 1926d: 199. **Type locality:** Egypt (Ghizeh and Amrieh).

Chrysopa rubescens Navás, 1927g: 4. **Type locality:** China (Jiangsu).

Chrysopa quettana Navás, 1930a: 43. **Type locality:** Pakistan (Baluchistan: Quetta).

Chrysopa vitellina Navás, [1931d] 1930: 159. **Type locality:** Spain (Tabescan: Lleida).

Cintam angelnina Navás, 1931a: 84. **Type locality:** Germany (Schleswig-Holstein: Satrup).

Chrysopa ferganica Navás, 1933b: 108. **Type locality:** Uzbekistan (Fargana: Sphara).

Chrysopa pictavica Lacroix, 1933: 147. **Type locality:** France (Poitou-Charentes: Marais d'Amuré).

Chrysopa canariensis Tjeder, [1940] 1939: 31. **Type locality:** Spain (Canary Islands: Tafira).

Chrysopa lundblahdi Tjeder, [1940] 1939: 8. **Type locality:** Unknown.

Chrysopa maderensis Tjeder, [1940] 1939: 9. **Type locality:** Portugal (Madeira: Rabaçal).

Chrysopa shansiensis Kuwayama, 1962b: 9. **Type locality:** China (Shanxi: Wangmaochen).

Chrysoperla nanceiensis Séméria, 1980: 29. **Type locality:** France (Lorraine: Campus of the Université de Nancy-Vandoeuvre).

Chrysoperla carnea: Yang *et al.*, 2005: 104.

分布（Distribution）：内蒙古（NM）、河北（HEB）、北京（BJ）、山西（SX）、山东（SD）、河南（HEN）、陕西（SN）、新疆（XJ）、安徽（AH）、上海（SH）、湖北（HB）、四川（SC）、云南（YN）、广东（GD）、广西（GX）；古北区广布

（59）舟山通草蛉 *Chrysoperla chusanina* (Navás, 1933)

Chrysoperla chusanina Navás, 1933f: 11. **Type locality:** China (Zhejiang: Zhoushan).

Chrysoperla chusanina: Yang *et al.*, 2005: 106.

分布（Distribution）：浙江（ZJ）

（60）优脉通草蛉 *Chrysoperla euneura* Yang *et* Yang, 1993

Chrysoperla euneura Yang *et* Yang, 1993b: 266. **Type locality:** China (Fujian: Xiamen).

Chrysoperla euneura: Yang *et al.*, 2005: 107.

分布（Distribution）：贵州（GZ）、福建（FJ）

（61）叉通草蛉 *Chrysoperla furcifera* (Okamoto, 1914)

Chrysopa furcifera Okamoto, 1914: 61. **Type locality:** China (Taiwan).

Chrysopa furcifera: Yang *et al.*, 2005: 108.

分布（Distribution）：四川（SC）、云南（YN）、台湾（TW）；日本、东南亚

（62）海南通草蛉 *Chrysoperla hainanica* Yang *et* Yang, 1992

Chrysoperla hainanica Yang *et* Yang, 1992f: 81. **Type locality:** China (Hainan: Jianfengling).

Chrysoperla hainanica: Yang *et al.*, 2005: 109.

分布（Distribution）：海南（HI）

（63）长尾通草蛉 *Chrysoperla longicaudata* Yang *et* Yang, 1992

Chrysoperla longicaudata Yang *et* Yang, 1992f: 83. **Type locality:** China (Guangdong: Guangzhou).

Chrysoperla longicaudata: Yang *et al.*, 2005: 110.

分布（Distribution）：广东（GD）

（64）日本通草蛉 *Chrysoperla nipponensis* (Okamoto, 1914)

Chrysopa nipponensis Okamoto, 1914: 65. **Type locality:** Japan (Kyushu: Kumamoto).

Chrysopa kurisakiana Okamoto, 1914: 71. **Type locality:** Japan (Kyushu: Kumamoto).

Chrysopa ilota Banks, 1915: 629. **Type locality:** Philippines (Luzon: Mt. Makiling).

Chrysopa kolthoffi Navás, 1927g: 3. **Type locality:** China (Jiangsu).

Chrysopa sinica Tjeder, 1936: 29. **Type locality:** China (Gansu: Ardjuan).

Chrysoperla nipponensis: Yang *et al.*, 2005: 111.

分布（Distribution）：黑龙江（HL）、吉林（JL）、辽宁（LN）、

内蒙古（NM）、河北（HEB）、北京（BJ）、山西（SX）、山东（SD）、陕西（SN）、甘肃（GS）、江苏（JS）、浙江（ZJ）、四川（SC）、贵州（GZ）、云南（YN）、福建（FJ）、广东（GD）、广西（GX）、海南（HI）；朝鲜、日本、蒙古国、菲律宾、俄罗斯

（65）日本通草蛉江苏亚种 *Chrysoperla nipponensis adaptata* Yang *et* Yang, 1990

Chrysoperla nipponensis adaptata Yang *et* Yang, 1990d: 79. **Type locality:** China (Jiangsu: Hufu).

Chrysoperla nipponensis adaptata: Yang *et al.*, 2005: 112.

分布（**Distribution**）：江苏（JS）

（66）秦通草蛉 *Chrysoperla qinlingensis* Yang *et* Yang, 1989

Chrysoperla qinlingensis Yang *et* Yang, 1989: 14. **Type locality:** China (Shaanxi: Qinling).

Chrysoperla qinlingensis: Yang *et al.*, 2005: 113.

分布（**Distribution**）：陕西（SN）

（67）松氏通草蛉 *Chrysoperla savioi* (Navás, 1933)

Chrysopa savioi Navás, 1933c: 4. **Type locality:** China (Kowloon).

Cintameva kulingensis Navás, 1936d: 56. **Type locality:** China (Taiwan).

Chrysoperla savioi: Yang *et al.*, 2005: 114.

分布（**Distribution**）：河北（HEB）、北京（BJ）、安徽（AH）、浙江（ZJ）、江西（JX）、湖南（HN）、湖北（HB）、贵州（GZ）、云南（YN）、福建（FJ）、台湾（TW）、广东（GD）、广西（GX）、香港（HK）

（68）单通草蛉 *Chrysoperla sola* Yang *et* Yang, 1992

Chrysoperla sola Yang *et* Yang, 1992f: 83. **Type locality:** China (Guangdong: Guangzhou).

Chrysoperla sola: Yang et *al.*, 2005: 115.

分布（**Distribution**）：广东（GD）

（69）突通草蛉 *Chrysoperla thelephora* Yang *et* Yang, 1989

Chrysoperla thelephora Yang *et* Yang, 1989: 15. **Type locality:** China (Shaanxi: Taibaishan).

Chrysoperla thelephora: Yang *et al.*, 2005: 116.

分布（**Distribution**）：陕西（SN）

（70）藏通草蛉 *Chrysoperla xizangana* (Yang, 1988)

Chrysopa xizangana Yang, 1988: 203. **Type locality:** China (Xizang: Linzhi).

Chrysopa xizangana: Yang *et al.*, 2005: 117.

分布（**Distribution**）：西藏（XZ）

（71）榆林通草蛉 *Chrysoperla yulinica* Yang *et* Yang, 1989

Chrysoperla yulinica Yang *et* Yang, 1989: 16. **Type locality:** China (Shaanxi: Yulin).

Chrysoperla yulinica: Yang *et al.*, 2005: 119.

分布（**Distribution**）：陕西（SN）

（72）查理通草蛉阿拉伯亚种 *Chrysoperla zastrowi arabica* Henry, Brook *et* Duelli, 2006

Chrysoperla zastrowi arabica Henry, Brook *et* Duelli, 2006: 2192. **Type locality:** Oman (Al Burymi).

分布（**Distribution**）：新疆（XJ）；印度；非洲热带区

7. 三阶草蛉属 *Chrysopidia* Navás, 1910

Chrysopidia Navás, 1910d: 54. **Type species:** *Chrysopidia nigrata* Navás, 1910d: 55 (monotypy).

Chrysopidia (*Anachrysa*) Hölzel, 1973: 357 **Type species:** *Chrysopidia* (*Anachrysa*) *elegans* Hölzel, 1973: 357 (original designation).

（73）角纹三阶草蛉 *Chrysopidia* (*Anachrysa*) *elegans* Hölzel, 1973

Chrysopidia (*Anachrysa*) *elegans* Hölzel, 1973: 357. **Type locality:** Nepal (Jiri).

Chrysopidia (*Anachrysa*) *elegans*: Yang *et al.*, 2005: 124.

分布（**Distribution**）：西藏（XZ）；尼泊尔

（74）黄带三阶草蛉 *Chrysopidia* (*Chrysopidia*) *flavilineata* Yang *et* Wang, 1994

Chrysopidia (*Chrysopidia*) *flavilineata* Yang *et* Wang, 1994: 65. **Type locality:** China (Yunnan: Nanjingli).

Chrysopidia (*Chrysopidia*) *flavilineata*: Yang *et al.*, 2005: 125.

分布（**Distribution**）：云南（YN）

（75）红斑三阶草蛉 *Chrysopidia* (*Chrysopidia*) *fuscata* Navás, 1914

Chrysopidia (*Chrysopidia*) *fuscata* Navás, 1914i: 12. **Type locality:** China (Yunnan).

Chrysopidia (*Chrysopidia*) *fuscata*: Yang et *al.*, 2005: 125.

分布（**Distribution**）：四川（SC）、云南（YN）

（76）褐斑三阶草蛉 *Chrysopidia* (*Chrysopidia*) *holzeli* Wang *et* Yang, 1992

Chrysopidia (*Chrysopidia*) *holzeli* Wang *et* Yang, 1992: 409. **Type locality:** China (Hunan: Tianpingshan).

Chrysopidia (*Chrysopidia*) *holzeli*: Yang *et al.*, 2005: 125.

分布（**Distribution**）：湖南（HN）

（77）宽柄三阶草蛉 *Chrysopidia platypa* (Yang *et* Yang, 1991)

Chrysopidia platypa Yang *et* Yang, 1991d: 215. **Type locality:** China (Hainan: Rezuo).

Chrysopidia platypa: Yang *et al.*, 2005: 126.

分布（**Distribution**）：广东（GD）、海南（HI）

(78) 胸斑三阶草蛉 *Chrysopidia* (*Chrysopidia*) *regulata* Navás, 1914

Chrysopidia (*Chrysopidia*) *regulata* Navás, 1914i: 11. **Type locality:** China (Yunnan).

Chrysopidia (*Chrysopidia*) *regulata*: Yang *et al.*, 2005: 127.

分布（**Distribution**）：四川（SC）、云南（YN）

(79) 畸缘三阶草蛉 *Chrysopidia* (*Chrysopidia*) *remanei* Hölzel, 1973

Chrysopidia (*Chrysopidia*) *remanei* Hölzel, 1973: 360. **Type locality:** Nepal (Junbesi).

Chrysopidia (*Chrysopidia*) *remanei*: Yang *et al.*, 2005: 127.

分布（**Distribution**）：湖北（HB）、西藏（XZ）；尼泊尔

(80) 神农三阶草蛉 *Chrysopidia* (*Chrysopidia*) *shennongana* Yang *et* Wang, 1990

Chrysopidia (*Chrysopidia*) *shennongana* Yang *et* Wang, 1990: 154. **Type locality:** China (Hubei: Shennongjia).

Chrysopidia (*Chrysopidia*) *shennongana*: Yang *et al.*, 2005: 128.

分布（**Distribution**）：湖北（HB）

(81) 中华三阶草蛉 *Chrysopidia* (*Chrysopidia*) *sinica* Yang *et* Wang, 1990

Chrysopidia (*Chrysopidia*) *sinica* Yang *et* Wang, 1990: 155. **Type locality:** China (Hubei).

Chrysopidia (*Chrysopidia*) *sinica*: Yang *et al.*, 2005: 129.

分布（**Distribution**）：甘肃（GS）、湖北（HB）

(82) 广西三阶草蛉 *Chrysopidia* (*Chrysopidia*) *trigonia* Yang *et* Wang, 2005

Chrysopidia (*Chrysopidia*) *trigonia* Yang *et* Wang, 2005: 130. **Type locality:** China (Guangxi: Langping).

Chrysopidia (*Chrysopidia*) *trigonia*: Yang *et al.*, 2005: 130.

分布（**Distribution**）：广西（GX）

(83) 湘三阶草蛉 *Chrysopidia* (*Chrysopidia*) *xiangana* Wang *et* Yang, 1992

Chrysopidia (*Chrysopidia*) *xiangana* Wang *et* Yang, 1992: 410. **Type locality:** China (Hunan: Shanmuhe).

Chrysopidia (*Chrysopidia*) *xiangana*: Yang *et al.*, 2005: 131.

分布（**Distribution**）：湖南（HN）、湖北（HB）

(84) 杨氏三阶草蛉 *Chrysopidia* (*Chrysopidia*) *yangi* Yang *et* Lin, 1997

Chrysopidia (*Chrysopidia*) *yangi* Yang *et* Lin, 1997: 599. **Type locality:** China (Hubei: Longhelinchang).

Chrysopidia (*Chrysopidia*) *yangi*: Yang *et al.*, 2005: 133.

分布（**Distribution**）：湖北（HB）

(85) 赵氏三阶草蛉 *Chrysopidia* (*Chrysopidia*) *zhaoi* Yang *et* Wang, 1990

Chrysopidia (*Chrysopidia*) *zhaoi* Yang *et* Wang, 1990: 156. **Type locality:** China (Hubei: Songbozhen).

Chrysopidia (*Chrysopidia*) *zhaoi*: Yang *et al.*, 2005: 133.

分布（**Distribution**）：湖北（HB）

8. 线草蛉属 *Cunctochrysa* Hölzel, 1970

Anisochrysa (*Cunctochrysa*) Hölzel, 1970c: 47. **Type species:** *Chrysopa albolineata* Killington, 1935: 87 (original designation).

(86) 白线草蛉 *Cunctochrysa albolineata* (Killington, 1935)

Chrysopa tenella Schneider, 1851: 94. **Type locality:** Unknown.

Chrysopa albolineata Killington, 1935: 87. **Type locality:** Unknown.

Chrysopa bineura Navás, 1936d: 52. **Type locality:** China (Jiangxi).

Cunctochrysa albolineata: Yang *et al.*, 2005: 135.

分布（**Distribution**）：北京（BJ）、山西（SX）、陕西（SN）、江西（JX）、湖北（HB）、四川（SC）、贵州（GZ）、云南（YN）、西藏（XZ）、福建（FJ）；俄罗斯；欧洲

(87) 蜀线草蛉 *Cunctochrysa shuenica* Yang, Yang *et* Wang, 1992

Cunctochrysa shuenica Yang, Yang *et* Wang, 1992: 456. **Type locality:** China (Sichuan: Xiangcheng).

Cunctochrysa shuenica: Yang *et al.*, 2005: 137.

分布（**Distribution**）：四川（SC）

(88) 中华线草蛉 *Cunctochrysa sinica* Yang *et* Yang, 1989

Cunctochrysa sinica Yang *et* Yang, 1989: 17. **Type locality:** China (Shaanxi: Taibaishan).

Cunctochrysa sinica: Yang *et al.*, 2005: 138.

分布（**Distribution**）：陕西（SN）

(89) 玉龙线草蛉 *Cunctochrysa yulongshana* Yang, Yang *et* Wang, 1992

Cunctochrysa yulongshana Yang, Yang *et* Wang, 1992: 456. **Type locality:** China (Yunnan: Yulongshan).

Cunctochrysa yulongshana: Yang *et al.*, 2005: 139.

分布（**Distribution**）：云南（YN）

9. 扇草蛉属 *Evanochrysa* Brooks *et* Barnard, 1990

Evanochrysa Brooks *et* Barnard, 1990: 172. **Type species:** *Nothochrysa evanescens* McLachlan, 1869b: 25 (original designation).

(90) 粗柄扇草蛉 *Evanochrysa infecta* (Newman, 1838)

Chrysopa infecta Newman, 1838: 400. **Type locality:** India

(Kerala: Malabar).

Nothochrysa subcostalis Navás, 1917a: 17. **Type locality:** Vietnam (Quang Jen).

Evanochrysa infecta: Yang *et al.*, 2005: 250.

分布（Distribution）：广西（GX）；越南、印度

10. 璃草蛉属 *Glenochrysa* Esben-Petersen, 1920

Glenochrysa Esben-Petersen, 1920: 518. **Type species:** *Glenochrysa typica* Esben-Petersen, 1920: 518 (original designation).

（91）广州璃草蛉 *Glenochrysa guangzhouensis* Yang *et* Yang, 1991

Glenochrysa guangzhouensis Yang *et* Yang, 1991d: 212. **Type locality:** China (Guangdong: Guangzhou).

Glenochrysa guangzhouensis: Yang *et al.*, 2005: 211.

分布（Distribution）：江西（JX）、广东（GD）、广西（GX）

（92）灿璃草蛉 *Glenochrysa splendia* (van der Weele, 1909)

Chrysopa splendia van der Weele, 1909d: 65. **Type locality:** Indonesia (Borneo: Kelongau).

Glenochrysa splendia: Yang *et al.*, 2005: 214.

分布（Distribution）：江西（JX）、福建（FJ）、台湾（TW）、广东（GD）、广西（GX）、海南（HI）；马来西亚、菲律宾、印度尼西亚

11. 喜马草蛉属 *Himalochrysa* Hölzel, 1973

Himalochrysa Hölzel, 1973: 367. **Type species:** *Himalochrysa modesta* Hölzel, 1973: 368 (original designation).

Nepalochrysa Hölzel, 1973: 347. **Type species:** *Anisochrysa* (*Nepalochrysa*) *bhandarensis* Hölzel, 1973: 347 (original designation).

（93）中华喜马草蛉 *Himalochrysa chinica* Yang, 1987

Himalochrysa chinica Yang, 1987: 208. **Type locality:** China (Xizang).

Himalochrysa chinica: Yang *et al.*, 2005: 217.

分布（Distribution）：西藏（XZ）

12. 意草蛉属 *Italochrysa* Principi, 1946

Italochrysa Principi, [1946] 1944-1946: 86. **Type species:** *Hemerobius italica* Rossi, 1790: 12 (original designation).

（94）江南意草蛉 *Italochrysa aequalis* (Walker, 1853)

Chrysopa aequalis Walker, 1853: 266. **Type locality:** Unknown.

Nothodrysa sumatrana Albarda, 1881: 15. **Type locality:** Indonesia (Sumatra: Palembang).

Nothodrysa polychroa Gerstaecker, [1894] 1893: 163. **Type locality:** Indonesia (Java).

Italochrysa aequalis: Yang *et al.*, 2005: 221.

分布（Distribution）：江苏（JS）、四川（SC）、云南（YN）；印度尼西亚

（95）黄足意草蛉 *Italochrysa albescens* (Navás, 1932)

Leucochrysa albescens Navás, 1932c: 145. **Type locality:** China (Yunnan).

Italochrysa albescens: Yang *et al.*, 2005: 222.

分布（Distribution）：云南（YN）

（96）北京意草蛉 *Italochrysa beijingana* Yang *et* Wang, 2005

Italochrysa beijingana Yang *et* Wang, 2005: 222. **Type locality:** China (Beijing).

分布（Distribution）：天津（TJ）、北京（BJ）

（97）短角意草蛉 *Italochrysa brevicornis* Yang, Yang *et* Li, 2005

Italochrysa brevicornis Yang, Yang *et* Li, 2005: 223. **Type locality:** China (Sichuan: Moxi).

分布（Distribution）：陕西（SN）、甘肃（GS）、湖北（HB）、四川（SC）

（98）迪庆意草蛉 *Italochrysa deqenana* Yang, 1986

Italochrysa deqenana Yang, 1986b: 160. **Type locality:** China (Yunnan: Weixi).

Italochrysa deqenana: Yang *et al.*, 2005: 225.

分布（Distribution）：云南（YN）

（99）叉突意草蛉 *Italochrysa furcata* Yang, 1999

Italochrysa furcata Yang, 1999: 130. **Type locality:** China (Fujian: Nanping).

Italochrysa furcata: Yang *et al.*, 2005: 225.

分布（Distribution）：福建（FJ）

（100）桂意草蛉 *Italochrysa guiana* Yang *et* Wang, 2005

Italochrysa guiana Yang *et* Wang, 2005: 226. **Type locality:** China (Guangxi: Baise).

Italochrysa guiana: Yang *et al.*, 2005: 226.

分布（Distribution）：广西（GX）

（101）日意草蛉 *Italochrysa japonica* (McLachlan, 1875)

Nothochrysa japonica McLachlan, 1875a: 182. **Type locality:** Japan.

Italochrysa sichuanica Yang, Yang *et* Wang, 1992: 459. **Type locality:** China (Sichuan).

Italochrysa sichuanica: Yang *et al.*, 2005: 228.

分布（Distribution）：甘肃（GS）、安徽（AH）、江苏（JS）、浙江（ZJ）、江西（JX）、湖南（HN）、湖北（HB）、四川（SC）、贵州（GZ）、云南（YN）、福建（FJ）、台湾（TW）、

广西（GX）、海南（HI）；日本

（102）长突意草蛉 *Italochrysa longa* Yang *et* Wang, 2005

Italochrysa longa Yang *et* Wang, 2005: 229. **Type locality:** China (Hainan).

Italochrysa longa: Yang *et al.*, 2005: 229.

分布（Distribution）：海南（HI）

（103）龙陵意草蛉 *Italochrysa longlingana* Yang, 1986

Italochrysa longlingana Yang, 1986b: 160. **Type locality:** China (Yunnan: Longling).

Italochrysa longlingana: Yang *et al.*, 2005: 230.

分布（Distribution）：云南（YN）

（104）泸定意草蛉 *Italochrysa ludingana* Yang, Yang *et* Wang, 1992

Italochrysa ludingana Yang, Yang *et* Wang, 1992: 458. **Type locality:** China (Sichuan: Moxi).

Italochrysa ludingana: Yang *et al.*, 2005: 230.

分布（Distribution）：四川（SC）、云南（YN）

（105）巨意草蛉 *Italochrysa megista* Wang *et* Yang, 1992

Italochrysa megista Wang *et* Yang, 1992: 411. **Type locality:** China (Hunan: Guzhang).

Italochrysa wuyishana Yang, Yang *et* Wang, 1999: 125.

Italochrysa megista: Yang *et al.*, 2005: 231.

分布（Distribution）：江西（JX）、湖南（HN）、福建（FJ）、广东（GD）

（106）横纹意草蛉 *Italochrysa modesta* (Navás, 1935)

Leucochrysa modesta Navás, 1935c: 94. **Type locality:** China (Zhejiang).

Italochrysa modesta: Yang *et al.*, 2005: 233.

分布（Distribution）：浙江（ZJ）

（107）南平意草蛉 *Italochrysa nanpingana* Yang, 1999

Italochrysa nanpingana Yang, 1999: 129. **Type locality:** China (Fujian: Nanping).

分布（Distribution）：福建（FJ）

（108）黄翅意草蛉 *Italochrysa oberthuri* (Navás, 1908)

Nothochrysa oberthuri Navás, 1908b: 405. **Type locality:** China (Tién-Tsuén).

Italochrysa oberthuri: Yang *et al.*, 2005: 234.

分布（Distribution）：中国

（109）东方意草蛉 *Italochrysa orientalis* Yang *et* Wang, 1999

Italochrysa orientalis Yang *et* Wang, 1999: 126. **Type locality:** China (Guangxi: Nanning).

Italochrysa orientalis: Yang *et al.*, 2005: 234.

分布（Distribution）：云南（YN）、福建（FJ）、广东（GD）、广西（GX）、海南（HI）

（110）豹斑意草蛉 *Italochrysa pardalina* Yang *et* Wang, 1999

Italochrysa pardalina Yang *et* Wang, 1999: 124. **Type locality:** China (Fujian: Putian).

Italochrysa pardalina: Yang *et al.*, 2005: 236.

分布（Distribution）：贵州（GZ）、福建（FJ）、广东（GD）、广西（GX）

（111）晕翅意草蛉 *Italochrysa psaroala* Li, Yang *et* Wang, 2008

Italochrysa psaroala Li, Yang *et* Wang, 2008: 376. **Type locality:** China (Guangxi: Jiuwandashan).

分布（Distribution）：广西（GX）

（112）锡金意草蛉 *Italochrysa stitzi* (Navás, 1925)

Nothochrysa stitzi Navás, 1925b: 28. **Type locality:** India (Sikkim).

Italochrysa stitzi: Yang *et al.*, 2005: 239.

分布（Distribution）：西藏（XZ）；印度

（113）天目意草蛉 *Italochrysa tianmushana* Yang *et* Wang, 2005

Italochrysa tianmushana Yang *et* Wang, 2005: 240. **Type locality:** China (Zhejiang: Xitianmushan).

Italochrysa tianmushana: Yang *et al.*, 2005: 240.

分布（Distribution）：浙江（ZJ）

（114）鼓囊意草蛉 *Italochrysa tympaniformis* Yang *et* Wang, 2005

Italochrysa tympaniformis Yang *et* Wang, 2005: 241. **Type locality:** China (Anhui: Jiuhuashan).

Italochrysa tympaniformis: Yang *et al.*, 2005: 241.

分布（Distribution）：安徽（AH）

（115）红痣意草蛉 *Italochrysa uchidae* (Kuwayama, 1927)

Nothochrysa uchidae Kuwayama, 1927a: 120. **Type locality:** China (Taiwan).

Italochrysa conflexa Yang *et* Wang, 1999: 127. **Type locality:** China (Fujian).

Italochrysa nanping Yang *et* Wang, 1999: 129. **Type locality:** China (Fujian).

Italochrysa sinuolata Yang *et* Wang, 1999: 128. **Type locality:** China (Fujian).

Italochrysa una Yang *et* Wang, 1999: 129. **Type locality:** China (Fujian).

Italochrysa uncata Yang *et* Wang, 1999: 128. **Type locality:** China (Fujian).

Italochrysa uchidae: Yang *et al.*, 2005: 242.
分布（Distribution）：浙江（ZJ）、江西（JX）、贵州（GZ）、云南（YN）、福建（FJ）、台湾（TW）、广西（GX）、海南（HI）

（116）武陵意草蛉 *Italochrysa wulingshana* Wang *et* Yang, 1992

Italochrysa wulingshana Wang *et* Yang, 1992: 413. **Type locality:** China (Hunan: Shanmuhe).
Italochrysa tympaniformis Yang *et* Wang in Yang *et al.*, 2005: 241. **Type locality:** China (Anhui).
Italochrysa wulingshana: Yang *et al.*, 2005: 244.
分布（Distribution）：陕西（SN）、安徽（AH）、浙江（ZJ）、湖南（HN）、湖北（HB）、贵州（GZ）

（117）黄意草蛉 *Italochrysa xanthosoma* Li, Yang *et* Wang, 2008

Italochrysa xanthosoma Li, Yang *et* Wang, 2008: 376. **Type locality:** China (Hubei: Shennongjia).
分布（Distribution）：湖北（HB）

（118）永胜意草蛉 *Italochrysa yongshengana* Yang, Yang *et* Wang, 1992

Italochrysa yongshengana Yang, Yang *et* Wang, 1992: 460. **Type locality:** China (Yunnan: Yongsheng).
Italochrysa yongshengana: Yang *et al.*, 2005: 246.
分布（Distribution）：云南（YN）

（119）云南意草蛉 *Italochrysa yunnanica* Yang, 1986

Italochrysa yunnanica Yang, 1986b: 160. **Type locality:** China (Yunnan: Baoshan).
Italochrysa yunnanica: Yang *et al.*, 2005: 247.
分布（Distribution）：云南（YN）

13. 玛草蛉属 *Mallada* Navás, 1925

Mallada Navás, [1925e] 1924: 24. **Type species:** *Mallada stigmatus* Navás, [1925e] 1924: 24 (original designation).
Anisochrysa Nakahara, 1955c: 145. **Type species:** *Anisochrysa paradoxa* Nakahara, 1955c: 146 (original designation).
Triadochrysa Adams, 1978: 294. **Type species:** *Mallada* (*Triadochrysa*) *triangularis* Adams, 1978: 295 (original designation).

（120）台湾玛草蛉 *Mallada anpingensis* (Esben-Petersen, 1913)

Chrysopa anpingensis Esben-Petersen, 1913b: 259. **Type locality:** China (Taiwan: Aiping).
分布（Distribution）：台湾（TW）

（121）黄玛草蛉 *Mallada basalis* (Walker, 1853)

Chrysopa basalis Walker, 1853: 239. **Type locality:** Japan (Ryukyu).
Chrysopa microphya McLachlan, 1883: 300. **Type locality:** USA (Hawaii: Oahu).
Chrysopa jolyana Navás, 1910b: 194. **Type locality:** Vanuatu (New Hebrides: Port Sandwich).
Chrysopa latotalis Banks, 1910b: 101. **Type locality:** Australia (Queensland: Kuranda).
Chrysopa olatatis Banks, 1910b: 101. **Type locality:** Australia (Northern Territory: Darwin).
Chrysopa formosana Esben-Petersen, 1913b: 257. **Type locality:** China (Taiwan: Sokutsu).
Chrysopa tagalica Banks, [1914] 1913: 174. **Type locality:** Philippines (Luzon: Los Baños).
Chrysopa peterseni Okamoto, 1919: 10. **Type locality:** China (Taiwan: Sokutsu).
Chrysopa skottsbergi Esben-Petersen, [1924] 1921-1940: 310. **Type locality:** Chile (Valparaíso: Isla de Pascua).
Mallada stigmatus Navás, 1925b: 24. **Type locality:** China (Taiwan: Taihorin).
Chrysopa delmasi Navás, 1927d: 20. **Type locality:** France (French Polynesia: Marquesa Islands).
Chrysopa densata Navás, 1927d: 21. **Type locality:** France (French Polynesia: Marquesa Islands).
Anisochrysa paradoxa Nakahara, 1955c: 145. **Type locality:** China (Taiwan: Puli).
Mallada basalis: Yang *et al.*, 2005: 253.
分布（Distribution）：台湾（TW）；日本、澳大利亚、太平洋岛屿广布

（122）亚非玛草蛉 *Mallada desjardinsi* (Navás, 1911)

Chrysopa desjardinsi Navás, 1911a: 267. **Type locality:** Mauritius.
Chrysopa boninensis Okamoto, 1914: 62. **Type locality:** Japan (Tokyo: Ogasawara-gunto).
Chrysopa serrandi Navás, [1921] 1919: 70. **Type locality:** Guinea (Los: Tamara).
Chrysopa flavostigma Esben-Petersen, 1927a: 451. **Type locality:** Seychelles (Aldabra).
Chrysopa rutila Esben-Petersen, 1927a: 453. **Type locality:** United Kingdom (British Indian Ocean Territory: Chagos Islands: Peros Banhos Atoll).
Mallada scolius Navás, 1927c: 86. **Type locality:** Somalia (Shabeellaha Dhexe: Jowhar).
Chrysopa oblique Navás, 1929a: 362. **Type locality:** Unkown.
Chrysopa inclinata Navás, 1934a: 58. **Type locality:** Madagascar (Békily).
Mallada desjardinsi: Yang *et al.*, 2005: 254.
分布（Distribution）：陕西（SN）、浙江（ZJ）、江西（JX）、湖南（HN）、湖北（HB）、四川（SC）、贵州（GZ）、云南（YN）、福建（FJ）、台湾（TW）、广东（GD）、广西（GX）、海南（HI）；东洋区；非洲

（123）曲梁玛草蛉 *Mallada camptotropus* Yang *et* Jiang, 1998

Mallada camptotropus Yang *et* Jiang, 1998: 269. **Type locality:**

China (Guangxi: Hepu).
Mallada camptotropus: Yang *et al.*, 2005: 255.
分布（Distribution）：广西（GX）

（124）棒玛草蛉 *Mallada clavatus* Yang *et* Yang, 1991

Mallada clavatus Yang *et* Yang, 1991b: 136. **Type locality:** China (Guangxi: Yanshan).
Mallada clavatus: Yang *et al.*, 2005: 256.
分布（Distribution）：广西（GX）

（125）黄斑玛草蛉 *Mallada flavimaculus* Yang *et* Yang, 1991

Mallada flavimaculus Yang *et* Yang, 1991b: 137. **Type locality:** China (Guangxi: Jinxiu).
Mallada flavimaculus: Yang *et al.*, 2005: 257.
分布（Distribution）：广西（GX）

（126）弯玛草蛉 *Mallada incurvus* Yang *et* Yang, 1991

Mallada incurvus Yang *et* Yang, 1991b: 139. **Type locality:** China (Hainan).
Mallada incurvus: Yang *et al.*, 2005: 258.
分布（Distribution）：广东（GD）、海南（HI）

（127）等叶玛草蛉 *Mallada isophyllus* Yang *et* Yang, 1991

Mallada isophyllus Yang *et* Yang, 1991b: 140. **Type locality:** China (Guangxi: Nanning).
Mallada isophyllus: Yang *et al.*, 2005: 258.
分布（Distribution）：广西（GX）

（128）南宁玛草蛉 *Mallada nanningensis* Yang *et* Yang, 1991

Mallada nanningensis Yang *et* Yang, 1991b: 141. **Type locality:** China (Guangxi: Nanning).
Mallada nanningensis: Yang *et al.*, 2005: 260.
分布（Distribution）：广西（GX）

（129）乌唇玛草蛉 *Mallada nigrilabrum* Yang *et* Yang, 1991

Mallada nigrilabrum Yang *et* Yang, 1991b: 142. **Type locality:** China (Hainan: Redaizuowuyanjiusuo).
Mallada nigrilabrum: Yang *et al.*, 2005: 262.
分布（Distribution）：海南（HI）

（130）绿玛草蛉 *Mallada viridianus* Yang, Yang *et* Wang, 1999

Mallada viridianus Yang, Yang *et* Wang, 1999: 114. **Type locality:** China (Fujian: Xiamen).
Mallada viridianus: Yang *et al.*, 2005: 263.
分布（Distribution）：福建（FJ）

（131）杨氏玛草蛉 *Mallada yangae* Yang *et* Yang, 1991

Mallada yangae Yang *et* Yang, 1991b: 143. **Type locality:** China (Hainan: Tonghua).
Mallada yangae: Yang *et al.*, 2005: 264.
分布（Distribution）：海南（HI）

14. 尼草蛉属 *Nineta* Navás, 1912

Nineta Navás, 1912h: 98. **Type species:** *Hemerobius flavus* Scopoli, 1763: 270 (original designation).
Parachrysa Nakahara, 1915a: 121. **Type species:** *Nothochrysa olivacea* Gerstaecker, [1894] 1893: 166 (original designation).

（132）多尼草蛉 *Nineta abunda* Yang *et* Yang, 1989

Nineta abunda Yang *et* Yang, 1989: 24. **Type locality:** China (Shaanxi: Ganquan).
Nineta abunda: Yang *et al.*, 2005: 266.
分布（Distribution）：陕西（SN）

（133）黄角尼草蛉 *Nineta grandis* Navás, 1915

Nineta grandis Navás, 1915c: 25. **Type locality:** China (Jilin).
Nineta grandis: Yang *et al.*, 2005: 269.
分布（Distribution）：吉林（JL）

（134）凸脉尼草蛉 *Nineta dolichoptera* (Navás, 1910)

Chrysopa dolichoptera Navás, 1910b: 192. **Type locality:** China (Sichuan).
Nineta dolichoptera: Yang *et al.*, 2005: 269.
分布（Distribution）：四川（SC）

（135）陕西尼草蛉 *Nineta shaanxiensis* Yang *et* Yang, 1989

Nineta shaanxiensis Yang *et* Yang, 1989: 25. **Type locality:** China (Shaanxi: Ningshan).
Nineta shaanxiensis: Yang *et al.*, 2005: 269.
分布（Distribution）：陕西（SN）

（136）玉带尼草蛉 *Nineta vittata* (Wesmael, 1841)

Chrysopa vittata Wesmael, 1841: 211. **Type locality:** Belgium (Brabant: near Brussels).
Hemerobius proximus Rambur, 1842: 425. **Type locality:** Belgium (Brabant: near Brussels).
Chrysopa integra Hagen, 1852: 40. **Type locality:** Unknown.
Nothochrysa olivacea Gerstaecker, [1894] 1893: 166. **Type locality:** Belgium (Brabant: near Brussels).
Chrysopa inornata Matsumura, 1911: 14. **Type locality:** Russia (Sakhalin).
Chrysopa matsumurana Navás, 1915f: 473. **Type locality:** Belgium (Brabant: near Brussels).
Nineta vittata: Yang *et al.*, 2005: 271.
分布（Distribution）：黑龙江（HL）、内蒙古（NM）、陕西（SN）、宁夏（NX）、湖南（HN）、湖北（HB）、四川（SC）、台湾（TW）；日本、朝鲜、俄罗斯；欧洲

15. 齿草蛉属 *Odontochrysa* Yang *et* Yang, 1991

Odontochrysa Yang *et* Yang, 1991a: 205. **Type species:**

Odontochrysa hainana Yang *et* Yang, 1991a: 206 (original designation).

（137）海南齿草蛉 *Odontochrysa hainana* Yang *et* Yang, 1991

Odontochrysa hainana Yang *et* Yang, 1991a: 206. **Type locality:** China (Hainan).
Odontochrysa hainana: Yang *et al.*, 2005: 272.
分布（**Distribution**）：广东（GD）、海南（HI）

16. 波草蛉属 *Plesiochrysa* Adams, 1982

Chrysopa (*Plesiochrysa*) Adams, 1982: 28. **Type species:** *Chrysopa brasiliensis* Schneider, 1851: 83 (original designation).

（138）小斑波草蛉 *Plesiochrysa eudora* (Banks, 1937)

Chrysopa eudora Banks, 1937: 283. **Type locality:** China (Taiwan).
Plesiochrysa eudora: Yang *et al.*, 2005: 275.
分布（**Distribution**）：台湾（TW）

（139）辐毛波草蛉 *Plesiochrysa floccose* Yang *et* Yang, 1991

Plesiochrysa floccose Yang *et* Yang, 1991d: 213. **Type locality:** China (Hainan: Qiongshan).
Plesiochrysa floccose: Yang *et al.*, 2005: 277.
分布（**Distribution**）：海南（HI）

（140）单斑波草蛉 *Plesiochrysa marcida* (Banks, 1937)

Chrysopa marcida Banks, 1937: 284. **Type locality:** China (Taiwan).
Plesiochrysa marcida: Yang *et al.*, 2005: 278.
分布（**Distribution**）：台湾（TW）

（141）墨绿波草蛉 *Plesiochrysa remota* (Walker, 1853)

Chrysopa remota Walker, 1853: 238. **Type locality:** Samoa Islands.
Chrysopa oceanica Walker, 1853: 283. **Type locality:** USA (Hawaii).
Chrysopa v-rubrum Brauer, 1865: 903. **Type locality:** Samoa Islands.
Chrysopa marcheana Navás, 1910b: 193. **Type locality:** Mariana Islands.
Plesiochrysa remota: Yang *et al.*, 2005: 278.
分布（**Distribution**）：台湾（TW）；日本、密克罗尼西亚、美国

（142）黑角波草蛉 *Plesiochrysa ruficeps ruficeps* (McLachlan, 1875)

Chrysopa ruficeps McLachlan, 1875c: 2. **Type locality:** Indonesia (Sulawesi: Macasser).
Plesiochrysa ruficeps ruficeps: Yang *et al.*, 2005: 279.
分布（**Distribution**）：台湾（TW）；印度尼西亚

17. 叉草蛉属 *Pseudomallada* Tsukaguchi, 1995

Pseudomallada Tsukaguchi, 1995: 67. **Type species:** *Chrysopa cognatella* Okamoto, 1914: 70 (original designation).
Navasius Yang *et* Yang, 1990b: 327. **Type species:** *Navasius eumorphus* Yang *et* Yang, 1990b: 332 (original designation).
Dichochrysa Yang, 1991a: 150 (unavailable new name for *Navasius* Yang *et* Yang, 1990). **Type species:** *Navasius eumorphus* Yang *et* Yang, 1990b: 332 (original designation).

（143）白面叉草蛉 *Pseudomallada albofrontata* (Yang *et* Yang, 1999)

Dichochrysa albofrontata Yang *et* Yang, 1999: 115. **Type locality:** China (Fujian: Xiamen).
Pseudomallada albofrontata: Yang *et al.*, 2005: 146.
分布（**Distribution**）：福建（FJ）

（144）异色叉草蛉 *Pseudomallada allochroma* (Yang *et* Yang, 1999)

Dichochrysa allochroma Yang *et* Yang, 1999: 116. **Type locality:** China (Fujian: Xiamen).
Pseudomallada allochroma: Yang *et al.*, 2005: 147.
分布（**Distribution**）：福建（FJ）

（145）槽叉草蛉 *Pseudomallada alviolata* (Yang *et* Yang, 1990)

Navasius alviolata Yang *et* Yang, 1990a: 329. **Type locality:** China (Hainan: Jianfengling).
Pseudomallada alviolata: Yang *et al.*, 2005: 148.
分布（**Distribution**）：内蒙古（NM）、宁夏（NX）、四川（SC）、海南（HI）

（146）钩叉草蛉 *Pseudomallada ancistroidea* (Yang *et* Yang, 1990)

Navasius ancistroides Yang *et* Yang, 1990a: 330. **Type locality:** China (Guangxi: Longrui).
Pseudomallada ancistroidea: Yang *et al.*, 2005: 150.
分布（**Distribution**）：广西（GX）

（147）窄带叉草蛉 *Pseudomallada angustivittata* (Dong, Cui *et* Yang, 2004)

Dichochrysa angustivittata Dong, Cui *et* Yang, 2004: 135. **Type locality:** China (Jiangxi: Shangrao).
Pseudomallada angustivittata: Yang *et al.*, 2005: 150.
分布（**Distribution**）：河南（HEN）、江西（JX）、四川（SC）、贵州（GZ）、福建（FJ）、广西（GX）

（148）拱形叉草蛉 *Pseudomallada arcuata* (Dong, Cui *et* Yang, 2004)

Dichochrysa arcuata Dong, Cui *et* Yang, 2004: 67. **Type**

locality: China (Yunnan).
分布（**Distribution**）：云南（YN）

（149）香叉草蛉 *Pseudomallada aromatica* (Yang *et* Yang, 1989)

Mallada aromaticus Yang *et* Yang, 1989: 18. **Type locality:** China (Shaanxi: Zhouzhi).
Pseudomallada aromatica: Yang *et al.*, 2005: 152.
分布（**Distribution**）：陕西（SN）

（150）马尔康叉草蛉 *Pseudomallada barkamana* (Yang, Yang *et* Wang, 1992)

Tjederina barkamana Yang, Yang *et* Wang, 1992: 464. **Type locality:** China (Sichuan: Maerkang).
Dichochrysa barkamana Yang, 1995: 29. **Type locality:** China (Sichuan: Maerkang).
Pseudomallada barkamana: Yang *et al.*, 2005: 153.
分布（**Distribution**）：四川（SC）、云南（YN）

（151）短唇叉草蛉 *Pseudomallada brachychela* (Yang *et* Yang, 1999)

Dichochrysa brachychela Yang *et* Yang, 1999: 117. **Type locality:** China (Fujian: Dehua).
Pseudomallada brachychela: Yang *et al.*, 2005: 154.
分布（**Distribution**）：福建（FJ）、广西（GX）

（152）脊背叉草蛉 *Pseudomallada carinata* (Dong, Cui *et* Yang, 2004)

Dichochrysa carinata Dong, Cui *et* Yang, 2004: 136. **Type locality:** China (Shaanxi: Ningshan).
分布（**Distribution**）：陕西（SN）、甘肃（GS）

（153）赵氏叉草蛉 *Pseudomallada chaoi* (Yang *et* Yang, 1999)

Dichochrysa chaoi Yang *et* Yang, 1999: 117. **Type locality:** China (Fujian: Shaowu).
Pseudomallada chaoi: Yang *et al.*, 2005: 156.
分布（**Distribution**）：福建（FJ）

（154）周氏叉草蛉 *Pseudomallada choui* (Yang *et* Yang, 1989)

Mallada choui Yang *et* Yang, 1989: 19. **Type locality:** China (Shaanxi: Taibaishan).
Pseudomallada choui: Yang *et al.*, 2005: 157.
分布（**Distribution**）：黑龙江（HL）、陕西（SN）、甘肃（GS）、湖北（HB）、云南（YN）

（155）鲁叉草蛉 *Pseudomallada cognatella* (Okamoto, 1914)

Chrysopa cognatella Okamoto, 1914: 70. **Type locality:** Janpan (Hokkaido: Sapporo).
Chrysopa nakaharai Navás, 1915d: 196. **Type locality:** Japan (Edosaki aus Umbeg. Hitadi).
Chrysopa hoffmanni Esben-Petersen, 1916b: 301. **Type locality:** China (Shandong: Tsingtau).
Pseudomallada cognatella: Yang *et al.*, 2005: 158.
分布（**Distribution**）：山东（SD）、台湾（TW）；日本

（156）心叉草蛉 *Pseudomallada cordata* (Wang *et* Yang, 1992)

Navasius cordatus Wang *et* Yang, 1992: 414. **Type locality:** China (Hunan: Tianpingshan).
Pseudomallada cordata: Yang *et al.*, 2005: 160.
分布（**Distribution**）：湖南（HN）、贵州（GZ）

（157）退色叉草蛉 *Pseudomallada decolor* (Navás, 1936)

Cintameva decolor Navás, 1936d: 55. **Type locality:** China (Jiangsu: Hufu).
Pseudomallada decolor: Yang *et al.*, 2005: 160.
分布（**Distribution**）：江苏（JS）

（158）德钦叉草蛉 *Pseudomallada deqenana* (Yang, Yang *et* Wang, 1992)

Tjederina deqenana Yang, Yang *et* Wang, 1992: 465. **Type locality:** China (Yunnan: Meili).
Pseudomallada deqenana: Yang *et al.*, 2005: 162.
分布（**Distribution**）：云南（YN）

（159）亮叉草蛉 *Pseudomallada diaphana* (Yang *et* Yang, 1999)

Dichochrysa diaphana Yang *et* Yang, 1999: 118. **Type locality:** China (Fujian: Shuikou).
Pseudomallada diaphana: Yang *et al.*, 2005: 162.
分布（**Distribution**）：云南（YN）、福建（FJ）

（160）无斑叉草蛉 *Pseudomallada epunctata* (Yang *et* Yang, 1990)

Navasius epunctatus Yang *et* Yang, 1990b: 331. **Type locality:** China (Guangxi: Longrui).
Pseudomallada epunctata: Yang *et al.*, 2005: 164.
分布（**Distribution**）：广西（GX）

（161）粗脉叉草蛉 *Pseudomallada estriata* (Yang *et* Yang, 1999)

Dichochrysa estriata Yang *et* Yang, 1999: 119. **Type locality:** China (Fujian: Bolanggu).
Pseudomallada estriata: Yang *et al.*, 2005: 165.
分布（**Distribution**）：湖北（HB）、云南（YN）、福建（FJ）、海南（HI）

（162）优模叉草蛉 *Pseudomallada eumorpha* (Yang *et* Yang, 1999)

Dichocchrysa eumorpha Yang *et* Yang, 1999: 120. **Type locality:** China (Fujian: Xiamen).
Pseudomallada eumorpha: Yang *et al.*, 2005: 166.

分布（Distribution）：福建（FJ）、广西（GX）

（163）梵净叉草蛉 *Pseudomallada fanjingana* (Yang *et* Wang, 1988)

Navasius fanjinganus Yang *et* Wang, 1988: 106. **Type locality:** China (Guizhou: Fanjingshan).

Pseudomallada fanjingana: Yang *et al.*, 2005: 167.

分布（Distribution）：贵州（GZ）

（164）红面叉草蛉 *Pseudomallada flammefrontata* (Yang *et* Yang, 1999)

Dichochrysa flammefrontata Yang *et* Yang, 1999: 120. **Type locality:** China (Fujian: Xiamen).

Pseudomallada flammefrontata: Yang *et al.*, 2005: 168.

分布（Distribution）：陕西（SN）、甘肃（GS）、云南（YN）、福建（FJ）

（165）顶斑叉草蛉 *Pseudomallada flavinotata* (Dong, Cui *et* Yang, 2004)

Dichochrysa flavinotata Dong, Cui *et* Yang, 2004: 70. **Type locality:** China (Yunnan).

分布（Distribution）：云南（YN）、福建（FJ）

（166）曲叉草蛉 *Pseudomallada flexuosa* (Yang *et* Yang, 1990)

Navasius flexuosus Yang *et* Yang, 1990b: 332. **Type locality:** China (Guangdong: Guangzhou).

Pseudomallada flexuosa: Yang *et al.*, 2005: 169.

分布（Distribution）：四川（SC）、福建（FJ）、广东（GD）

（167）钳形叉草蛉 *Pseudomallada forcipata* (Yang *et* Yang, 1993)

Dichochrysa forcipata Yang *et* Yang, 1993b: 267. **Type locality:** China (Fujian: Shaowu).

Pseudomallada forcipata: Yang *et al.*, 2005: 170.

分布（Distribution）：贵州（GZ）、福建（FJ）

（168）台湾叉草蛉 *Pseudomallada formosana* (Matsumura, 1910)

Chrysopa vittata var. *formosana* Matsumura, 1910: 45. **Type locality:** China(Taiwan: Taipei).

Chrysopa formosana Matsumura, 1910: 78. **Type locality:** China (Taiwan: Taipei).

Chrysopa sauteri Esben-Petersen, 1913b: 258. **Type locality:** China (Taiwan).

Chrysopa yamamurae Nakahara, 1915a: 122. **Type locality:** China (Taiwan: Taipei).

Anomalochrysa babai Kuwayama, 1962a: 372. **Type locality:** China (Taiwan: Taipei).

Pseudomallada formosana: Yang *et al.*, 2005: 172.

分布（Distribution）：台湾（TW）；日本

（169）褐脉叉草蛉 *Pseudomallada fuscineura* (Yang, Yang *et* Wang, 1992)

Navasius fuscineurus Yang, Yang *et* Wang, 1992: 461. **Type locality:** China (Sichuan: Guanxian).

Pseudomallada fuscineura: Yang *et al.*, 2005: 173.

分布（Distribution）：四川（SC）

（170）黑阶叉草蛉 *Pseudomallada gradata* (Yang *et* Yang, 1993)

Dichochrysa gradata Yang *et* Yang, 1993b: 268. **Type locality:** China (Guizhou: Huaxi).

Pseudomallada gradata: Yang *et al.*, 2005: 174.

分布（Distribution）：贵州（GZ）

（171）海南叉草蛉 *Pseudomallada hainana* (Yang *et* Yang, 1990)

Navasius hainana Yang *et* Yang, 1990b: 333. **Type locality:** China (Hainan: Jianfengling).

Pseudomallada hainana: Yang *et al.*, 2005: 175.

分布（Distribution）：河南（HEN）、湖北（HB）、四川（SC）、云南（YN）、海南（HI）

（172）和叉草蛉 *Pseudomallada hespera* (Yang *et* Yang, 1990)

Navásiua hesperus Yang *et* Yang, 1990b: 335. **Type locality:** China (Guangdong: Guangzhou).

Pseudomallada hespera: Yang et *al.*, 2005: 176.

分布（Distribution）：四川（SC）、广东（GD）、海南（HI）

（173）震旦叉草蛉 *Pseudomallada heudei* (Navás, 1934)

Chrysopa heudei Navás, 1934b: 3. **Type locality:** China (Jiangsu: Hufu).

Pseudomallada heudei: Yang *et al.*, 2005: 178.

分布（Distribution）：陕西（SN）、江苏（JS）、云南（YN）、海南（HI）

（174）华山叉草蛉 *Pseudomallada huashanensis* (Yang *et* Yang, 1989)

Mallada huashanensis Yang *et* Yang, 1989: 21. **Type locality:** China (Shaanxi: Huashan).

Pseudomallada huashanensis: Yang et *al.*, 2005: 178.

分布（Distribution）：陕西（SN）、甘肃（GS）

（175）鄂叉草蛉 *Pseudomallada hubeiana* (Yang *et* Wang, 1990)

Navasius huheianus Yang *et* Wang, 1990: 157. **Type locality:** China (Hubei: Shizishan).

Pseudomallada hubeiana: Yang *et al.*, 2005: 179.

分布（Distribution）：陕西（SN）、湖北（HB）、云南（YN）

（176）跃叉草蛉 *Pseudomallada ignea* (Yang *et* Yang, 1990)

Navasius igneus Yang *et* Yang, 1990c: 471. **Type locality:** China (Hainan: Anfeng).

Pseudomallada ignea: Yang *et al.*, 2005: 181.

分布（Distribution）：陕西（SN）、云南（YN）、海南（HI）

（177）重斑叉草蛉 *Pseudomallada illota* (Navás, 1908)

Chrysopa illota Navás, 1908b: 402. **Type locality:** China (Sichuan).

Tjederina exiana Yang *et* Wang, 1990: 161. **Type locality:** China (Hubei: Shennongjia).

Pseudomallada illota: Yang *et al.*, 2005: 182.

分布（Distribution）：北京（BJ）、河南（HEN）、陕西（SN）、甘肃（GS）、湖北（HB）、四川（SC）

（178）九寨叉草蛉 *Pseudomallada jiuzhaigouana* (Yang *et* Wang, 2005)

Dichochrysa jiuzhaigouana Yang *et* Wang, 2005: 184. **Type locality:** China (Sichuan).

Pseudomallada jiuzhaigouana: Yang *et al.*, 2005: 184.

分布（Distribution）：河南（HEN）、四川（SC）

（179）乔氏叉草蛉 *Pseudomallada joannisi* (Navás, 1910)

Chrysopa joannisi Navás, 1910d: 41. **Type locality:** China (Chang-Hay).

Chrysopa liberate Navás, 1935c: 94. **Type locality:** Unknown.

Pseudomallada joannisi: Yang *et al.*, 2005: 185.

分布（Distribution）：山西（SX）、江苏（JS）、上海（SH）、江西（JX）

（180）江苏叉草蛉 *Pseudomallada kiangsuensis* (Navás, 1934)

Chrysopa kiangsuensis Navás, 1934b: 3. **Type locality:** China (Jiangsu: Hufu).

Pseudomallada kiangsuensis: Yang *et al.*, 2005: 185.

分布（Distribution）：江苏（JS）、湖北（HB）、四川（SC）、云南（YN）、广西（GX）

（181）李氏叉草蛉 *Pseudomallada lii* (Yang *et* Yang, 1999)

Dichochrysa lii Yang *et* Yang, 1999: 121. **Type locality:** China (Fujian: Fuzhou).

Pseudomallada lii: Yang *et al.*, 2005: 186.

分布（Distribution）：福建（FJ）

（182）龙王山叉草蛉 *Pseudomallada longwangshana* (Yang, 1998)

Dichochrysa longwangshana Yang, 1998: 149. **Type locality:** China (Zhejiang: Longwangshan).

Pseudomallada longwangshana: Yang *et al.*, 2005: 187.

分布（Distribution）：浙江（ZJ）、贵州（GZ）

（183）冠叉草蛉 *Pseudomallada lophophora* (Yang *et* Yang, 1990)

Navasius lophophorus Yang *et* Yang, 1990c: 472. **Type locality:** China (Hainan: Meishan).

Pseudomallada lophophora: Yang *et al.*, 2005: 188.

分布（Distribution）：上海（SH）、湖北（HB）、云南（YN）、海南（HI）

（184）芒康叉草蛉 *Pseudomallada mangkangensis* (Dong, Cui *et* Yang, 2004)

Dichochrysa mangkangensis Dong, Cui *et* Yang, 2004: 137. **Type locality:** China (Xizang: Yanjing).

Pseudomallada mangkangensis: Yang *et al.*, 2005: 189.

分布（Distribution）：西藏（XZ）

（185）间绿叉草蛉 *Pseudomallada mediata* (Yang *et* Yang, 1993)

Dichochrysa mediata Yang *et* Yang, 1993b: 269. **Type locality:** China (Guizhou: Xingyi).

Pseudomallada mediata: Yang *et al.*, 2005: 190.

分布（Distribution）：陕西（SN）、贵州（GZ）、西藏（XZ）

（186）墨脱叉草蛉 *Pseudomallada medogana* (Yang, 1988)

Chrysopac medogana Yang, 1988: 202. **Type locality:** China (Xizang: Medog).

Pseudomallada medogana: Yang *et al.*, 2005: 190.

分布（Distribution）：西藏（XZ）

（187）黑角叉草蛉 *Pseudomallada nigricornuta* (Yang *et* Yang, 1990)

Navasius nigricornutus Yang *et* Yang, 1990c: 473. **Type locality:** China (Hainan: Jianfengling).

Pseudomallada nigricornuta: Yang *et al.*, 2005: 192.

分布（Distribution）：海南（HI）

（188）显沟叉草蛉 *Pseudomallada phantosula* (Yang *et* Yang, 1990)

Navasius phantosulus Yang *et* Yang, 1990c: 474. **Type locality:** China (Guangxi: Nanning).

Pseudomallada phantosula: Yang *et al.*, 2005: 192.

分布（Distribution）：广西（GX）

（189）郑氏叉草蛉 *Pseudomallada pieli* (Navás, 1931)

Cintameva pieli Navás, 1931e: 1. **Type locality:** China (Shanghai).

Pseudomallada pieli: Yang *et al.*, 2005: 193.

分布（Distribution）：江苏（JS）、上海（SH）

（190）长毛叉草蛉 *Pseudomallada pilinota* (Dong, Li, Cui *et* Yang, 2004)

Dichochrysa pilinota Dong, Li, Cui *et* Yang, 2004: 71. **Type locality:** China (Guizhou).

分布（Distribution）：贵州（GZ）、福建（FJ）

（191）弓弧叉草蛉 *Pseudomallada prasina* (Burmeister, 1839)

Chrysopa prasina Burmeister, 1839: 981. **Type locality:** Germany (near Halle).

Chrysopa aspersa Wesmael, 1841: 210. **Type locality:** Belgium (Brabant: near Brussels).

Chrysopa zelleri Schneider, 1851: 114. **Type locality:** Unknown.

Chrysopa abdominalis Brauer, 1856: 705. **Type locality:** Austria (Niederösterreich: Mödling).

Chrysopa mariana Navás, 1905b: 19. **Type locality:** Germany (near Halle).

Chrysopa nikkoensis Okamoto, 1914a: 69. **Type locality:** Germany (near Halle).

Chrysopa caucasica Navás, 1914j: 212. **Type locality:** Germany (near Halle).

Chrysopa burri Navás, 1914j: 212. **Type locality:** Germany (near Halle).

Pseudomallada prasina: Yang *et al.*, 2005: 194.

分布（Distribution）：黑龙江（HL）；日本、朝鲜、俄罗斯；欧洲

（192）麻唇叉草蛉 *Pseudomallada punctilabris* (McLachlan, 1894)

Chrysopa puctilabris McLachlan, 1894a: 427. **Type locality:** China (Sichuan).

Pseudomallada punctilabris: Yang *et al.*, 2005: 195.

分布（Distribution）：四川（SC）、云南（YN）

（193）青城叉草蛉 *Pseudomallada qingchengshana* (Yang, Yang *et* Wang, 1992)

Navasius qingchengshanus Yang, Yang *et* Wang, 1992: 462. **Type locality:** China (Sichuan: Qingchengshan).

Pseudomallada qingchengshana: Yang *et al.*, 2005: 196.

分布（Distribution）：四川（SC）、云南（YN）

（194）秦岭叉草蛉 *Pseudomallada qinlingensis* (Yang *et* Yang, 1989)

Mallada qinlingensis Yang *et* Yang, 1989: 22. **Type locality:** China (Shaanxi: Qinling).

Pseudomallada qinlingensis: Yang *et al.*, 2005: 196.

分布（Distribution）：陕西（SN）、甘肃（GS）、安徽（AH）、湖北（HB）、四川（SC）

（195）康叉草蛉 *Pseudomallada sana* (Yang *et* Yang, 1990)

Navasius sanus Yang *et* Yang, 1990c: 475. **Type locality:** China (Guangdong: Guangzhou).

Pseudomallada sana: Yang *et al.*, 2005: 198.

分布（Distribution）：四川（SC）、广东（GD）

（196）角斑叉草蛉 *Pseudomallada triangularis* (Yang *et* Wang, 1994)

Dichochrysa triangularis Yang *et* Wang, 1994: 68. **Type locality:** China (Yunnan: Mengxiu).

Pseudomallada triangularis: Yang *et al.*, 2005: 199.

分布（Distribution）：云南（YN）

（197）三齿叉草蛉 *Pseudomallada tridentata* (Yang *et* Yang, 1990)

Navasius tridentata Yang *et* Yang, 1990c: 476. **Type locality:** China (Hainan: Huanan Zuowu Yanjiuyuan).

Pseudomallada tridentata: Yang *et al.*, 2005: 200.

分布（Distribution）：云南（YN）、海南（HI）

（198）截角叉草蛉 *Pseudomallada truncatata* (Yang, Yang *et* Li, 2005)

Dichochrysa truncatata Yang, Yang *et* Li, 2005: 201. **Type locality:** China (Sichuan: Jiuzhaigou).

Pseudomallada truncatata: Yang *et al.*, 2005: 201.

分布（Distribution）：四川（SC）

（199）春叉草蛉 *Pseudomallada verna* (Yang *et* Yang, 1989)

Mallada vernus Yang *et* Yang, 1989: 23. **Type locality:** China (Shaanxi).

Pseudomallada verna: Yang *et al.*, 2005: 203.

分布（Distribution）：陕西（SN）、甘肃（GS）、云南（YN）

（200）唇斑叉草蛉 *Pseudomallada vitticlypea* (Yang *et* Wang, 1990)

Navasius vitticlypea Yang *et* Wang, 1990: 159. **Type locality:** China (Hubei: Shennongjia).

Pseudomallada vitticlypea: Yang *et al.*, 2005: 203.

分布（Distribution）：湖北（HB）

（201）王氏叉草蛉 *Pseudomallada wangi* (Yang, Yang *et* Wang, 1992)

Navasius wangi Yang, Yang *et* Wang, 1992: 462. **Type locality:** China (Sichuan: Xiangcheng).

Pseudomallada wangi: Yang *et al.*, 2005: 204.

分布（Distribution）：四川（SC）

（202）武昌叉草蛉 *Pseudomallada wuchangana* (Yang *et* Wang, 1990)

Navasius wuchangana Yang *et* Wang, 1990: 160. **Type locality:** China (Hubei: Wuchang).

Pseudomallada wuchangana: Yang *et al.*, 2005: 206.

分布（Distribution）：湖北（HB）

（203）厦门叉草蛉 *Pseudomallada xiamenana* (Yang *et* Yang, 1999)

Dichochrysa xiamenana Yang *et* Yang, 1999: 122. **Type**

locality: China (Fujian: Xiamen).
Pseudomallada xiamenana: Yang *et al.*, 2005: 207.
分布（**Distribution**）：云南（YN）、福建（FJ）

（204）杨氏叉草蛉 *Pseudomallada yangi* (Yang *et* Wang, 2005)

Dichochrysa yangi Yang *et* Wang, 2005: 208. **Type locality:** China (Sichuan: Jiuzhaigou).
Pseudomallada yangi: Yang *et al.*, 2005: 208.
分布（**Distribution**）：四川（SC）

（205）云南叉草蛉 *Pseudomallada yunnana* (Yang *et* Wang, 1994)

Dichochrysa yunnana Yang *et* Wang, 1994: 69. **Type locality:** China (Yunnan: Jinghong).
Pseudomallada yunnana: Yang *et al.*, 2005: 209.
分布（**Distribution**）：云南（YN）、福建（FJ）

（206）盂县叉草蛉 *Pseudomallada yuxianensis* (Bian *et* Li, 1992)

Navasius yuxianensis Bian *et* Li, 1992: 213. **Type locality:** China (Shanxi: Yuxian).
Pseudomallada yuxianensis: Yang *et al.*, 2005: 210.
分布（**Distribution**）：山西（SX）

18. 罗草蛉属 *Retipenna* Brooks, 1986

Retipenna Brooks, 1986: 36. **Type species:** *Chrysopa notata* Navás, 1910d: 40 (original designation).

（207）彩翼罗草蛉 *Retipenna callioptera* Yang *et* Yang, 1993

Retipenna callioptera Yang *et* Yang, 1993b: 270. **Type locality:** China (Guizhou: Maolan).
Retipenna callioptera: Yang *et al.*, 2005: 283.
分布（**Distribution**）：贵州（GZ）

（208）赵氏罗草蛉 *Retipenna chaoi* Yang *et* Yang, 1987

Retipenna chaoi Yang *et* Yang, 1987: 40. **Type locality:** China (Fujian: Dazhulan).
Retipenna chaoi: Yang *et al.*, 2005: 284.
分布（**Distribution**）：福建（FJ）

（209）中华罗草蛉 *Retipenna chione* (Banks, 1942)

Chrysopa chione Banks, 1942: 189. **Type locality:** China (Sichuan).
Retipenna chione: Yang *et al.*, 2005: 285.
分布（**Distribution**）：四川（SC）

（210）云南罗草蛉 *Retipenna dasyphlebia* (Mclachlan, 1894)

Chrysopa dasyphlebia McLachlan, 1894a: 425. **Type locality:** China (Sichuan).
Chrysopa irrigularis Navás, 1914i: 12. **Type locality:** Unknown.
Retipenna dasyphlebia: Yang *et al.*, 2005: 285.
分布（**Distribution**）：四川（SC）、云南（YN）

（211）滇罗草蛉 *Retipenna diana* Yang *et* Wang, 1994

Retipenna diana Yang *et* Wang, 1994: 66. **Type locality:** China (Yunnan: Xishan).
Retipenna diana: Yang *et al.*, 2005: 286.
分布（**Distribution**）：云南（YN）

（212）淡脉罗草蛉 *Retipenna grahami* (Banks, 1942)

Chrysopa grahami Banks, 1942: 189. **Type locality:** China (Sichuan).
Retipenna grahami: Yang *et al.*, 2005: 287.
分布（**Distribution**）：四川（SC）

（213）广东罗草蛉 *Retipenna guangdongana* Yang *et* Yang, 1987

Retipenna guangdongana Yang *et* Yang, 1987: 41. **Type locality:** China (Hainan: Jianfengling).
Retipenna guangdongana: Yang *et al.*, 2005: 287.
分布（**Distribution**）：海南（HI）

（214）台湾罗草蛉 *Retipenna hasegawai* (Nakahara, 1955)

Chrysopa hasegawai Nakahara, 1955c: 145. **Type locality:** China (Taiwan).
Retipenna hasegawai: Yang *et al.*, 2005: 288.
分布（**Distribution**）：台湾（TW）

（215）华氏罗草蛉 *Retipenna huai* Yang *et* Yang, 1987

Retipenna huai Yang *et* Yang, 1987: 42. **Type locality:** China (Hainan: Jiangfengling).
Retipenna huai: Yang *et al.*, 2005: 289.
分布（**Distribution**）：海南（HI）

（216）紊脉罗草蛉 *Retipenna inordinata* (Yang, 1987)

Chrysopa inordinata Yang, 1987: 205. **Type locality:** China (Xizang: Chayu).
Retipenna inordinata: Yang *et al.*, 2005: 289.
分布（**Distribution**）：西藏（XZ）

（217）瑕罗草蛉 *Retipenna maculosa* Yang *et* Wang, 1994

Retipenna maculosa Yang *et* Wang, 1994: 67. **Type locality:** China (Yunnan: Tengchong).
Retipenna maculosa: Yang *et al.*, 2005: 290.
分布（**Distribution**）：云南（YN）

（218）小罗草蛉 *Retipenna parvula* Yang *et* Wang, 2005

Retipenna parvula Yang *et* Wang, 2005: 292. **Type locality:** China (Sichuan: Jiuzhaigou).

Retipenna parvula: Yang *et al.*, 2005: 292.
分布（**Distribution**）：四川（SC）

（219）四川罗草蛉 *Retipenna sichuanica* Yang, Yang *et* Wang, 1992

Retipenna sichuanica Yang, Yang *et* Wang, 1992: 464. **Type locality:** China (Sichuan: Luding).
Retipenna sichuanica: Yang *et al.*, 2005: 292.
分布（**Distribution**）：四川（SC）

19. 饰草蛉属 *Semachrysa* Brooks, 1983

Semachrysa Brooks, 1983: 6. **Type species:** *Semachrysa minuta* Brooks, 1983: 10 (original designation).
Indochrysa Banks, 1938: 225, 226, 229. Nomen nudum.

（220）退色饰草蛉 *Semachrysa decorata* (Esben-Petersen, 1913)

Chrysopa decorata Esben-Petersen, 1913b: 260. **Type locality:** China (Taiwan).
Chrysopa (*Indochrysa*) *nigribasis* Banks, 1939: 471. **Type locality:** Malaysia (Penang: Straits Settlements).
Semachrysa decorata: Yang *et al.*, 2005: 296.
分布（**Distribution**）：四川（SC）、云南（YN）、福建（FJ）、台湾（TW）、广东（GD）、海南（HI）；日本、菲律宾、马来西亚

（221）广西饰草蛉 *Semachrysa guangxiensis* Yang *et* Yang, 1991

Semachrysa guangxiensis Yang *et* Yang, 1991d: 214. **Type locality:** China (Guangxi: Nonggang).
Semachrysa guangxiensis: Yang *et al.*, 2005: 298.
分布（**Distribution**）：广西（GX）

（222）松村饰草蛉 *Semachrysa matsumurae* (Okamoto, 1914)

Chrysopa matsumurae Okamoto, 1914: 68. **Type locality:** Japan (Kyushu: Fukuoka).
Semachrysa matsumurae: Yang *et al.*, 2005: 298.
分布（**Distribution**）：福建（FJ）、台湾（TW）、广东（GD）、海南（HI）；日本、印度

（223）显脉饰草蛉 *Semachrysa phanera* (Yang, 1987)

Chrysopa phanera Yang, 1987: 206. **Type locality:** China (Xizang: Chayu).
Semachrysa phanera: Yang *et al.*, 2005: 299.
分布（**Distribution**）：西藏（XZ）

（224）多斑饰草蛉 *Semachrysa polystricta* Yang *et* Wang, 1994

Semachrysa polystricta Yang *et* Wang, 1994: 68. **Type locality:** China (Yunnan: Longchuan).
Semachrysa polystricta: Yang *et al.*, 2005: 300.
分布（**Distribution**）：云南（YN）

（225）延安饰草蛉 *Semachrysa yananica* Yang *et* Yang, 1989

Semachrysa yananica Yang *et* Yang, 1989: 26. **Type locality:** China (Shaanxi: Yan'an).
Semachrysa yananica: Yang *et al.*, 2005: 301.
分布（**Distribution**）：陕西（SN）

20. 长柄草蛉属 *Signochrysa* Brooks *et* Barnard, 1990

Signochrysa Brooks *et* Barnard, 1990: 162. **Type species:** *Leucochrysa mira* Navás, [1914] 1913-1914: 110 (original designation).

（226）黑斑长柄草蛉 *Signochrysa ornatissima* (Nakahara, 1955)

Leucochrysa ornatissima Nakahara, 1955c: 144. **Type locality:** China (Taiwan).
Signochrysa ornatissima: Yang *et al.*, 2005: 304.
分布（**Distribution**）：台湾（TW）、海南（HI）

21. 俗草蛉属 *Suarius* Navás, 1914

Suarius Navás, [1914] 1913-1914: 73. **Type species:** *Suarius walsinghami* Navás, [1914] 1913-1914 (original designation).
Vasquenzius Navás, [1914] 1913-1914: 75. **Type species:** *Vasquenzius alisteri* Navás, [1914] 1913-1914 (original designation).
Prochrysopa Tjeder, 1936: 18. **Type species:** *Prochrysopa mongolica* Tjeder, 1936: 18 (original designation).

（227）雅俗草蛉 *Suarius celsus* Yang *et* Yang, 1999

Suarius celsus Yang *et* Yang, 1999: 122. **Type locality:** China (Fujian: Shaxian).
Suarius celsus: Yang *et al.*, 2005: 307.
分布（**Distribution**）：福建（FJ）

（228）戈壁俗草蛉 *Suarius gobiensis* (Tjeder, 1936)

Chrysopa gobiensis Tjeder, 1936: 22. **Type locality:** Mongolia.
Suarius gobiensis: Yang *et al.*, 2005: 308.
分布（**Distribution**）：内蒙古（NM）；蒙古国、伊朗

（229）海南俗草蛉 *Suarius hainanus* Yang *et* Yang, 1991

Suarius hainanus Yang *et* Yang, 1991e: 351. **Type locality:** China (Hainan: Tonghua).
Suarius hainanus: Yang *et al.*, 2005: 309.
分布（**Distribution**）：海南（HI）

（230）钩俗草蛉 *Suarius hamulatus* Yang *et* Yang, 1991

Suarius hamulatus Yang *et* Yang, 1991e: 349. **Type locality:** China (Hainan: Jianfengling).

Suarius hamulatus: Yang *et al.*, 2005: 310.
分布（**Distribution**）：海南（HI）

（231）贺兰俗草蛉 *Suarius helana* (Yang, 1993)

Dichochrysa helana Yang, 1993a: 153. **Type locality:** China (Ningxia: Helanshan).
Suarius helana: Yang *et al.*, 2005: 311.
分布（**Distribution**）：宁夏（NX）

（232）华山俗草蛉 *Suarius huashanensis* Yang *et* Yang, 1989

Suarius huashanensis Yang *et* Yang, 1989: 28. **Type locality:** China (Shaanxi: Huashan).
Suarius huashanensis: Yang *et al.*, 2005: 311.
分布（**Distribution**）：陕西（SN）

（233）蒙古俗草蛉 *Suarius mongolicus* (Tjeder, 1936)

Prochrysa mongolica Tjeder, 1936: 18. **Type locality:** Mongolia.
Suarius mongolicus: Yang *et al.*, 2005: 312.
分布（**Distribution**）：内蒙古（NM）、新疆（XJ）；蒙古国、俄罗斯

（234）南昌俗草蛉 *Suarius nanchanicus* (Navás, 1927)

Chrysopa nanchanicus Navás, 1927d: 22. **Type locality:** Unknown.
Suarius nanchanicus: Yang *et al.*, 2005: 313.
分布（**Distribution**）：江苏（JS）、江西（JX）

（235）端褐俗草蛉 *Suarius posticus* (Navás, 1936)

Chrysopa postiuca Navás, 1936d: 55. **Type locality:** China (Zhejiang: Zhoushan).
Suarius posticus: Yang *et al.*, 2005: 313.
分布（**Distribution**）：浙江（ZJ）

（236）楔唇俗草蛉 *Suarius sphenochilus* Yang *et* Yang, 1991

Suarius sphenochilus Yang *et* Yang, 1991e: 350. **Type locality:** China (Hainan: Jianfengling).
Suarius sphenochilus: Yang *et al.*, 2005: 314.
分布（**Distribution**）：海南（HI）

（237）三纹俗草蛉 *Suarius trilineatus* Yang, 1991

Suarius trilineatus Yang, 1991b: 239. **Type locality:** China (Xinjiang: Shadongkalatuzi).
Suarius trilineatus: Yang *et al.*, 2005: 315.
分布（**Distribution**）：新疆（XJ）

（238）黄褐俗草蛉 *Suarius yasumatsui* (Kuwayama, 1962)

Chrysopa yasumatsui Kuwayama, 1962b: 14. **Type locality:** China (Shanxi).
Suarius yasumatsui: Yang *et al.*, 2005: 316.
分布（**Distribution**）：山西（SX）、陕西（SN）、甘肃（GS）、新疆（XJ）、安徽（AH）、福建（FJ）、广西（GX）

22. 藏草蛉属 *Tibetochrysa* Yang, 1988

Tibetochrysa Yang, 1988: 204. **Type species:** *Tibetochrysa sinica* Yang, 1988: 204 (original designation).

（239）华藏草蛉 *Tibetochrysa sinica* Yang, 1988

Tibetochrysa sinica Yang, 1988: 204. **Type locality:** China (Xizang: Tongmai).
Tibetochrysa sinica: Yang *et al.*, 2005: 318.
分布（**Distribution**）：西藏（XZ）

23. 多阶草蛉属 *Tumeochrysa* Needham, 1909

Tumeochrysa Needham, 1909: 204. **Type species:** *Tumeochrysa indica* Needham, 1909: 204 (original designation).
Chrysoplecta Navás, 1910d: 55. **Type species:** *Chrysoplecta immaculata* Navás, 1910d: 56 (original designation).

（240）胡氏多阶草蛉 *Tumeochrysa hui* Yang, 1987

Tumeochrysa hui Yang, 1987: 209. **Type locality:** China (Xizang: Zhangmu).
Tumeochrysa hui: Yang *et al.*, 2005: 322.
分布（**Distribution**）：西藏（XZ）

（241）无斑多阶草蛉 *Tumeochrysa immaculata* (Navás, 1910)

Chrysoplecta immaculata Navás, 1910d: 56. **Type locality:** China (Tién-Tsuén).
Tumeochrysa immaculata: Yang *et al.*, 2005: 323.
分布（**Distribution**）：天津（TJ）、四川（SC）

（242）台湾多阶草蛉 *Tumeochrysa issikii* (Kuwayama, 1961)

Anomalochrysa issikii Kuwayama, 1961: 15. **Type locality:** China (Taiwan).
Tumeochrysa issikii: Yang *et al.*, 2005: 323.
分布（**Distribution**）：台湾（TW）

（243）长柄多阶草蛉 *Tumeochrysa longiscape* Yang, 1987

Tumeochrysa longiscape Yang, 1987: 208. **Type locality:** China (Xizang: Zhangmu).
Tumeochrysa longiscape: Yang *et al.*, 2005: 324.
分布（**Distribution**）：西藏（XZ）

（244）林芝多阶草蛉 *Tumeochrysa nyingchiana* Yang, 1987

Tumeochrysa nyingchiana Yang, 1987: 208. **Type locality:** China (Xizang: Linzhi).
Tumeochrysa nyingchiana: Yang *et al.*, 2005: 324.
分布（Distribution）：西藏（XZ）

（245）华多阶草蛉 *Tumeochrysa sinica* Yang, 1987

Tumeochrysa sinica Yang, 1987: 210. **Type locality:** China (Xizang: Zhangmu).
Tumeochrysa sinica: Yang *et al.*, 2005: 325.
分布（Distribution）：西藏（XZ）

（246）西藏多阶草蛉 *Tumeochrysa tibetana* Yang, 1987

Tumeochrysa tibetana Yang, 1987: 210. **Type locality:** China (Xizang: Zhangmu).
Tumeochrysa tibetana: Yang *et al.*, 2005: 326.
分布（Distribution）：西藏（XZ）

（247）云多阶草蛉 *Tumeochrysa yunica* Yang, 1986

Tumeochrysa yunica Yang, 1986b: 161. **Type locality:** China (Yunnan: Dali).
Tumeochrysa yunica: Yang *et al.*, 2005: 327.
分布（Distribution）：云南（YN）

24. 黄草蛉属 *Xanthochrysa* Yang *et* Yang, 1991

Xanthochrysa Yang *et* Yang, 1991: 207. **Type species:** *Xanthochrysa hainana* Yang *et* Yang, 1991a: 207 (original designation).

（248）海南黄草蛉 *Xanthochrysa hainana* Yang *et* Yang, 1991

Xanthochrysa hainana Yang *et* Yang, 1991a: 207. **Type locality:** China (Hainan: Yaxian).
Xanthochrysa hainana: Yang *et al.*, 2005: 329.
分布（Distribution）：海南（HI）

25. 云草蛉属 *Yunchrysopa* Yang *et* Wang, 1994

Yunchrysopa Yang *et* Wang, 1994: 69. **Type species:** *Yunchrysopa tropica* Yang *et* Wang, 1994: 70 (original designation).

（249）热带云草蛉 *Yunchrysopa tropica* Yang *et* Wang, 1994

Yunchrysopa tropica Yang *et* Wang, 1994: 70. **Type locality:** China (Yunnan: Jinghong).
Yunchrysopa tropica: Yang *et al.*, 2005: 330.
分布（Distribution）：云南（YN）

幻草蛉亚科 Nothochrysinae Navás, 1910

26. 幻草蛉属 *Nothochrysa* McLachlan, 1868

Nothochrysa McLachlan, 1868: 195. **Type species:** *Chrysopa fulviceps* Stephens, 1836: 101 (designated by Banks, 1903: 142).
Nathanica Navás, 1913h: 180. **Type species:** *Hemerobius capitatus* Fabricius, 1793: 82 (original designation).

（250）中华幻草蛉 *Nothochrysa sinica* Yang, 1986

Nothochrysa sinica Yang, 1986a: 278. **Type locality:** China (Shaanxi: Ningshan).
Nothochrysa sinica: Yang *et al.*, 2005: 335.
分布（Distribution）：陕西（SN）、宁夏（NX）、甘肃（GS）、湖北（HB）

27. 华草蛉属 *Sinochrysa* Yang, 1992

Sinochrysa Yang, 1992c: 448. **Type species:** *Sinochrysa hengduana* Yang, 1992c: 449 (original designation).

（251）横断华草蛉 *Sinochrysa hengduana* Yang, 1992

Sinochrysa hengduana Yang, 1992c: 449. **Type locality:** China (Sichuan: Litang).
Sinochrysa hengduana: Yang *et al.*, 2005: 336.
分布（Distribution）：四川（SC）、云南（YN）、西藏（XZ）

蛾蛉科 Ithonidae Newman, 1853

1. 山蛉属 *Rapisma* McLachlan, 1866

Rapisma McLachlan, 1866: 353. **Type species:** *Hemerobius viridipennis* Walker, 1853: 276 (original designation).

（1）傣族山蛉 *Rapisma daianum* Yang, 1993

Rapisma daianum Yang, 1993a: 147. **Type locality:** China (Yunnan: Menghai).
分布（Distribution）：云南（YN）

（2）西藏山蛉 *Rapisma xizangense* Yang, 1993

Rapisma xizangense Yang, 1993a: 148. **Type locality:** China (Xizang: Jigong).
Rapisma zayuanum Yang, 1993a: 149. **Type locality:** China (Xizang: Jigong).
分布（Distribution）：西藏（XZ）

（3）炎黄山蛉 *Rapisma yanhuangi* Yang, 1993

Rapisma yanhuangi Yang, 1993a: 147. **Type locality:** China (Sichuan: Chongqing).
分布（Distribution）：四川（SC）

蝶蛉科 Psychopsidae Handlirsch, 1906

1. 巴蝶蛉属 *Balmes* Navás, 1910

Balmes Navás, 1910f: 85. **Type species:** *Balmes terissinus* Navás, 1910f: 85 (monotypy).
Orientichopsis Kuwayama, 1927b: 125. **Type species:** *Psychopsis* (*Orientichopsis*) *formosa* Kuwayama, 1927: 123 (original designation).

（1）滇缅巴蝶蛉 *Balmes birmanus* (McLachlan, 1891)

Psychopsis birmanus McLachlan, 1891a: 321. **Type locality:** Myanmar.
分布（Distribution）：云南（YN）；缅甸

（2）集昆巴蝶蛉 *Balmes chikuni* Wang, 2006

Balmes chikuni Wang, 2006: 846. **Type locality:** China (Guangxi: Nonggang).
分布（Distribution）：广西（GX）

（3）丽东巴蝶蛉 *Balmes formosus* (Kuwayama, 1927)

Psichopsis (*Orientichopsis*) *formosa* Kuwayama, 1927: 123. **Type locality:** China (Taiwan: Nantou).
分布（Distribution）：福建（FJ）、台湾（TW）；日本

（4）显赫巴蝶蛉 *Balmes notabilis* Navás, 1912

Balmes notabilis Navás, 1912b: 197. **Type locality:** China (Yunnan).
分布（Distribution）：云南（YN）；越南、老挝

（5）川贵巴蝶蛉 *Balmes terissinus* Navás, 1910

Balmes terissinus Navás, 1910f: 85. **Type locality:** China (Sichuan: Kangding).
分布（Distribution）：四川（SC）、贵州（GZ）

旌蛉科 Nemopteridae Burmeister, 1839

1. 旌蛉属 *Nemopistha* Navás, 1910

Nemopistha Navás, 1910g: 379. **Type species:** *Nemoptera imperatrix* Westwood, 1867: 507 (original designation).

（1）中华旌蛉 *Nemopistha sinica* Yang, 1986

Nemopistha sinica Yang, 1986b: 428. **Type locality:** China (Yunnan: Lushui).
分布（Distribution）：云南（YN）

蚁蛉科 Myrmeleontidae Latreille, 1802

蚁蛉亚科 Myrmeleontinae Latreille, 1802

树蚁蛉族 Dendroleontini Banks, 1899

1. 无距蚁蛉属 *Bankisus* Navás, 1912

Bankisus Navás, 1912a: 45. **Type species:** *Bankisus oculatus* Navás, 1912a: 46 (monotypy).
Navasius Esben-Petersen, 1936: 202. **Type species:** *Navasius elegantulus* Esben-Petersen, 1936: 203 (original designation).

（1）无距蚁蛉 *Bankisus sparsus* Zhan *et* Wang, 2012

Bankisus sparsus Zhan *et* Wang, 2012: 41. **Type locality:** China (Guangxi: Xiangzhou).
分布（Distribution）：广西（GX）

2. 帛蚁蛉属 *Bullanga* Navás, 1917

Bullanga Navás, 1917a: 15. **Type species:** *Bullanga binaria* Navás, 1917a: 15 (monotypy).

（2）币帛蚁蛉 *Bullanga binaria* Navás, 1917

Bullanga binaria Navás, 1917a: 15. **Type locality:** Vietnam (Lao Cai: Chapa).
分布（Distribution）：中国；越南

（3）长裳帛蚁蛉 *Bullanga florida* (Navás, 1913)

Glenurus florida Navás, 1913a: 10. **Type locality:** China (Zhejiang: Ningpo).
分布（Distribution）：河南（HEN）、陕西（SN）、浙江（ZJ）、湖南（HN）、湖北（HB）、四川（SC）、贵州（GZ）、云南（YN）、福建（FJ）；印度尼西亚

（4）英帛蚁蛉 *Bullanga insolita* (Banks, 1940)

Dendroleon insolita Banks, 1940: 193. **Type locality:** China (Sichuan).
分布（Distribution）：四川（SC）

3. 树蚁蛉属 *Dendroleon* Brauer, 1866

Dendroleon Brauer, 1866: 42. **Type species:** *Myrmeleon pantherinus* Fabricius, 1787: 249 (designated by Hagen, 1873: 394).
Neglurus Navás, 1912b: 171. **Type species:** *Neglurus vitripennis* Navás, 1912b: 171 (monotypy).
Borbon Navás, 1914a: 111. **Type species:** *Borbon regius* Navás, 1914a: 112 (monotypy).

Pantherleon Yang, 1986b: 424. **Type species:** *Pantherleon longicruris* Yang, 1986b: 424 (monotypy).

（5）丽翅树蚁蛉 *Dendroleon callipterum* Wan *et* Wang, 2004

Dendroleon callipterum Wan *et* Wang, 2004: 502. **Type locality:** China (Guangxi: Napo).

分布（Distribution）：广西（GX）

（6）少纹树蚁蛉 *Dendroleon esbenpeterseni* Miller *et* Stange, 1999

Dendroleon esbenpeterseni Miller *et* Stange, 1999: 48. **Type locality:** China (Taiwan).

分布（Distribution）：台湾（TW）

（7）镰翅树蚁蛉 *Dendroleon falcatus* Zhan *et* Wang, 2012

Dendroleon falcatus Zhan *et* Wang, 2012: 64. **Type locality:** China (Xizang: Medog).

分布（Distribution）：西藏（XZ）

（8）李氏树蚁蛉 *Dendroleon lii* Wan *et* Wang, 2004

Dendroleon lii Wan *et* Wang, 2004: 502. **Type locality:** China (Guangxi: Nonggang).

分布（Distribution）：广西（GX）

（9）长腿树蚁蛉 *Dendroleon longicruris* (Yang, 1986)

Pantheroleon longicruris Yang, 1986b: 424. **Type locality:** China (Yunnan: Yongde).

Dendroleon perlistigma Wan *et* Wang, 2004: 505. **Type locality:** China (Guangxi: Longsheng).

分布（Distribution）：云南（YN）、广西（GX）、海南（HI）

（10）墨脱树蚁蛉 *Dendroleon motuoensis* Wang *et* Wang, 2008

Dendroleon motuoensis Wang *et* Wang, 2008: 43. **Type locality:** China (Xizang: Medog).

分布（Distribution）：西藏（XZ）

（11）褐纹树蚁蛉 *Dendroleon pantherinus* (Fabricius, 1787)

Myrmeleon pantherinus Fabricius, 1787: 249. **Type locality:** Austria.

Myrmeleon ocellatum Borkhausen, 1791: 161. **Type locality:** Germany (Darmstadt).

分布（Distribution）：内蒙古（NM）、河北（HEB）、北京（BJ）、山西（SX）、山东（SD）、陕西（SN）、宁夏（NX）、甘肃（GS）、浙江（ZJ）、湖北（HB）、福建（FJ）；欧洲

（12）中华树蚁蛉 *Dendroleon similis* Esben-Petersen, 1923

Dendroleon similis Esben-Petersen, 1923: 89. **Type locality:** China (Tianjin).

分布（Distribution）：辽宁（LN）、河北（HEB）、天津（TJ）、北京（BJ）、山东（SD）、甘肃（GS）；蒙古国、印度尼西亚

（13）扑树蚁蛉 *Dendroleon pupillaris* (Gerstaecker, 1893)

Glenurus pupillaris Gerstaecker, 1893: 120. **Type locality:** Japan (Yokohama).

分布（Distribution）：中国；日本

4. 溪蚁蛉属 *Epacanthaclisis* Okamoto, 1910

Epacanthaclisis Okamoto, 1910c: 285. **Type species:** *Epacanthaclisis moiwanus* Okamoto, 1905: 115 (original designation).

Botuleon Yang, 1986b: 423. **Type species:** *Botuleon maculosus* Yang, 1986b: 424 (original designation).

（14）隐纹溪蚁蛉 *Epacanthaclisis amydrovittata* Wan *et* Wang, 2010

Epacanthaclisis amydrovittata Wan *et* Wang, 2010: 47. **Type locality:** China (Gansu: Lazikou).

分布（Distribution）：甘肃（GS）、四川（SC）

（15）班克溪蚁蛉 *Epacanthaclisis banksi* Krivokhatsky, 1998

Epacanthaclisis banksi Krivokhatsky, 1998: 47. **Type locality:** China (Sichuan).

分布（Distribution）：甘肃（GS）、四川（SC）

（16）巴塘溪蚁蛉 *Epacanthaclisis batangana* Yang, 1992

Epacanthaclisis batangana Yang, 1992c: 447. **Type locality:** China (Sichuan).

分布（Distribution）：四川（SC）

（17）陆溪蚁蛉 *Epacanthaclisis continentalis* Esben-Petersen, 1935

Epacanthaclisis continentalis Esben-Petersen, 1935: 233. **Type locality:** India (Jammu and Kashmir: Kataklik, Shyok Valley, Sillem).

分布（Distribution）：北京（BJ）、山西（SX）、河南（HEN）、陕西（SN）、四川（SC）、云南（YN）、西藏（XZ）、海南（HI）；塔吉克斯坦、阿富汗、印度

（18）多斑溪蚁蛉 *Epacanthaclisis maculosus* (Yang, 1986)

Botuleon maculosus Yang, 1986b: 423. **Type locality:** China (Yunnan: Tengchong).

分布（Distribution）：云南（YN）

（19）小斑溪蚁蛉 *Epacanthaclisis maculatus* (Yang, 1986)

Botuleon maculatus Yang, 1986b: 424. **Type locality:** China

(Yunnan: Huaning).

分布（Distribution）：云南（YN）

（20）闽溪蚁蛉 *Epacanthaclisis minanus* (Yang, 1999)

Botuleon minanus Yang, 1999f: 145. **Type locality:** China (Fujian: Sangang).

分布（Distribution）：陕西（SN）、浙江（ZJ）、湖北（HB）、贵州（GZ）、福建（FJ）、广西（GX）

（21）墨溪蚁蛉 *Epacanthaclisis moiwanus* (Okamoto, 1905)

Acanthaclisis moiwanus Okamoto, 1905: 115. **Type locality:** Japan (Hokkaido: Jvozankei).

分布（Distribution）：四川（SC）；日本

（22）宁陕溪蚁蛉 *Epacanthaclisis ningshanus* Wan *et* Wang, 2010

Epacanthaclisis ningshanus Wan *et* Wang, 2010: 52. **Type locality:** China (Shaanxi: Huoditang).

分布（Distribution）：陕西（SN）

5. 锦蚁蛉属 *Gatzara* Navás, 1915

Gatzara Navás, 1915e: 385. **Type species:** *Gatzara jubilaea* Navás, 1915e: 386 (monotypy).

（23）角脉锦蚁蛉 *Gatzara angulineura* (Yang, 1987)

Dendroleon angulineura Yang, 1987: 212. **Type locality:** China (Xizang).

分布（Distribution）：西藏（XZ）

（24）小华锦蚁蛉 *Gatzara decorilla* (Yang, 1997)

Dendroleon decorilla Yang, 1997c: 615. **Type locality:** China (Hubei: Shennongjia).

分布（Distribution）：河南（HEN）、陕西（SN）、甘肃（GS）、浙江（ZJ）、湖北（HB）

（25）华美锦蚁蛉 *Gatzara decorosa* (Yang, 1988)

Dendroleon decorosa Yang, 1988: 207. **Type locality:** China (Xizang: Medog).

分布（Distribution）：西藏（XZ）

（26）黑脉锦蚁蛉 *Gatzara nigrivena* Wang, 2012

Gatzara nigrivena Wang, 2012: 34. **Type locality:** China (Xizang: Hanmi).

分布（Distribution）：西藏（XZ）

（27）丽纹锦蚁蛉 *Gatzara petrophila* Miller *et* Stange, 1999

Gatzara petrophila Miller *et* Stange, 1999: 50. **Type locality:** China (Taiwan).

分布（Distribution）：台湾（TW）

（28）琼花锦蚁蛉 *Gatzara qiongana* (Yang, 2002)

Dendroleon qiongana Yang, 2002a: 296. **Type locality:** China (Hainan).

分布（Distribution）：海南（HI）

6. 雅蚁蛉属 *Layahima* Navás, 1912

Layahima Navás, 1912a: 36. **Type species:** *Layahima nebulosa* Navás, 1912a: 36 (monotypy).

Noues Navás, 1919a: 13. **Type species:** *Noues zonatus* Navás, 1919a: 14 (monotypy).

Asialeon Yang, 1997c: 614. **Type species:** *Asialeon validum* Yang, 1997c: 614 (monotypy).

（29）澜沧雅蚁蛉 *Layahima chiangi* Banks, 1941

Layahima chiangi Banks, 1941: 1. **Type locality:** China (Yunnan).

分布（Distribution）：云南（YN）、西藏（XZ）

（30）美雅蚁蛉 *Layahima elegans* (Banks, 1937)

Noues elegans Banks, 1937: 285. **Type locality:** China (Taiwan: Sakahen).

Dendroleon melanocoris Yang, 1997c: 616. **Type locality:** China (Fujian: Taipingliao).

Dendroleon tripuntatus Yang in Yang *et* Wang, 2002a: 297. **Type locality:** China (Hainan: Jianfengling).

分布（Distribution）：湖北（HB）、四川（SC）、贵州（GZ）、福建（FJ）、台湾（TW）、广西（GX）、海南（HI）

（31）强雅蚁蛉 *Layahima validum* (Yang, 1997)

Asialeon validum Yang, 1997c: 614. **Type locality:** China (Hubei: Shennongjia).

分布（Distribution）：湖北（HB）、广西（GX）

（32）五指山雅蚁蛉 *Layahima wuzhishanus* (Yang, 2002) comb. nov.

Dendroleon wuzhishanus Yang, 2002a: 297. **Type locality:** China (Hainan).

分布（Distribution）：海南（HI）

（33）杨雅蚁蛉 *Layahima yangii* Wan *et* Wang, 2006

Layahima yangii Wan *et* Wang, 2006: 42. **Type locality:** China (Guangxi: Pingxiang).

分布（Distribution）：广西（GX）

棘蚁蛉族 Acanthaclisini Navás, 1912

7. 棘蚁蛉属 *Acanthaclisis* Rambur, 1842

Acanthaclisis Rambur, 1842: 378. **Type species:** *Myrmeleon occitanicum* Villers, 1789: 63 (designated by Hagen, 1873: 391).

（34）尾棘蚁蛉 *Acanthaclisis pallida* McLachlan, 1887

Acanthaclisis pallida Mclachlan, 1887: 453. **Type locality:**

China (Xinjiang: Niya).
Acanthaclisis pallida rufa Navás, 1931a: 62. **Type locality:** Central Asia (Maralbaschi am Kacshgar-Darja Tancre).
分布（Distribution）：内蒙古（NM）、宁夏（NX）、新疆（XJ）；蒙古国、哈萨克斯坦、土库曼斯坦、伊朗、俄罗斯

8. 中大蚁蛉属 *Centroclisis* Navás, 1909

Centroclisis Navás, 1909a: 71. **Type species:** *Centroclisis lanosa* Navás, 1909a: 72 (monotypy).
Neboda Navás, 1911b: 116. **Type species:** *Neboda negligens* Navás, 1911b: 116 (monotypy).
Sogra Navás, 1911f: 240. **Type species:** *Sogra perversa* Navás, 1911f: 240 (monotypy).
Neoclisis Navás, [1914b] 1913-1915: 205. **Type species:** *Neoclisis lineata* Navás, [1914b] 1913-1915: 206 (original designation).
Sograssa Navás, 1924a: 71. **Type species:** *Sogra superba* Navás, 1912b: 161 (original designation).
Stenoclisis Navás, 1932a: 62. **Type species:** *Stenoclisis media* Navás, 1932a: 63 (monotypy).
Alloclisis Yang in Yang *et* Wang, 2002a: 299. **Type species:** *Alloclisis hainanica* Yang in Yang *et* Wang, 2002a: 299 (original designation).

（35）单中大蚁蛉 *Centroclisis negligens* (Navás, 1911)

Neboda negligens Navás, 1911b: 116. **Type locality:** China (Hong Kong).
Alloclisis hainanica Yang in Yang *et* Wang, 2002a: 299. **Type locality:** China (Hainan: Diaoluoshan).
分布（Distribution）：台湾（TW）、广东（GD）、海南（HI）、香港（HK）；马来西亚

9. 亥蚁蛉属 *Heoclisis* Navás, 1923

Heoclisis Navás, 1923a: 12. **Type species:** *Myrmeleon fundatus* Walker, 1853: 320 (original designation).

（36）中华亥蚁蛉 *Heoclisis sinensis* Navás, 1923

Heoclisis sinensis Navás, 1923a: 13. **Type locality:** China (Chen-Chia-Tchareng).
分布（Distribution）：中国

10. 击大蚁蛉属 *Synclisis* Navás, 1919

Synclisis Navás, 1919b: 218. **Type species:** *Acanthaclisis baetica* Rambur, 1842: 379 (original designation).

（37）追击大蚁蛉 *Synclisis japonica* (Hagen, 1866)

Acanthaclisis japonica Hagen, 1866a: 289. **Type locality:** Japan (Jeddo).
分布（Distribution）：辽宁（LN）、河北（HEB）、北京（BJ）、河南（HEN）、陕西（SN）、浙江（ZJ）；日本、韩国、俄罗斯

（38）南击大蚁蛉 *Synclisis kawaii* (Nakahara, 1913)

Acanthaclisis kawaii Nakahara, 1913a: 297. **Type locality:** China (Taiwan: Banshoryo).
分布（Distribution）：福建（FJ）、台湾（TW）、海南（HI）

11. 硕蚁蛉属 *Stiphroneura* Gerstaecker, 1885

Stiphroneura Gerstaecker, [1885] 1884a: 91. **Type species:** *Myrmeleon inclusa* Walker, 1853: 327 (monotypy).
Neriga Navás, 1926a: 79. **Type species:** *Neriga oculata* Navás, 1926a: 80 (monotypy).

（39）黎母硕蚁蛉 *Stiphroneura inclusa* (Walker, 1853)

Myrmeleon inclusa Walker, 1853: 327. **Type locality:** East Indies.
Neriga oculata Navás, 1926a: 80. **Type locality:** East Indies.
Neriga limoiana Yang in Yang *et* Wang, 2002a: 297. **Type locality:** China (Hainan: Limushan).
分布（Distribution）：云南（YN）、海南（HI）；越南、泰国、缅甸、印度

蚁蛉族 Myrmeleontini Latreille, 1802

12. 东蚁蛉属 *Euroleon* Esben-Petersen, 1919

Euroleon Esben-Petersen, [1919] 1919-1920: 125. **Type species:** *Myrmeleon europaeus* McLachlan, 1873a: 137 (monotypy).
Teula Navás, 1930e: 5. **Type species:** *Teula sinica* Navás, 1930e: 6 (monotypy).

（40）朝鲜东蚁蛉 *Euroleon coreanus* (Okamoto, 1926)

Formicaleo coreanus Okamoto, 1926: 19. **Type locality:** Korea (Keijo, Heijo).
Euroleon alienus Navás, 1932b: 111. **Type locality:** Unknown.
Euroleon sanxianus Yang, 1997c: 618. **Type locality:** China (Hubei: Zigui).
Euroleon sinuosus Navás, 1935a: 42. **Type locality:** China (Shaanxi: Taibaishan).
Teula sinica Navás, 1930e: 6. **Type locality:** China (Hebei: Chengde).
分布（Distribution）：辽宁（LN）、内蒙古（NM）、河北（HEB）、北京（BJ）、山西（SX）、山东（SD）、河南（HEN）、陕西（SN）、宁夏（NX）、甘肃（GS）、新疆（XJ）、湖南（HN）、湖北（HB）、四川（SC）、贵州（GZ）；朝鲜、韩国、蒙古国

（41）黄体东蚁蛉 *Euroleon flavicorpus* Wang in Ao *et al.*, 2009

Euroleon flavicorpus Wang in Ao *et al.*, 2009: 53. **Type locality:** China (Shanxi: Yangcheng).
分布（Distribution）：山西（SX）、宁夏（NX）

(42)小东蚁蛉 *Euroleon parvus* Hölzel, 1972

Euroleon parvus Hölzel, 1972: 36. **Type locality:** Afghanistan (Baghlan: Khenjan).

分布(Distribution):甘肃(GS);阿富汗、伊朗

(43)多斑东蚁蛉 *Euroleon polyspilus* (Gerstaecker, 1885)

Myrmeleon polyspilus Gerstaecker, [1885] 1884b: 24. **Type locality:** Russia (Amur).

Euroleon sibiricus Navás, 1927d: 15. **Type locality:** Russia (Baikal).

分布(Distribution):吉林(JL);日本、蒙古国、俄罗斯

(44)肖东蚁蛉 *Euroleon sjostedti* Navás, 1928

Euroleon sjostedti Navás, 1928b: 30. **Type locality:** China (Gansu: Sanchowfu).

分布(Distribution):甘肃(GS)

13. 哈蚁蛉属 *Hagenomyia* Banks, 1911

Hagenomyia Banks, 1911: 8. **Type species:** *Myrmeleon tristis* Walker, 1853: 373 (original designation).

Nelees Navás, 1911f: 244. **Type species:** *Myrmeleon tristis* Walker, 1853: 373 (designated by Navás, 1912i: 406).

Baliga Navás, 1912c: 110. **Type species:** *Myrmeleon asakurae* Okamoto, 1910c: 297 (original designation).

Balaga Navás, 1912c: 111. **Type species:** *Myrmeleon micans* Mclachlan, 1875a: 176 (original designation).

(45)白斑蚁蛉 *Hagenomyia asakurae* (Okamoto, 1910)

Myrmeleon asakurae Okamoto, 1910c: 297. **Type locality:** China (Taiwan: Nantou).

Myrmeleon ochraceopennis Nakahara, 1913a: 299. **Type locality:** China (Taiwan: Horisha).

分布(Distribution):台湾(TW)

(46)窄翅哈蚁蛉 *Hagenomyia angustala* Bao *et* Wang, 2007

Hagenomyia angustala Bao *et* Wang, 2007: 46. **Type locality:** China (Guizhou: Xishui).

分布(Distribution):贵州(GZ)

(47)云痣哈蚁蛉 *Hagenomyia brunneipennis* Esben-Petersen, 1913

Hagenomyia brunneipennis Esben-Petersen, 1913b: 223. **Type locality:** China (Taiwan: Kosempo).

Hagenomyia pterostigma Yang, 1999f: 144. **Type locality:** China (Fujian: Wuyishan).

分布(Distribution):河南(HEN)、浙江(ZJ)、四川(SC)、福建(FJ)、台湾(TW)

(48)连脉哈蚁蛉 *Hagenomyia coalitus* (Yang, 1999)

Myrmeleon coalitus Yang, 1999f: 146. **Type locality:** China (Fujian: Wuyi).

分布(Distribution):贵州(GZ)、福建(FJ)、广东(GD)

(49)连黑哈蚁蛉 *Hagenomyia conjuncta* Yang, 1999

Hagenomyia conjuncta Yang, 1999f: 150. **Type locality:** China (Fujian: Nanping).

分布(Distribution):福建(FJ)、海南(HI)

(50)褐胸哈蚁蛉 *Hagenomyia fuscithoraca* Yang, 1999

Hagenomyia fuscithoraca Yang, 1999f: 150. **Type locality:** China (Fujian: Shanghang).

分布(Distribution):浙江(ZJ)、福建(FJ)

(51)广西哈蚁蛉 *Hagenomyia guangxiensis* Bao *et* Wang, 2007

Hagenomyia guangxiensis Bao *et* Wang, 2007: 46. **Type locality:** China (Guangxi: Jinxiu).

分布(Distribution):广西(GX)

(52)闪烁哈蚁蛉 *Hagenomyia micans* (McLachlan, 1875)

Myrmeleon micans McLachlan, 1875a: 176. **Type locality:** Japan.

分布(Distribution):福建(FJ)、台湾(TW);日本

(53)萨哈蚁蛉 *Hagenomyia sagax* (Walker, 1853)

Myrmeleon sagax Walker, 1853: 382. **Type locality:** Bangladesh (Sylhet).

分布(Distribution):中国;马来西亚、菲律宾、巴布亚新几内亚、缅甸、孟加拉国、印度

(54)苏哈蚁蛉 *Hagenomyia sumatrensis* (van der Weele, 1909)

Myrmeleon sagax sumatrensis van der Weele, 1909d: 34. **Type locality:** Indonesia (Sumatra: Tandjong-Morawa).

Myrmeleon sagax celebensis van der Weele, 1909d: 34. **Type locality:** Indonesia (Sulawesi).

Baliga niten Navás, 1912d: 11. **Type locality:** China (Guizhou: Pin-Fa).

Myrmeleon nigrinus Esben-Petersen, 1927b: 345. **Type locality:** Sri Lanka, Indonesia (Sumatra) and Philippines.

分布(Distribution):贵州(GZ);越南、菲律宾、马来西亚、印度尼西亚、斯里兰卡

14. 蚁蛉属 *Myrmeleon* Linnaeus, 1767

Myrmeleon Linnaeus, 1767: 913. **Type species:** *Myrmeleon formicarium* Linnaeus, 1767: 914 (designated by Latreille, 1810: 435).

Macroleon Banks, 1909b: 4. **Type species:** *Myrmeleon validaus* McLachlan, 1894b: 515 (original designation).

Enza Navás, 1912c: 113. **Type species:** *Enza otiosus* Navás, 1912c: 114 (monotypy).

Myrmeleodes Navás, 1912e: 242. **Type species:** *Myrmeleodes medius* Navás, 1912e: 243 (monotypy).

Moreyus Navás, 1914c: 55. **Type species:** *Moreyus brasiliensis* Navás, 1914c: 55 (monotypy).

Morter Navás, 1915f: 466. **Type species:** *Myrmeleon hyalinum* Olivier, 1811: 126 (original designation).

Neleon Navás, 1915a: 53. **Type species:** *Myrmeleon immaculatum* De Geer, 1773: 564 (original designation).

Neseurus Navás, 1916c: 53. **Type species:** *Myrmeleon alternans* Brullé in Webb *et* Berthelot, 1839: 83 (original designation).

Cocius Navás, 1919c: 296. **Type species:** *Cocius angustatus* Navás, 1919c: 297 (monotypy).

Myrmeleonellus Esben-Petersen, 1918a: 17. **Type species:** *Myrmeleonellus pallidus* Esben-Petersen, 1918a: 18 (monotypy).

Leptoleon Esben-Petersen, 1918a: 18. **Type species:** *Leptoleon regularius* Esben-Petersen, 1918a: 18 (monotypy).

Dicholeon Navás, 1920b: 193. **Type species:** *Dicholeon nigritarsis* Navás, 1920b: 193 (monotypy).

Tafanerus Navás, [1921] 1919: 62. **Type species:** *Tafanerus indicus* Navás, [1921] 1919: 63 (original designation).

Talosus Navás, 1923b: 35. **Type species:** *Talosus oberthuri* Navás, 1923b: 35 (monotypy).

Banya Navás, 1923c: 145. **Type species:** *Banya trifasciata* Navás, 1923c: 145 (monotypy).

Grocus Navás, 1925d: 185. **Type species:** *Grocus gerstaeckeri* Navás, 1925d: 185 (original designation).

Colinus Navás, 1925d: 187. **Type species:** *Colinus philippinus* Navás, 1925d: 187 (monotypy).

Afroleon Navás, 1927e: 13. **Type species:** *Afroleon basutus* Navás, 1927e: 13 (monotypy).

Neurocolinus Navás, 1930a: 42. **Type species:** *Colinus philippinus* Navás, 1925d: 187 (monotypy).

Nemeyus Navás, 1934c: 502. **Type species:** *Nemeyus sanaanus* Navás, 1934c: 503 (monotypy).

Nezuela Navás, 1934d: 155. **Type species:** *Nezuela geayana* Navás, 1934d: 156 (monotypy).

Bordus Navás, 1936a: 165. **Type species:** *Bordus temeratus* Navás, 1936a: 166 (monotypy).

Congoleon Navás, 1936b: 337. **Type species:** *Congoleon sociatus* Navás, 1936b: 337 (monotypy).

Hypsoleon Navás, 1936c: 103. **Type species:** *Hypsoleon chappuisinus* Navás, 1936c: 103 (monotypy).

Nelneja Navás, 1936c: 104. **Type species:** *Nelneja guttata* Navás, 1936c: 105 (monotypy).

（55）双斑蚁蛉 *Myrmeleon bimaculatus* Yang, 1999

Myrmeleon bimaculatus Yang, 1999f: 149. **Type locality:** China (Fujian: Nanping).

分布（Distribution）：浙江（ZJ）、福建（FJ）、广东（GD）、广西（GX）、海南（HI）

（56）钩臀蚁蛉 *Myrmeleon bore* (Tjeder, 1941)

Grocus bore Tjeder, 1941a: 74. **Type locality:** Sweden and Norway.

Enza otiosus Navás, 1912c: 114. **Type locality:** Japan.

Myrmeleon exigus Yang, 1999f: 148. **Type locality:** China (Fujian: Dongshan).

分布（Distribution）：河北（HEB）、北京（BJ）、山西（SX）、山东（SD）、河南（HEN）、陕西（SN）、湖北（HB）、四川（SC）、福建（FJ）、台湾（TW）；日本、韩国、澳大利亚；欧洲

（57）环蚁蛉 *Myrmeleon circulis* Bao *et* Wang, 2006

Myrmeleon circulis Bao et Wang, 2006: 126. **Type locality:** China (Fujian: Jian-ou).

分布（Distribution）：湖北（HB）、贵州（GZ）、福建（FJ）、广西（GX）

（58）锈翅蚁蛉 *Myrmeleon ferrugineipennis* Bao *et* Wang, 2009

Myrmeleon ferrugineipennis Bao *et* Wang, 2009: 20. **Type locality:** China (Guizhou: Daozhen).

分布（Distribution）：贵州（GZ）

（59）泛蚁蛉 *Myrmeleon formicarius* Linnaeus, 1767

Myrmeleon formicarius Linnaeus, 1767: 914. **Type locality:** Europe.

Hemerobius formicalynx Linnaeus, 1758: 550. **Type locality:** Europe.

Hemerrobius formicaleonis Linnaeus, 1746: 222. Nomen nudum.

Myrmeleon innotatus Rambur, 1842: 406. **Type locality:** Europe.

Myrmeleon nigrivenosus Okamoto, 1905: 116. **Type locality:** Europe.

分布（Distribution）：新疆（XJ）；欧洲

（60）棕蚁蛉 *Myrmeleon fuscus* Yang, 1999

Myrmeleon fuscus Yang, 1999f: 147. **Type locality:** China (Fujian: Shaxian).

分布（Distribution）：湖北（HB）、贵州（GZ）、福建（FJ）、广东（GD）、广西（GX）

（61）浅蚁蛉 *Myrmeleon immanis* Walker, 1853

Myrmeleon immanis Walker, 1853: 381. **Type locality:** China.

Myrmeleon ambiguous Klapálek, 1901: 209. **Type locality:** Russia (Sibirien).

Myrmeleon medialis Navás, 1932b: 110. **Type locality:** China.

Myrmeleon procubitails Navás, 1935a: 41. New name for *Myrmeleon medialis* Navás, 1932b: 110, preoccupied by *Myrmeleon medialis* Banks, 1911: 11.

Grous pallens Hölzel, 1970a: 255. **Type locality:** Mongolia (Aimak Bulgan).

分布（Distribution）：内蒙古（NM）、河北（HEB）、北京（BJ）、山西（SX）、山东（SD）、河南（HEN）、陕西（SN）、新疆（XJ）、四川（SC）、福建（FJ）；蒙古国、俄罗斯、

罗马尼亚

(62) 角蚁蛉 *Myrmeleon trigonois* Bao *et* Wang, 2006

Myrmeleon trigonois Bao *et* Wang, 2006: 129. **Type locality:** China (Yunnan: Deqin).

分布(Distribution):四川(SC)、云南(YN)

(63) 狭翅蚁蛉 *Myrmeleon trivialis* Gerstaecker, 1885

Myrmeleon trivialis Gerstaecker, [1885] 1884b: 23. **Type locality:** Himalaya.

分布(Distribution):河南(HEN)、陕西(SN)、贵州(GZ)、云南(YN)、西藏(XZ)、广西(GX);泰国、印度、尼泊尔、巴基斯坦

(64) 克瑞蚁蛉 *Myrmeleon krempfi* Navás, 1923

Myrmeleon krempfi Navás, [1923d] 1919: 182. **Type locality:** Vietnam (central Vietnam).

分布(Distribution):中国;越南

(65) 内卡蚁蛉 *Myrmeleon nekkacus* Okamoto, 1934

Myrmeleon nekkacus Okamoto, 1934: 101. **Type locality:** China (Liaoning: Lingyuan).

分布(Distribution):辽宁(LN)

(66) 苏勒蚁蛉 *Myrmeleon solers* Walker, 1853

Myrmeleon solers Walker, 1853: 367. **Type locality:** China.

分布(Distribution):中国

(67) 褐跗蚁蛉 *Myrmeleon alticola* Miller *et* Stange, 1999

Myrmeleon alticola Miller *et* Stange, 1999: 61. **Type locality:** China (Taiwan: Taoyuan).

分布(Distribution):台湾(TW)

(68) 海氏蚁蛉 *Myrmeleon heppneri* Miller *et* Stange, 1999

Myrmeleon heppneri Miller *et* Stange, 1999: 63. **Type locality:** China (Taiwan: Taipei).

分布(Distribution):台湾(TW)

(69) 胸纹蚁蛉 *Myrmeleon littoralis* Miller *et* Stange, 1999

Myrmeleon littoralis Miller *et* Stange, 1999: 64. **Type locality:** China (Taiwan: Miaoli).

分布(Distribution):台湾(TW)

(70)臀腋蚁蛉 *Myrmeleon persimilis* Miller *et* Stange, 1999

Myrmeleon persimilis Miller *et* Stange, 1999: 67. **Type locality:** China (Taiwan: Pingtung).

分布(Distribution):台湾(TW)

(71) 沙井蚁蛉 *Myrmeleon punctinervis* Banks, 1937

Myrmeleon punctinervis Banks, 1937: 287. **Type locality:** China (Taiwan: Hori).

分布(Distribution):台湾(TW)

(72) 台湾蚁蛉 *Myrmeleon taiwanensis* Miller *et* Stange, 1999

Myrmeleon taiwanensis Miller *et* Stange, 1999: 61. **Type locality:** China (Taiwan: Pingtung).

分布(Distribution):台湾(TW)

(73) 王氏蚁蛉 *Myrmeleon wangi* Miller *et* Stange, 1999

Myrmeleon wangi Miller *et* Stange, 1999: 61. **Type locality:** China (Taiwan: Hualien).

分布(Distribution):台湾(TW)

恩蚁蛉族 Nemoleontini Banks, 1911

15. 平肘蚁蛉属 *Creoleon* Tillyard, 1918

Creoleon Tillyard, 1918: 436. **Type species:** *Myrmeleon plumbeus* Olivier, 1811: 126 (subsequent designation [of *Creagris* Hagen, 1860]).

Creagris Hagen, 1860a: 364. **Type species:** *Myrmeleon plumbeus* Olivier, 1811: 126 (designated by Banks, 1911: 14).

Gama Navás, 1912d: 57. **Type species:** *Creagris inclitus* Péringuey, 1910: 445 (original designation).

Mauroleo Navás, 1920c: 286. **Type species:** *Mauroleo turbidus* Navás, 1920c: 286 (monotypy).

Allogama Markl, 1954: 242. **Type species:** *Creagris inclitus* Péringuey, 1910: 445 (original designation).

(74) 埃及平肘蚁蛉 *Creoleon aegyptiacus* (Rambur, 1842)

Myrmeleon aegyptiacus Rambur, 1842: 393. **Type locality:** Egypt.

Myrmeleon v-nigrum Rambur, 1842: 394. **Type locality:** Spain (Andalusia).

Myrmeleon submaculosus Rambur, 1842: 396. **Type locality:** Spain (Andalusia).

Myrmeleon falcipennis Costa, 1883: 55. **Type locality:** Unknown.

Creoleon v-nigrum collina Navás, 1919b: 220. **Type locality:** Spain (Tuy).

分布(Distribution):新疆(XJ);欧洲、非洲

(75) 闽平肘蚁蛉 *Creoleon cinnamomea* (Navás, 1913)

Creagris cinnamomea Navás, 1913b: 276. **Type locality:** Sri Lanka.

Creoleon minanus Yang, 1999f: 153. **Type locality:** China (Fujian: Fuzhou).

分布(Distribution):云南(YN)、福建(FJ);斯里兰卡

（76）朴平肘蚁蛉 *Creoleon plumbeus* (Olivier, 1811)

Myrmeleon plumbeus Olivier, 1811: 126. **Type locality:** Unknown.

Myrmeleon tabidus Eversmann, 1841: 359. **Type locality:** Unknown.

Creagris plumbeus maculosa Navás, 1927f: 80. **Type locality:** Spain.

分布（Distribution）：新疆（XJ）；欧洲、非洲

16. 波翅蚁蛉属 *Cymatala* Yang, 1986

Cymatala Yang, 1986b: 424. **Type species:** *Cymatala pallora* Yang, 1986b: 424 (monotypy).

（77）浅波翅蚁蛉 *Cymatala pallora* Yang, 1986

Cymatala pallora Yang, 1986b: 424. **Type locality:** China: (Yunnan: Baoshan).

分布（Distribution）：云南（YN）

17. 次蚁蛉属 *Deutoleon* Navás, 1927

Deutoleon Navás, 1927d: 18. **Type species:** *Deutoleon turanicus* Navás, 1927d: 19 (original designation).

（78）条斑次蚁蛉 *Deutoleon lineatus* (Fabricius, 1798)

Myrmeleon lineatus Fabricius, 1798: 205. **Type locality:** Russia (Dom).

Myrmeleon ornatum Olivier, 1811: 123. **Type locality:** Unknown.

Myrmeleon sibiricum Fischer von Waldheim, 1822: 45. **Type locality:** Unknown.

Myrmeleon bilunis Hagen, 1858b: 123. Nomen nudum.

分布（Distribution）：吉林（JL）、辽宁（LN）、内蒙古（NM）、河北（HEB）、北京（BJ）、山西（SX）、山东（SD）、河南（HEN）、陕西（SN）、宁夏（NX）、甘肃（GS）、新疆（XJ）；韩国、蒙古国、哈萨克斯坦、吉尔吉斯斯坦、土耳其、俄罗斯、乌克兰、罗马尼亚、匈牙利

（79）图兰次蚁蛉 *Deutoleon turanicus* Navás, 1927

Deutoleon turanicus Navás, 1927d: 19. **Type locality:** Russia (Baikai).

分布（Distribution）：内蒙古（NM）、河北（HEB）、北京（BJ）、山西（SX）、陕西（SN）、宁夏（NX）、甘肃（GS）、新疆（XJ）；蒙古国、俄罗斯

18. 距蚁蛉属 *Distoleon* Banks, 1910

Distoleon Banks, 1910a: 42. **Type species:** *Distoleon verticalis* Banks, 1910a: 42 (original designation).

Formicaleo Brauer, 1855: 719. **Type species:** *Myrmeleon tetrammicus* Fabricius, 1798: 205 (original designation).

Eidoleon Esben-petersen, 1918a: 15. **Type species:** *Myrmeleon bistrigatus* Rambur, 1842: 391 (original designation).

Salvaza Navás, 1917b: 12. **Type species:** *Salvaza cornutus* Navás, 1917b: 12 (monotypy).

Feinerus Navás, 1919d: 190. **Type species:** *Feinerus umbratus* Navás, 1919d: 191 (original designation).

Nefeirus Navás, 1926b: 103. **Type species:** *Nefeirus maesi* Navás, 1926b: 104 (monotypy).

Dolicholeon Navás, 1929f: 190. **Type species:** *Formicaleo substigmalis* Navás, 1917b: 10 (original designation).

Hyloleon Navás, 1929f: 188. **Type species:** *Hyloleon rhodocerus* Navás, 1929f: 189 (monotypy).

Nasma Navás, 1930b: 409. **Type species:** *Nasma coreana* Navás, 1930b: 410 (monotypy).

Feina Navás, 1931b: 263. **Type species:** *Feina languida* Navás, 1931b: 264 (monotypy).

Vessa Navás, 1931b: 265. **Type species:** *Vessa guttata* Navás, 1931b: 266 (monotypy).

Formileo Navás, 1933e: 312. **Type species:** *Formileo collartinus* Navás, 1933e: 312 (monotypy).

Nima Navás, 1935b: 53. **Type species:** *Nima somalica* Navás, 1935b: 54 (monotypy).

（80）李斑距蚁蛉 *Distoleon binatus* Yang, 1987

Distoleon binatus Yang, 1987: 212. **Type locality:** China (Xizang).

分布（Distribution）：西藏（XZ）

（81）差翅距蚁蛉 *Distoleon bistrigatus* (Rambur, 1842)

Myrmeleon bistrigatus Rambur, 1842: 391. **Type locality:** France (French Polynesia).

Formicaleo acuminatus Okamoto, 1910c: 290. **Type locality:** Japan (Ryukyu).

Formicaleon brahmanicus Banks, 1913a: 142. **Type locality:** India (Bihar).

Myrmeleon striola Walker, 1853: 340. **Type locality:** Unknown.

Myrmeleon torvus Walker, 1853: 341. **Type locality:** Unknown.

Formicaleo yapeyamensis Matsumura, 1931: 1156. **Type locality:** Unknown.

分布（Distribution）：广西（GX）；印度、澳大利亚、法属玻利尼西亚、日本

（82）多格距蚁蛉 *Distoleon cancellosus* Yang, 1987

Distoleon cancellosus Yang, 1987: 213. **Type locality:** China (Xizang).

分布（Distribution）：河南（HEN）、浙江（ZJ）、湖南（HN）、贵州（GZ）、云南（YN）、西藏（XZ）、福建（FJ）、广东（GD）、广西（GX）、海南（HI）

（83）考距蚁蛉 *Distoleon cornutus* (Navás, 1917)

Salvaza cornutus Navás, 1917b: 12. **Type locality:** Vietnam

(Quang Ien).
分布（Distribution）：中国；越南

（84）迪距蚁蛉 *Distoleon dirus* (Walker, 1853)

Myrmeleon dirus Walker, 1853: 346. **Type locality:** Sri Lanka.
分布（Distribution）：福建（FJ）、海南（HI）；马来西亚、新几内亚、瓦努阿图、缅甸、印度、斯里兰卡

（85）毛距蚁蛉 *Distoleon formosanus* (Okamoto, 1910)

Formicaleo formosanus Okamoto, 1910c: 291. **Type locality:** China (Taiwan: Horisha).
Feinerus formosanus Navás, 1926c: 112. **Type locality:** China (Taiwan: Kosempo).
分布（Distribution）：台湾（TW）

（86）古距蚁蛉 *Distoleon guttulatus* (Navás, 1926)

Feinerus guttulatus Navás, 1926e: 60. **Type locality:** China (Yunnan: San Neu Kai).
分布（Distribution）：云南（YN）

（87）粗腿蚁蛉 *Distoleon littolalis* Miller *et* Stange, 1999

Distoleon littolalis Miller *et* Stange, 1999: 53. **Type locality:** China (Taiwan: Ilan).
分布（Distribution）：台湾（TW）

（88）黑斑距蚁蛉 *Distoleon nigricans* (Matsumura, 1905)

Myrmeleon nigricans Matsumura, 1905: 116. **Type locality:** Japan.
Myrmeleon obsletus Nawa, 1905: 446. Nomen nudum.
分布（Distribution）：河北（HEB）、北京（BJ）、山东（SD）、河南（HEN）、陕西（SN）、安徽（AH）、浙江（ZJ）、湖南（HN）、湖北（HB）、贵州（GZ）、福建（FJ）；日本、韩国

（89）衬斑距蚁蛉 *Distoleon subtentus* Yang, 1986

Distoleon subtentus Yang, 1986b: 427. **Type locality:** China (Yunnan: Yunxian).
分布（Distribution）：云南（YN）

（90）紊脉距蚁蛉 *Distoleon symphineurus* Yang, 1986

Distoleon symphineurus Yang, 1986b: 427. **Type locality:** China (Yunnan: Dongchuan).
分布（Distribution）：四川（SC）、云南（YN）、西藏（XZ）

（91）棋腹距蚁蛉 *Distoleon tesselatus* Yang, 1986

Distoleon tesselatus Yang, 1986b: 426. **Type locality:** China (Yunnan: Jinghong).
分布（Distribution）：云南（YN）

（92）西藏距蚁蛉 *Distoleon tibetanus* Yang, 1988

Distoleon tibetanus Yang, 1988: 206. **Type locality:** China (Xizang).
分布（Distribution）：西藏（XZ）

（93）云南距蚁蛉 *Distoleon yunnanus* Yang, 1986

Distoleon yunnanus Yang, 1986b: 426. **Type locality:** China (Yunnan: Zhaotong).
分布（Distribution）：安徽（AH）、贵州（GZ）、云南（YN）

19. 臀蚁蛉属 *Distonemurus* Krivokhatsky, 1992

Distonemurus Krivokhatsky, 1992: 410. **Type species:** *Distonemurus desertus* Krivokhatsky, 1992: 411 (original designation).

（94）沙臀蚁蛉 *Distonemurus desertus* Krivokhatsky, 1992

Distonemurus desertus Krivokhatsky, 1992: 411. **Type locality:** Unknown.
分布（Distribution）：新疆（XJ）；土库曼斯坦

20. 纤蚁蛉属 *Glenurus* Hagen, 1866

Glenurus Hagen, 1866b: 372, 405. **Type species:** *Formicaleo grata* Say, 1839: 45 (designated by Banks, 1927: 67).
Ledoscius Navás, 1918d: 493. **Type species:** *Ledoscius penningtoni* Navás, 1918d: 493 (monotypy).

（95）微点纤蚁蛉 *Glenurus atomatus* Yang, 1986

Glenurus atomatus Yang, 1986b: 425. **Type locality:** China (Yunnan: Midu).
分布（Distribution）：云南（YN）

（96）棕边纤蚁蛉 *Glenurus fuscilomus* Yang, 1986

Glenurus fuscilomus Yang, 1986b: 426. **Type locality:** China (Yunnan: Gengma).
分布（Distribution）：云南（YN）

21. 印蚁蛉属 *Indoleon* Banks, 1913

Indoleon Banks, 1913b: 222. **Type species:** *Myrmeleon tacitus* Walker, 1853: 362 (original designation).

（97）中印蚁蛉 *Indoleon tacitus sinecus* Yang, 2002

Indoleon tacitus sinecus Yang, 2002a: 297. **Type locality:** China (Hainan: Jianfengling).
分布（Distribution）：海南（HI）

22. 英蚁蛉属 *Indophanes* Banks, 1940

Indophanes Banks, 1940: 195. **Type species:** *Myrmeleon barbarus* Walker, 1853: 358 (original designation).

（98）奥英蚁蛉 *Indophanes audax* (Walker, 1853)

Myrmeleon audax Walker, 1853: 338. **Type locality:** Nepal.

分布（Distribution）：中国；印度尼西亚、印度、尼泊尔、斯里兰卡

（99）中华英蚁蛉 *Indophanes sinensis* Banks, 1940

Indophanes sinensis Banks, 1940: 196. **Type locality:** China (Sichuan).

分布（Distribution）：陕西（SN）、四川（SC）、贵州（GZ）

23. 玛蚁蛉属 *Macronemurus* Costa, 1855

Macronemurus Costa, 1855: 8. **Type species:** *Myrmeleon appendiculatum* Latreille, 1807: 193 (monotypy).

Uroleon Brauer, 1900: 475. **Type species:** *Uroleon caudatus* Brauer, 1900: 475 (monotypy).

Neusmia Navás, 1912e: 221. **Type species:** *Neusmia pura* Navás, 1912e: 221 (monotypy).

Barreja Navás, 1915e: 390. **Type species:** *Barreja persica* Navás, 1915e: 390 (monotypy).

Nemurius Navás, [1936e] 1935: 80. **Type species:** *Macronemurus lacroixi* Navás, 1923f: 339 (original designation).

（100）长毛玛蚁蛉 *Macronemurus longisetus* Yang, 1999

Macronemurus longisetus Yang, 1999f: 152. **Type locality:** China (Fujian: Dongshan).

分布（Distribution）：福建（FJ）

24. 双蚁蛉属 *Mesonemurus* Navás, 1920

Mesonemurus Navás, 1920c: 283. **Type species:** *Mesonemurus harterti* Navás, 1920c: 283 (monotypy).

Lacroixia Navás, 1924b: 212. **Type species:** *Lacroixia sibirica* Navás, 1924b: 213 (monotypy).

Myrmenemurus Navás, 1926d: 45. **Type species:** *Myrmenemurus clavatus* Navás, 1926d: 45 (monotypy).

Nefta Navás, 1930c: 125. **Type species:** *Nefta tunetana* Navás, 1930c: 126 (monotypy).

（101）格双蚁蛉 *Mesonemurus guentheri* Hölzel, 1970

Mesonemurus guentheri Hölzel, 1970a: 259. **Type locality:** Mongolia.

分布（Distribution）：内蒙古（NM）、宁夏（NX）、新疆（XJ）；蒙古国

（102）蒙双蚁蛉 *Mesonemurus mongolicus* Hölzel, 1970

Mesonemurus mongolicus Hölzel, 1970a: 262. **Type locality:** Mongolia.

分布（Distribution）：内蒙古（NM）、陕西（SN）、宁夏（NX）、青海（QH）；蒙古国

25. 白云蚁蛉属 *Paraglenurus* van der Weele, 1909

Paraglenurus van der Weele, 1909d: 29. **Type species:** *Myrmeleon scopifer* Gerstaecker, [1888] 1887: 110 (original designation).

Glenuroides Okamoto, 1910c: 275. **Type species:** *Glenuroides communis* Okamoto, 1910c: 295 (original designation).

Eoleon Navás, [1921] 1919: 65. **Type species:** *Glenuroides japonicus* Mclachlan, [1867] 1868: 248 (original designation).

（103）白云蚁蛉 *Paraglenurus japonicus* (McLachlan, 1867)

Glenurus japonicus McLachlan, [1867] 1868: 248. **Type locality:** Japan.

Glenuroides communis Okamoto, 1910c: 295. **Type locality:** Japan (Nakano).

分布（Distribution）：山东（SD）、河南（HEN）、安徽（AH）、江苏（JS）、浙江（ZJ）、湖南（HN）、湖北（HB）、福建（FJ）、台湾（TW）、广西（GX）；韩国、日本

（104）弯爪蚁蛉 *Paraglenurus littoralis* Miller *et* Stange, 1999

Paraglenurus littoralis Miller *et* Stange, 1999: 56. **Type locality:** China (Taiwan).

分布（Distribution）：台湾（TW）

（105）姬弯爪蚁蛉 *Paraglenurus lotzi* Miller *et* Stange, 1999

Paraglenurus lotzi Miller *et* Stange, 1999: 58. **Type locality:** China (Taiwan).

分布（Distribution）：台湾（TW）

（106）小白云蚁蛉 *Paraglenurus pumilus* (Yang, 1997)

Glenuroides pumilus Yang, 1997c: 616. **Type locality:** China (Fujian: Dongshan).

分布（Distribution）：云南（YN）、福建（FJ）、台湾（TW）

（107）巨弯爪蚁蛉 *Paraglenurus riparius* *Miller et* Stange, 1999

Paraglenurus riparius Miller *et* Stange, 1999: 58. **Type locality:** China (Taiwan).

分布（Distribution）：台湾（TW）

26. 齿爪蚁蛉属 *Pseudoformicaleo* van der Weele, 1909

Pseudoformicaleo van der Weele, 1909d: 25. **Type species:** *Myrmeleon gracilis* Klug, 1834: 35 (designated by Kuwayama, 1962a: 384).

Tahulus Navás, 1912c: 112. **Type species:** *Tahulus caligatus* Navás, 1912c: 113 (monotypy).

Nadal Navás, 1913c: 454. **Type species:** *Nadal anterior* Navás, 1913c: 454 (monotypy).

Pseudoplectron Navás, 1914n: 467. **Type species:** *Protoplectron costatus* Banks, 1910a: 41 (original designation).

Exiliunguleon Yang, 1999f: 153. **Type species:** *Exiliunguleon*

nanus Yang, 1999f: 154 (monotypy).

(108)齿爪蚁蛉 *Pseudoformicaleo nubecula* (Gerstaecker, 1885)

Creagris nubecula Gerstaecker, [1885] 1884a: 101. **Type locality:** Australia (Rockhampton).

Pseudoformicaleo jacobsoni van der Weele, 1909d: 5. **Type locality:** Indonesia (Central Java).

Creagris matsuokae Okamoto, 1910c: 282. **Type locality:** Unknown.

Creagris horikawae Nakahara, 1913e: 527. **Type locality:** Unknown.

Tahulus caligatus Navás, 1912c: 113. **Type locality:** China (Tshifu Tsintan).

Tahulus asthenicus Navás, 1914d: 140. **Type locality:** Australia (Queensland; Rockhampton).

Protoplectron costatus Banks, 1910a: 41. **Type locality:** Australia (Port Darwin).

Exiliunguleon nanus Yang, 1999f: 154. **Type locality:** China (Fujian: Zhangzhou).

分布（Distribution）：北京（BJ）、山东（SD）、安徽（AH）、浙江（ZJ）、贵州（GZ）、福建（FJ）；日本、印度尼西亚、马来西亚、斯里兰卡、澳大利亚、帕劳群岛

（109）淡齐脉蚁蛉 *Pseudoformicaleo pallidius* Yang, 1986

Pseudoformicaleo pallidius Yang, 1986b: 425. **Type locality:** China (Yunnan: Yunxian).

分布（Distribution）：云南（YN）

27. 大弯爪蚁蛉属 *Thaumatoleon* Esben-Petersen, 1921

Thaumatoleon Esben-Petersen, 1921b: 127. **Type species:** *Thaumatoleon splendidus* Esben-Petersen, 1921b: 127 (original designation).

（110）台湾大弯爪蚁蛉 *Thaumatoleon splendidus* Esben-Petersen, 1921

Thaumatoleon splendidus Esben-Petersen, 1921b: 127. **Type locality:** China (Taiwan: Puli).

分布（Distribution）：台湾（TW）

28. 云蚁蛉属 *Yunleon* Yang, 1986

Yunleon Yang, 1986b: 425. **Type species:** *Yunleon longicorpus* Yang, 1986b: 425 (original designation).

（111）纹腹云蚁蛉 *Yunleon fluctosus* Yang, 1988

Yunleon fluctosus Yang, 1988: 206. **Type locality:** China (Xizang: Bomi).

分布（Distribution）：西藏（XZ）

（112）长腹云蚁蛉 *Yunleon longicorpus* Yang, 1986

Yunleon longicorpus Yang, 1986b: 425. **Type locality:** China (Yunnan: Zhaotong).

分布（Distribution）：云南（YN）

囊蚁蛉族 Myrmecaelurini Esben-Petersen, 1918

29. 阿蚁蛉属 *Aspoeckiana* Hölzel, 1972

Aspoeckiana Hölzel, 1969: 287. **Type species:** *Aspoeckiana uralensis* Hölzel, 1969: 288 (original designation).

Aspoeckina Hölzel, 1972: 18. Unnecessary new name for *Aspoeckiana* Hölzel, 1969: 287.

（113）乌拉尔阿氏蚁蛉 *Aspoeckiana uralensis* Hölzel, 1969

Aspoeckiana uralensis Hölzel, 1969: 288. **Type locality:** Kazakhstan (Batys Qazaqstan, Oral).

分布（Distribution）：北京（BJ）、青海（QH）、新疆（XJ）；蒙古国、哈萨克斯坦、塔吉克斯坦、吉尔吉斯斯坦、乌兹别克斯坦、土库曼斯坦、亚美尼亚、土耳其、俄罗斯

30. 幻蚁蛉属 *Lopezus* Navás, 1913

Lopezus Navás, 1913c: 449. **Type species:** *Myrmecaelurus fedtschenkoi* McLachlan, 1875d: 4 (original designation).

（114）飞幻蚁蛉 *Lopezus fedtschenkoi* (McLachlan, 1875)

Myrmecaelurus fedtschenkoi McLachlan, 1875d: 4. **Type locality:** Unknown.

Myrmeleon conspurcatus Kolenati, 1856: 502. Nomen oblitum.

Lopezus fedtschenkoi gobiensis Hölzel, 1970b: 117. **Type locality:** Unknown.

Lopezus fedtschenkoi maclachlani Krivokhatsky, 1990: 91. Nomen nudum.

分布（Distribution）：内蒙古（NM）、陕西（SN）、宁夏（NX）、甘肃（GS）；蒙古国、哈萨克斯坦、乌兹别克斯坦、俄罗斯、乌克兰

31. 蒙蚁蛉属 *Mongoleon* Hölzel, 1970

Mongoleon Hölzel, 1970b: 118. **Type species:** *Mongoleon kaszabi* Hölzel, 1970b: 119 (original designation).

（115）卡蒙蚁蛉 *Mongoleon kaszabi* Hölzel, 1970

Mongoleon kaszabi Hölzel, 1970b: 119. **Type locality:** Mongolia.

分布（Distribution）：内蒙古（NM）、宁夏（NX）；蒙古国

（116）中蒙蚁蛉 *Mongoleon modestus* Hölzel, 1970

Mongoleon modestus Hölzel, 1970b: 123. **Type locality:** Mongolia.

分布（Distribution）：内蒙古（NM）；蒙古国

（117）毛蒙蚁蛉 *Mongoleon pilosus* Krivokhatsky, 1992

Mongoleon pilosus Krivokhatsky, 1992: 409. **Type locality:** Mongolia.

分布（**Distribution**）：新疆（XJ）；蒙古国

32. 囊蚁蛉属 *Myrmecaelurus* Costa, 1855

Myrmecaelurus Costa, 1855: 10. **Type species:** *Myrmeleon flavus* Rambur, 1842: 398 (designated by Banks, 1911: 6).

（118）大囊蚁蛉 *Myrmecaelurus major* McLachlan, 1875

Myrmecaelurus major McLachlan, 1875b: 4. **Type locality:** Turkestan.

分布（**Distribution**）：新疆（XJ）；阿富汗、亚美尼亚、土耳其、俄罗斯、罗马尼亚

（119）萨囊蚁蛉 *Myrmecaelurus saevus* (Walker, 1853)

Myrmeleon saevus Walker, 1853: 381. **Type locality:** China.

分布（**Distribution**）：中国

（120）瓦囊蚁蛉 *Myrmecaelurus vaillanti* Navás, 1920

Myrmeleon vaillanti Navás, [1920b] 1919-1920: 192. **Type locality:** China (Xinjiang: Kachgarie).

分布（**Distribution**）：新疆（XJ）

33. 瑙蚁蛉属 *Nohoveus* Navás, 1918

Nohoveus Navás, 1918c: 169. **Type species:** *Myrmeleon lepidus* Klug, 1834: pl. 36 (original designation).

Loveus Navás, 1920a: 29. **Type species:** *Myrmeleon punctulatus* Steven, 1849: 210 (original designation).

（121）黑瑙蚁蛉 *Nohoveus atrifrons* Hölzel, 1970

Nohoveus atrifrons Hölzel, 1970a: 248. **Type locality:** Mongolia (Aimak Chovd, Mongolischer Altai).

分布（**Distribution**）：内蒙古（NM）、北京（BJ）、陕西（SN）、宁夏（NX）、甘肃（GS）、青海（QH）；蒙古国、伊朗、土耳其

（122）素瑙蚁蛉 *Nohoveus simplicis* (Krivokhatsky, 1992)

Myrmecaelurus simplicis Krivokhatsky, 1992: 405. **Type locality:** Mongolia (Sachzhou, Gobi Desert).

分布（**Distribution**）：新疆（XJ）；蒙古国

（123）点斑瑙蚁蛉 *Nohoveus zigan* (Aspöck, Aspöck *et* Hölzel, 1980)

Myrmecaelurus (*Nohoveus*) *zigan* H. Aspöck, U. Aspöck *et* Hölzel, 1980: 288. **Type locality:** Europe.

Myrmeleon punctulatus Steven, 1849: 210. **Type locality:** Unknown.

分布（**Distribution**）：新疆（XJ）；蒙古国、哈萨克斯坦、塔吉克斯坦、土库曼斯坦、乌兹别克斯坦、阿塞拜疆、亚美尼亚、俄罗斯、乌克兰、匈牙利、罗马尼亚

尼蚁蛉族 Nesoleontini Markl, 1954

34. 多脉蚁蛉属 *Cueta* Navás, 1911

Cueta Navás, 1911e: 242. **Type species:** *Cueta trilineata* Navás, 1911e: 243 (monotypy).

Polancus Navás, 1914e: 19. **Type species:** *Polancus secretus* Navás, 1914e: 19. (monotypy).

Furga Navás, 1930c: 122. **Type species:** *Furga tunetana* Navás, 1930c: 122 (original designation).

（124）线斑多脉蚁蛉 *Cueta lineosa* (Rambur, 1842)

Myrmeleon lineosa Rambur, 1842: 389. **Type locality:** Egypt.

Myrmeleon morosus Walker, 1853: 389. **Type locality:** India (northern).

Myrmeleon ulianini McLachlan, 1875b: 8. **Type locality:** Turkestan.

Cueta trilineata Navás, 1911e: 243. **Type locality:** Djibouti.

Myrmeleon grammaticus Navás, 1912d: 49. **Type locality:** Turkey.

Cueta syriaca Navás, 1914f: 236. **Type locality:** Turkey.

Cueta natti Navás, 1914g: 640. **Type locality:** Egypt.

Cueta anomala Navás, 1915e: 380. **Type locality:** Iran.

Cueta albanica Capra, 1945: 295. **Type locality:** Albania (Scutari).

分布（**Distribution**）：新疆（XJ）；土库曼斯坦、乌兹别克斯坦、阿富汗、巴基斯坦、塞浦路斯、伊朗、伊拉克、以色列、黎巴嫩、阿曼、沙特阿拉伯、也门、土耳其、阿尔巴尼亚、俄罗斯、希腊、阿尔及利亚、吉布提、埃及、摩洛哥、苏丹、突尼斯、印度

（125）碎斑多脉蚁蛉 *Cueta plexiformia* Krivokhatsky, 1996

Cueta plexiformia Krivokhatsky, 1996: 643. **Type locality:** Uzbekistan (Karakalpakiya, Karaumbet Lake, South chink of Ustyurt).

分布（**Distribution**）：新疆（XJ）；乌兹别克斯坦

（126）索氏多脉蚁蛉 *Cueta sauteri* (Esben-Petersen, 1913)

Nesoleon sauteri Esben-Petersen, 1913b: 222. **Type locality:** China (Taiwan: Anping).

Cueta duplicate Navás, 1914d: 138. **Type locality:** Vietnam (Ho Chi Minh City).

Cueta plicata Navás, 1914d: 136. **Type locality:** Vietnam (Ho Chi Minh City).

Cueta hugeli Navás, 1914f: 239. **Type locality:** Country unknown: East Indies.

Myrmecaelurus polyneurus Yang, 1999f: 146. **Type locality:** China (Fujian: Longyan).
Myrmecaelurus nigrigradatus Yang in Yang *et* Wang, 2002a: 297. **Type locality:** China (Hainan: Jianfengling).
Myrmecaelurus ingradatus Yang in Yang *et* Wang, 2002a: 297. **Type locality:** China (Hainan: Jianfengling).
分布（Distribution）：福建（FJ）、台湾（TW）、广东（GD）、海南（HI）；越南、印度

须蚁蛉亚科 Palparinae Banks, 1911

35. 须蚁蛉属 *Palpares* Rambur, 1842

Palpares Rambur, 1842: 365. **Type species:** *Hemerobius libelloides* Linnaeus, 1764: 401 (designated by Hagen, 1873: 390).
Negretus Navás, 1912j: 56. **Type species:** *Negretus ertli* Navás, 1912j: 57 (original designation).

（127）中华须蚁蛉 *Palpares sinicus* Yang, 1986

Palpares sinicus Yang, 1986b: 423. **Type locality:** Yunnan (Lancang).
分布（Distribution）：云南（YN）

蝶角蛉科 Ascalaphidae Rambur, 1842

裂眼蝶角蛉亚科 Ascalaphinae Rambur, 1842

1. 锯角蝶角蛉属 *Acheron* Lefèbvre, 1842

Acheron Lefèbvre, 1842: 7. **Type species:** *Ascalaphus longus* Walker, 1853: 435 (designated by McLachlan, [1871] 1873: 265).

（1）锯角蝶角蛉 *Acheron trux* (Walker, 1853)

Ascalaphus trux Walker, 1853: 432. **Type locality:** Unknown.
Ascalaphus loquax Walker, 1853: 434. **Type locality:** Unknown.
Ascalaphus anticus Walker, 1853: 434. **Type locality:** Unknown.
Ascalaphus longus Walker, 1853: 435. **Type locality:** Unknown.
Helicomitus ctenocerus Gerstaecker, 1893: 101. **Type locality:** India (Assam).
Ascalohybris kolthoffi Navás, [1927g] 1927-1928: 2. **Type locality:** China (Jiangsu).
分布（Distribution）：河南（HEN）、陕西（SN）、江苏（JS）、浙江（ZJ）、江西（JX）、湖南（HN）、湖北（HB）、四川（SC）、贵州（GZ）、云南（YN）、西藏（XZ）、福建（FJ）、台湾（TW）、广西（GX）、海南（HI）；东南亚

2. 蝶角蛉属 *Ascalaphus* Fabricius, 1775

Ascalaphus Fabricius, 1775: 313. **Type species:** *Myrmeleon barbarum* Linnaeus, 1767: 914 (monotypy).
Helicomitus McLachlan, [1871] 1873: 261. **Type species:** *Ascalaphus insimulans* Walker, 1853: 249 (designated by McLachlan, [1873b] 1871: 402).

（2）迪蝶角蛉 *Ascalaphus dicax* Walker, 1853

Ascalaphus dicax Walker, 1853: 432. **Type locality:** India.
分布（Distribution）：贵州（GZ）、广西（GX）；印度、东南亚

（3）胸突蝶角蛉 *Ascalaphus placidus* (Gerstaecker, 1894)

Suhpalacsa placidus Gerstaecker, [1894] 1893: 105. **Type locality:** Indonesia (Java and Sumatra).
分布（Distribution）：安徽（AH）、江西（JX）、湖北（HB）、福建（FJ）、台湾（TW）、广西（GX）；马来西亚、印度尼西亚

3. 脊蝶角蛉属 *Ascalohybris* Sziráki, 1998

Ascalohybris Sziráki, 1998: 59. **Type species:** *Ascalaphus javanus* Burmeister, 1839: 1001 (original designation).
Hybris Lefèbvre, 1842: 6. **Type species:** *Ascalaphus javanus* Burmeister, 1839: 1001 (original designation).

（4）币脊蝶角蛉 *Ascalohybris brisi* (Navás, 1930)

Hybris brisi Navás, 1930c: 18. **Type locality:** China (Cong tcheou).
分布（Distribution）：中国

（5）斯脊蝶角蛉 *Ascalohybris stenoptera* (Navás, 1927)

Hybris stenoptera Navás, 1927d: 11. **Type locality:** China (Guangdong: Lienping).
分布（Distribution）：广东（GD）

（6）黄脊蝶角蛉 *Ascalohybris subjacens* (Walker, 1853)

Ascalaphus subjacens Walker, 1853: 431. **Type locality:** China.
Ascalaphus remotus Walker, 1853: 447. **Type locality:** China.
Glyptobasis brunnea Esben-Petersen, 1913b: 224. **Type locality:** China (Taiwan: Sokutsu).
分布（Distribution）：北京（BJ）、山东（SD）、河南（HEN）、安徽（AH）、江苏（JS）、浙江（ZJ）、江西（JX）、湖南（HN）、湖北（HB）、四川（SC）、贵州（GZ）、云南（YN）、福建（FJ）、台湾（TW）、广西（GX）、海南（HI）；日本、朝鲜、越南、柬埔寨

4. 丽蝶角蛉属 *Libelloides* Schäffer, 1763

Libelloides Schäffer, 1763: 1. **Type species:** *Papilio coccajus* Denis *et* Schiffermüller, 1775: 1 (original designation).

（7）斑翅丽蝶角蛉 *Libelloides macaronius* (Scopoli, 1763)

Papilio macaronius Scopoli, 1763: 168. **Type locality:** Slovenia (Carniola: Idriam).

Myrmeleon kolywanensis Laxmann, 1770: 599. **Type locality:** Unknown.

Ascalaphus oculatus Brullé, 1832: 276. **Type locality:** Greece (Peloponnese).

Ascalaphus pupillatus Rambur, 1842: 346. **Type locality:** Russia (southern).

Ascalaphus hungaricus Rambur, 1842: 347. **Type locality:** Unknown.

Ascalaphus intermedius Lefèbvre, 1842: 9.

Ascalaphus dubius Eversmann, 1850: 277. **Type locality:** southern Caucasus.

分布（Distribution）：新疆（XJ）；埃及、中东；欧洲（东部）

（8）黄花丽蝶角蛉 *Libelloides sibiricus* (Eversmann, 1850)

Ascalaphus sibiricus Eversmann, 1850: 279. **Type locality:** Russia.

分布（Distribution）：吉林（JL）、辽宁（LN）、内蒙古（NM）、河北（HEB）、北京（BJ）、山西（SX）、山东（SD）、河南（HEN）、陕西（SN）、甘肃（GS）；朝鲜、俄罗斯

5. 玛蝶角蛉属 *Maezous* Ábrahám, 2008

Maezous Ábrahám, 2008: 69. **Type species:** *Suhpalacsa princeps* Gerstaecker, [1894] 1893: 103 (original designation).

（9）短腹玛蝶角蛉 *Maezous formosanus* (Okamoto, 1910)

Suhpalacsa formasana Okamoto, 1910b: 65. **Type locality:** China (Taiwan: Taichu).

分布（Distribution）：台湾（TW）

（10）烟翅玛蝶角蛉 *Maezous fumialus* (Wang *et* Sun, 2008) comb. nov.

Suhpalacsa fumiala Wang *et* Sun, 2008: 53. **Type locality:** China (Guangxi: Shangsi).

分布（Distribution）：广西（GX）

（11）褐边玛蝶角蛉 *Maezous fuscimarginatus* (Wang *et* Sun, 2008) comb. nov.

Suhpalacsa fuscimarginata Wang *et* Sun, 2008: 53. **Type locality:** China (Yunnan: Mengla).

分布（Distribution）：云南（YN）

（12）尖峰岭玛蝶角蛉 *Maezous jianfanglinganus* (Yang *et* Wang, 2002) comb. nov.

Acheron jianfanglinganus Yang *et* Wang, 2002b: 300. **Type locality:** China (Hainan: Jianfengling).

分布（Distribution）：云南（YN）、广东（GD）、海南（HI）

（13）狭翅玛蝶角蛉 *Maezous umbrosus* (Esben-Petersen, 1913)

Suhpalacsa umbrosus Esben-Petersen, 1913b: 226. **Type locality:** China (Taiwan: Kankau).

Suhpalacsa longialata Yang, 1992b: 649. **Type locality:** China (Hunan: Qianyang).

分布（Distribution）：河南（HEN）、陕西（SN）、浙江（ZJ）、江西（JX）、湖南（HN）、湖北（HB）、四川（SC）、贵州（GZ）、云南（YN）、台湾（TW）、广西（GX）

6. 尼蝶角蛉属 *Nicerus* Navás, 1912

Nicerus Navás, 1912b: 136. **Type species:** *Nicerus gervaisi* Navás, 1912b: 136 (monotypy).

（14）格尼蝶角蛉 *Nicerus gervaisi* Navás, 1912

Nicerus gervaisi Navás, 1912b: 136. **Type locality:** China (Yunnan: Tehinkinng).

分布（Distribution）：云南（YN）

7. 足翅蝶角蛉属 *Protacheron* van der Weele, 1908

Protacheron van der Weele, 1908: 225. **Type species:** *Protacheron philippinensis* van der Weele, 1904: 206 (original designation).

（15）菲律宾足翅蝶角蛉 *Protacheron philippinensis* (van der Weele, 1904)

Helicomitus philippinensis van der Weele, 1904: 206. **Type locality:** Philippines.

Protacheron guangxiensis Sun *et* Wang, 2006: 404. **Type locality:** China (Guangxi). **syn. nov.**

分布（Distribution）：贵州（GZ）、云南（YN）、广西（GX）、海南（HI）；菲律宾、印度尼西亚

8. 苏蝶角蛉属 *Suphalomitus* van der Weele, 1908

Suphalomitus van der Weele, 1908: 181. **Type species:** *Suhpalacsa difformis* McLachlan, 1871: 257 (original designation).

（16）凹腰苏蝶角蛉 *Suphalomitus excavatus* Yang, 1999

Suphalomitus excavatus Yang, 1999e: 143. **Type locality:** China (Fujian: Meihuashan).

Suhpalacsa hainana Yang *et* Wang, 2002b: 300. **Type locality:** China (Hainan: Wuzhishan). **syn. nov.**

分布（**Distribution**）：云南（YN）、福建（FJ）、海南（HI）

（17）台斑苏蝶角蛉 *Suphalomitus formosanus* Esben-Petersen, 1913

Suphalomitus formosanus Esben-Petersen, 1913b: 225. **Type locality:** China (Taiwan: Kankau).

分布（**Distribution**）：贵州（GZ）、云南（YN）、台湾（TW）、广西（GX）、海南（HI）

（18）黄斑苏蝶角蛉 *Suphalomitus lutemaculatus* Yang, 1992

Suphalomitus lutemaculatus Yang, 1992b: 650. **Type locality:** China (Hunan: Yiyang).

分布（**Distribution**）：浙江（ZJ）、湖南（HN）、福建（FJ）

（19）黑唇苏蝶角蛉 *Suphalomitus nigrilabiatus* Yang, 1999

Suphalomitus nigrilabiatus Yang, 1999e: 143. **Type locality:** China (Fujian: Sanming).

分布（**Distribution**）：福建（FJ）

（20）红斑苏蝶角蛉 *Suphalomitus rufimaculatus* Yang, 1986

Suphalomitus rufimaculatus Yang, 1986b: 427. **Type locality:** China (Yunnan: Qujing).

分布（**Distribution**）：云南（YN）

完眼蝶角蛉亚科 Haplogleniinae Newman, 1853

9. 完眼蝶角蛉属 *Idricerus* McLachlan, 1871

Idricerus McLachlan, 1871: 240. **Type species:** *Ascalaphus decrepitus* Walker, 1860: 197 (monotypy).

（21）银完眼蝶角蛉 *Idricerus decrepitus* (Walker, 1860)

Ascalaphus decrepitus Walker, 1860: 197. **Type locality:** India.

分布（**Distribution**）：河南（HEN）、西藏（XZ）；尼泊尔、印度、巴基斯坦、土库曼斯坦

（22）素完眼蝶角蛉 *Idricerus sogdianus* McLachlan, 1875

Idrierus sogdianus McLachlan, 1875b: 2. **Type locality:** Turkestan.

分布（**Distribution**）：西藏（XZ）；印度、土库曼斯坦、哈萨克斯坦、土耳其

（23）湘完眼蝶角蛉 *Idricerus xianganus* Yang, 1992

Idricerus xianganus Yang, 1992b: 649. **Type locality:** China (Hunan: Mangshan).

分布（**Distribution**）：湖南（HN）

（24）韦氏完眼蝶角蛉 *Idricerus weelei* Navás, 1909

Idricerus weelei Navás, 1909i: 56. **Type locality:** China (Hong Kong: Victoria).

分布（**Distribution**）：香港（HK）

10. 原完眼蝶角蛉属 *Protidricerus* van der Weele, 1908

Protidricerus van der Weele, 1908: 61. **Type species:** *Idricerus exilis* McLachlan, 1894a: 424 (original designation).

（25）宽原完眼蝶角蛉 *Protidricerus elwesii* (McLachlan, 1891)

Idricerus elwesii McLachlan, 1891b: 512. **Type locality:** India (West Bengal: Darjeeling).

Protidricerus palliventralis Yang, 1999e: 141. **Type locality:** China (Fujian: Sangang). **syn. nov.**

分布（**Distribution**）：浙江（ZJ）、四川（SC）、贵州（GZ）、西藏（XZ）、福建（FJ）、广西（GX）；缅甸、印度、巴基斯坦

（26）原完眼蝶角蛉 *Protidricerus exilis* (McLachlan, 1894)

Idricerus exilis McLachlan, 1894a: 424. **Type locality:** China (Sichuan: Ta-chien-lu).

分布（**Distribution**）：陕西（SN）、甘肃（GS）、湖北（HB）、四川（SC）、云南（YN）

（27）日原完眼蝶角蛉 *Protidricerus japonicus* (McLachlan, 1891)

Idricerus japonicas McLachlan, 1891b: 513. **Type locality:** Japan.

分布（**Distribution**）：河北（HEB）、北京（BJ）、河南（HEN）、甘肃（GS）、湖北（HB）、四川（SC）、云南（YN）；日本

（28）菲律宾原完眼蝶角蛉 *Protidricerus philippinensis* Esben-Petersen, 1927

Protidricerus philippinensis Esben-Petersen, 1927c: 550. **Type locality:** Philippines (Kolambugang).

分布（**Distribution**）：台湾（TW）；菲律宾

（29）狭翅原完眼蝶角蛉 *Protidricerus stenopterus* Wang *et* Yang, 2002

Protidricerus stenopterus Wang *et* Yang, 2002: 562. **Type locality:** China (Henan: Baiyunshan).

分布（**Distribution**）：北京（BJ）、河南（HEN）

参 考 文 献

Ábrahám L. 2008. Ascalaphid studies VI. New genus and species from Asia with comments on genus *Suhpalacsa* (Neuroptera: Ascalaphidae). *Somogyi Múzeumok Közleményei*, **18**: 69-76.

Acker T S. 1960. The Comparatire morphology of the male terminalia of Neuroptera (Insecta). *Microentomology*, **24**: 25-83.

Adams P A. 1978. A new species of *Hypochrysa* and a new subgenus and species of *Mallada* (Neuroptera: Chrysopidae). *Pan-Pacific Entomologist*, **54**: 292-296.

Adams P A. 1982. *Plesiochrysa*, a new subgenus of *Chrysopa* (Neuroptera) (studies in New World Chrysopidae, part 1). *Neuroptera International*, **2**: 27-32.

Adams P A. 1985. Notes on Chrysopodes of the M.N.H.N. in Paris (Neuroptera, Chrysopidae). *Revue Francaise d'Entomologie*, (Nouvelle Serie), **7**: 5-8.

Adams P A, Garland J A. 1982. A review of the genus *Mallada* in the United States and Canada, with a new species (Neuroptera: Chrysopidae). *Psyche*, **89**: 239-248.

Agassiz J L R. 1842. *Nomenclator zoologicus, continens nomina systematica generum animalium tam viventium quam fossilium, secundum ordinem alphabeticum disposita, adjectis auctoribus, libris, in quibus reperiuntur, anno editionis, etymologia et familiis, ad quas pertinent, in singulis classibus*. Soloduri: Jent *et* Gassmann: 1135.

Albarda H. 1881. Neuroptera. *In:* Veth P J. *Midden-Sumatra. Reizen en Onderzoekingen der Sumatra-Expeditie, Uitgerust door het Aardrijkskundig Genootschap, 1877-1879, beschreven door de Leden der Expeditie, onder toezicht van Prof. P. J. Veth. Vierde [4th] Deel (Natuurlijke Historie), Eerste [1st] Gedeelte (Fauna), Vijfde [5th] Afdeeling (Neuroptera)*. Leiden: Brill: 1-22.

Andréu J M. 1911. Neurópteros de la provincia de Alicante. Una especie nueva. *Boletín de la Sociedad Aragonesa de Ciencias Naturales*, **10**: 56-59.

Ao W G, Wan X, Wang X L. 2010. Review of the genus *Epacanthaclisis* Okamoto, 1910 in China (Neuroptera: Myrmeleontidae). *Zootaxa*, **2545**: 47-57.

Ao W G, Zhang X B, Ábrahám L, Wang X L. 2009. A new species of the antlion genus *Euroleon* Esben-Petersen from China (Neuroptera: Myrmeleontidae). *Zootaxa*, **2303**: 53-56.

Asahina S. 1988. Descriptions of three species of *Neochauliodes bowringi* group from Hong Kong, the Ryukyus and Thailand (Megaloptera). *Gekkan-Mushi*, **207**: 6-11.

Aspöck H, Aspöck U. 1967. Raphidiodea und Coniopterygidae (Planipennia) aus den zentralen und westlichen Teilen der Mongolei (Insecta, Neuroptera). *Mitteilungen aus dem Zoologischen Museum in Berlin*, **43**: 225-235.

Aspöck H, Aspöck U. 1968a. Neue Coniopterygiden (Neuroptera, Planipennia) aus der Mongolei (Vorläufige Beschreibung). *Entomologisches Nachrichtenblatt*, **15**: 33-37.

Aspöck H, Aspöck U. 1968b. Vorläufige Mitteilung zur generischen Klassifizierung der Raphidiodea (Insecta, Neuroptera). *Entomologisches Nachrichtenblatt*, **15**: 53-64.

Aspöck H, Aspöck U. 1968c. Zwei weitere neue Spezies des Genus *Dilar* Rambur (Neuroptera, Planipennia) aus Asien. (Vorläufige Mitteilung). *Entomologisches Nachrichtenblatt*, **15**: 3-6.

Aspöck H, Aspöck U. 1973. *Inocellia* (*Amurinocellia* n. subg.) *calida* n. sp. – eine neue spezies der familie Inocelliidae (Ins., Raphidioptera) aus Ostasien. (Mit einer Übersicht über die Inocelliiden Asiens). *Entomologische Berichten*, **33**: 91-96.

Aspöck H, Aspöck U. 1985. *Inocellia taiwana* n. sp. – eine neue Inocelliiden-Spezies aus Taiwan (Neuropteroidea: Raphidioptera: Inocelliidae). *Entomologische Zeitschrift mit Insektenbörse*, **95**: 45-48.

Aspöck H, Aspöck U, Hölzel H. 1980. *Die Neuropteren Europas. 2 vols*. West Germany: Goecke and Evers, Krefeld: 355, 495.

Aspöck H, Aspöck U, Rausch H. 1985. Zur Kenntnis der Genera *Tjederiraphidia* n. g. und *Mongoloraphidia* H. A. & U. A. (Neuropteroidea: Raphidioptera: Raphidiidae). *Zeitschrift der Arbeitsgemeinschaft Österreichischer Entomologen*, **37**: 37-48.

Aspöck H, Aspöck U, Yang C K. 1998. The Raphidiidae of Eastern Asia (Insecta: Neuropterida: Raphidioptera). *Deutsche Entomologische Zeitschrift*, **45**: 115-128.

Aspöck H, Hölzel H, Aspöck U. 2001. Kommentierter Katalog der Neuropterida (Insecta: Raphidioptera, Megaloptera, Neuroptera) der Westpaläarktis. *Denisia*, **2**: 1-606.

Aspöck U, Aspöck H. 1982. *Mongoloraphidia* (*Kirgisoraphidia*) *taiwanica* n. sp. – eine neue Kamelhalsfliege aus Taiwan (Neuropteroidea: Raphidioptera: Raphidiidae). *Entomologische Zeitschrift mit Insektenbörse*, **92**: 81-86.

Aspöck U, Aspöck H. 1990. *Xanthostigma gobicola* n. sp. und *Mongoloraphidia* (*Alatauoraphidia*) *medvedevi* n. sp. – zwei neue Raphidiiden-Spezies aus Zentralasien (Neuropteroidea: Raphidioptera: Raphidiidae). *Zeitschrift der Arbeitsgemeinschaft Österreichischer Entomologen*, **42**: 97-104.

Aspöck U, Aspöck H. 1994. Zur Nomenklatur der Mantispiden Europas (Insecta: Neuroptera: Mantispidae). *Annalen des Naturhistorischen Museums in Wien*, **96B**: 99-114.

Aspöck U, Liu X Y, Aspöck H. 2009. *Inocellia shinohara* n. sp. – Überraschender Nachweis einer zweiten Spezies der Familie Inocelliidae in Taiwan (Raphidioptera). *Entomologische Nachrichten und Berichte*, **53**: 115-119.

Aspöck U, Liu X Y, Aspöck H. 2013. The Berothidae of Taiwan (Neuroptera: Neuropterida). *Deutsche Entomologische Zeitschrift*, **60**: 221-230.

Banks N. 1897. New North American neuropteroid insects. *Transactions of the American Entomological Society*, **24**: 21-31.

Banks N. 1903. A revision of the Nearctic Chrysopidae. *Transactions of the American Entomological Society*, **29**: 137-162.

Banks N. 1904. A list of neuropteroid insects, exclusive of Odonata, from the vicinity of Washington, D. C. *Proceedings of the Entomological Society of Washington*, **6**: 201-217.

Banks N. 1905. A revision of the Nearctic Hemerobiidae. *Transactions of the American Entomological Society*, **32**: 21-51.

Banks N. 1909a. Hemerobiidae from Queensland, Australia (Neuroptera, Hemerobiidae). *Proceedings of the Entomological Society of Washington*, **11**: 76-81.

Banks N. 1909b. New genera and species of tropical Myrmeleonidae. *Journal of the New York Entomological Society*, **17**: 1-4.

Banks N. 1910a. Myrmeleonidae from Australia. *Annals of the Entomological Society of America*, **3**: 40-44.

Banks N. 1910b. Some Neuroptera from Australia. *Psyche*, **17**: 99-105.

Banks N. 1911. Notes on African Myrmeleonidae. *Annals of the Entomological Society of America*, **4**: 1-31.

Banks N. 1913a. New exotic neuropteroid insects. *Proceedings of the Entomological Society of Washington*, **15**: 137-143.

Banks N. 1913b. Synopses and descriptions of exotic Neuroptera. *Transactions of the American Entomological Society*, **39**: 201-242.

Banks N. [1914] 1913. On a collection of neuropteroid insects from the Philippine Islands. *Proceedings of the Entomological Society of Washington*, **15**: 170-180.

Banks N. 1915. New neuropteroid insects. *Proceedings of the Academy of Natural Sciences of Philadelphia*, **66**: 619-632.

Banks N. 1920. New neuropteroid insects. *Bulletin of the Museum of Comparative Zoology*, **64**: 297-362.

Banks N. 1927. Revision of the Nearctic Myrmeleonidae. *Bulletin of the Museum of Comparative Zoology*, **68**: 1-84.

Banks N. 1930. New neuropteroid insects from the United States. *Psyche*, **37**: 223-233.

Banks N. 1934. Supplementary neuropteroid insects from the Malay Peninsula, and from Mt. Kinabalu, Borneo. *Journal of the Federated Malay States Museums*, **17**: 567-578.

Banks N. 1937. Neuropteroid insects from Formosa. *Philippine Journal of Science*, **62**: 255-291.

Banks N. 1939. New genera and species of neuropteroid insects. *Bulletin of the Museum of Comparative Zoology*, **85**: 439-504.

Banks N. 1940. Report on certain groups of neuropteroid insects from Szechwan, China. *Proceedings of the United States National Museum*, **88**: 173-220.

Banks N. 1941. Some new and interesting Neuroptera in the American Museum of Natural History. *American Museum Novitates*, **1143**: 1-5.

Banks N. 1942. Report on certain groups of neuropteroid insects from Szechwan, China. *Proceedings of the United States National Museum*, **88**: 173-220.

Banks N. 1947. Some neuropterous insects from Szechwan, China. *Fieldiana: Zoology*, **31**: 97-107.

Bao R, Shen Z R, Wang X L. 2007. A review of the species of *Hagenomyia* Banks from China (Neuroptera: Myrmeleontidae). *Annales de la Société Entomologique de France*, **43**: 45-48.

Bao R, Wang X L. 2006. Two new species of *Myrmeleon* Linnaeus, 1767 (Neuroptera: Myrmeleontidae) from China, with a key to Chinese species. *Proceedings of the Entomological Society of Washington*, **108**: 125-130.

Bao R, Wang X L, Liu J Z. 2009. A review of the species of *Myrmeleon* Linnaeus, 1767 (Neuroptera: Myrmeleontidae) from Mainland China, with the description of a new species. *Entomological News*, **120**: 18-24.

Barnard P C. 1984. Adult morphology related to classification. *In*: Canard M, Séméria Y, New T R. *Biology of Chrysopidae*. The Hague: Dr. W. Junk Publishers: 19-29.

Bartoš E. 1965a. *Agulla trilobata* nov. spec. und Bemerkungen zu verwandten Arten. *Reichenbachia*, **5**: 87-99.

Bartoš, E. 1965b. *Agulla rostrata* sp. n. aus Moldawien (UdSSR), (Raphidioptera). *Acta Entomologica Bohemoslovaca*, **62**: 458-467.

Bian Z Q, Li Q S. 1992. A new species of the Chrysopidae from Shanxi, China (Neuroptera: Chrysopidae). *Acta Entomologica Sinica*, **35**: 213-214. [卞昭琪, 李青森. 1992. 山西省草蛉一新种 (脉翅目, 草蛉科). 昆虫学报, **35**: 213-214.]

Billberg G I. 1820. *Enumeratio insectorum in Museo Gust. Joh. Billberg*. Holmiae: 138.

Blanchard C É. 1854. Mirmeleonianos and Rafidianos. *In*: Gay C. *Historia Fisica y Politica de Chile. Zoologia*, **6**: 119-129; **8**: 129-135.

Borkhausen M B. 1791. Einige netzflüglichte Insekten (Neuroptera). *Beiträge zu der Insekten-Geschichte herausgegeben von Ludwig Gottlieb Scriba*, **2**: 155-163.

Brauer F. 1850. Beschreibung und Beobachtung der Osterreichischen Arten der Gattung *Chrysopa*. *Naturwissenschaftliche Abhandlungen*, **4**: 896-902.

Brauer F. 1851. Beschreibung und beobachtung der österreichischen Arten der Gattung *Chrysopa*. *Naturwissenschaftliche Abhandlungen, gesammelt und durch subscription herausgegeben von Wilhelm Haidinger*, **4**: 1-12.

Brauer F. 1855. Beiträge zur Kenntniss des inneren Baues und der Verwandlung der Neuropteren. *Verhandlungen des Zoologisch-Botanischen Gesellschaft Vereins in Wien*, **5**: 701-726.

Brauer F. 1856. Rückblick auf die im Jahre 1850 beschreibenen österreichischen Arten der Gattung *Chrysopa* Leach nebst Beschreibung der *Ch. tricolor* nov. spec. *Verhandlungen des Zoologisch-Botanischen Vereins in Wien*, **6**: 703-708.

Brauer F. 1864. Entomologische Beiträge B. Beiträge zur Kenntnis der Neuropteren. *Verhandlungen der Zoologisch-Botanischen Gesellschaft in Wien*, **14**: 891-902.

Brauer F. 1865. Vierter Bericht über die auf der Weltfahrt der Kais. Fregatte Novara gesammelten Neuropteren. *Verhandlungen der Kaiserlich-Königlichen Zoologisch-Botanischen Gesellschaft in Wien*, **15**: 903-908.

Brauer F. 1866. *Reise der Osterreichischen Fregatta Novara um die Erde, in den jahren 1857, 1858, 1859, unter den befehlen des Commodore B. von Wüllerstorf-Urbair, H. K. von Scherzer, ed. Zoologischer Theil, Bd. 2, No. 4 (Neuroptera)*. Wien: K. Gerold: 104.

Brauer F. 1900. Über die von Prof. O. Simony auf den Canaren gefundenen Neuroptera und Pseudoneuroptera (Odonata, Corrodentia *et* Ephemeridae). *Sitzungsberichte der Akademie der Wissenschaften in Wien, Mathematische-Naturwissenschaftliche Klasse (Abtheilung I)*, **109**: 464-477.

Brooks S J. 1983. A new genus of Oriental lacewings (Neuroptera: Chrysopidae). *Bulletin of the British Museum (Natural History) Entomology*, **47**: 1-26.

Brooks S J. 1986. A new genus of Ankylopterygini (Chrysopidae). *Neuroptera International*, **4**: 35-48.

Brooks S J. 1994. A taxonomic review of the common green lacewing genus *Chrysoperla* (Neuroptera: Chrysopidae). *Bulletin of the Natural History Museum, Entomology*, **63**: 137-210.

Brooks S J. 1997. An overview of the current status of Chrysopidae (Neuroptera) systematics. *Deutsche Entomologische Zeitschrift*, **44**: 267-275.

Brooks S J, Barnard P C. 1990. The green lacewings of the world: a generic review (Neuroptera: Chrysopidae). *Bulletin of the British Museum of Natural History, Entomology*, **59**: 117-286.

Brullé G A. 1832. *Expédition scientifique de Morée. Tome 3, Part 1 (Zoologie), Section 2 (Des animaux articulés)*. Paris: Levrault.

Brullé G A. [1839] 1836-1844. Néoroptères. *In*: Webb P B, Berthelot S. *Histoire Naturelle des Iles Canaries. Tome 2, Part 2*: 82-83. Paris: Béthune.

Burmeister H C C. 1839. *Handbuch der Entomologie. Zweiter Band. Besondere Entomologie. Zweite Abtheilung. Kaukerfe. Gymnognatha. (Zweite Hälfte; vulgo Neuroptera). Theod. Chr. Friedr*. Berlin: Enslin: 757-1050.

Capra F. 1945. Alcuni Odonati e Neurotteri dell'Albania settentrionale. *Annali del Museo Civico di Storia Naturale Giacomo Doria*, **62**: 292-300.

Chen G H, Shi Y J, Tao M. 2009. Natural enemies of *Aonidiella citrina* and population dynamic of main parasitic wasp in Kunming. *Chinese Journal of Biological Control*, **25**: 1-4.

Chen S C. 1998. *Pictorial handbook of rare and precious insects in China*. Beijing: China Forestry Publishing House: 332. [陈树椿. 1998. 中国珍稀昆虫图鉴. 北京: 中国林业出版社: 332.]

Comstock J H. 1918. *The wings of insects*. New York: Comstock Publishing Co.: 430.

Costa A. 1855. *Ricerche entomologiche sopra i monti Partenii*. Napoli: Stamperie e Calcografia: 29.

Costa A. 1863. Nuovi studii sulla entomologia della Calabria ulteriore. *Atti della Accademia delle Scienze Fisiche e Matematiche di Napoli*, **1**: 1-80.

Costa A. 1883. Notizie e osservazioni sulla geofauna sarda. Memoria seconda. Risultamento di ricerche fatte in Sardegna nella primavera 1882. *Atti dell'Accademia delle Scienze Fisiche e Matematische*, **1**: 1-109.

Curtis J. [1824-1839] 1824-1839. *British entomology; being illustrations and descriptions of the genera of insects found in Great Britain and Ireland: containing coloured figures from nature of the most rare and beautiful species, and in many instances of the plants upon which they are found*. London. 16 vols.

Cuvier B. 1832. The animal kingdom arranged in conformity with its organization. *In*: Gray G, Griffith E. *Edward Pidgeon and notices of new genera and species, Vol. 15*. London: Whittaker, Treacher and Co.: 331-332.

Davis K C. 1903. Sialidae of North and South American. *Bulletin of the New York State Museum*, **68**: 442-486.

De Geer C. 1773. *Memoires pour servir a l'histoire des Insects. Vol. 3*. Stockholm: P. Hesselberg: 696.

Denis J N C, Schiffermüller I. 1775. *Ankündung eines systematischen werks von der schmetterlingen der Wienergegend*. Wien: A. Bernardi: 322.

Dong, K Z, Yang X K, Yang C K. 2003. Review of Chinese *Brinckochrysa* Tjeder (Neuroptera, Chrysopidae, Chrysopinae). *Acta Zootaxonomica Sinica*, **28**: 291-294.

Dong K Z, Yang X K, Yang C K. 2004. Three new species of *Dichochrysa* from China (Neuroptera, Chrysopidae). *Acta Zootaxonomica Sinica*, **29**: 135-138.

Ehrenberg C G. [1834] 1828-1845. *Symbolae physicae, seu icons et descriptions corporum naturalium novorum aut minus cognitorum, quae ex itineribus per Libyam, Aegyptum, Nubiam, Dongalem, Syriam, Arabiam et Habessiniam à P. C. Hemprich et C. G. Ehrenberg à studio annis 1820-25 redierunt à pars Zoologica*. Berolini.

Enderlein G. 1905a. *Conwentzia pineticola* nov. gen. nov. spec. eine neue Neuroptere aus Westpreussen. *Bericht des Westpreussischen Botanischen-Zoologischen Vereins*, **26/27** (Anlagen): 10-12.

Enderlein G. 1905b. Ein neuer zu den Coniopterygiden gehöriger Neuropteren-Typus aus der Umgebung von Berlin. *Wiener Entomologische Zeitung*, **24**: 197-198.

Enderlein G. 1905c. Klassifikation der Neuropteren-familie Coniopterygidae. *Zoologischer Anzeiger*, **29**: 225-227.

Enderlein G. 1906. Monographie der Coniopterygiden. *Zoologische Jahrbücher (Abteilung für Systematik, Geographie und Biologie)*, **23**: 173-242.

Enderlein G. 1907. Die Coniopterygidenfauna Japans. *Stettiner Entomologische Zeitung*, **68**: 3-9.

Enderlein G. 1908. Family Coniopterygidae. Neuroptera. *Genera Insectorum*, **67**: 1-18.

Enderlein G. 1910. Klassifikation der Mantispiden nach dem material des Stettiner Zoologischen Museums. *Stettiner Entomologische Zeitung*, **71**: 341-379.

Enderlein G. 1914. Über zwei neue afrikanische Coniopterygiden. *Bollettino del Laboratorio di Zoologia Generale e Agraria dell Facoltà Agraria in Portici*, **8**: 225-227.

Enderlein G. 1929. Entomologica Canaria II. *Zoologischer Anzeiger*, **84**: 221-234.

Erichson W F. 1851. Nevroptera. In Ménétriés E, Die Insecten. *In*: von Middendorf A T. *Reise in den äussersten norden und osten Sibiriens während der jahre 1843 und 1844 mit allerhöchster genehmigung auf veranstaltung der Kaiserlichen Akademie der Wissenschaften zu St. Petersburg ausgeführt und in verbindung mit vielen gelehrten herausgegeben von Dr. A. Th. v. Middendorf. Bd. 2, Theil 1*. St. Petersburg: Kaiserlichen Akademie der Wissenschaften: 68-69.

Esben-Petersen P. 1913a. Eine neue Chrysopiden-Art aus Deutschland (Neuroptera). *Deutsche Entomologische Zeitschrift*, **57**: 533-554.

Esben-Petersen P. 1913b. H. Sauter's Formosa-Ausbeute. Planipennia II, Megaloptera and Mecoptera. *Entomologische Mitteilungen*, **2**: 222-228, 257-265.

Esben-Petersen P. 1914. Descriptions of a new genus and some new or interesting species of Planipennia. *Notes from the Leyden Museum*, **36**: 263-270.

Esben-Petersen P. 1916a. Australian Neuroptera. Part iii. *Proceedings of the Linnean Society of New South Wales*, **42**: 203-219.

Esben-Petersen P. 1916b. Einige Neuropteren des Deutschen Entomologischen Museums. *Entomologische Mitteilungen*, **5**: 300-303.

Esben-Petersen P. 1918. Results of Dr. E. Mjöberg's Swedish scientific expeditions to Australia 1910-1913. 18. Neuroptera and Mecoptera. *Arkiv för Zoologi*, **11**: 1-37.

Esben-Petersen P. [1919] 1918-1919. Help-notes towards the determination and the classification of the European Myrmeleonidae. *Entomologiske Meddelelser*, **12**: 97-127.

Esben-Petersen P. 1920. South African Neuroptera. I. *Annals of the South African Museum*, **17**: 507-521.

Esben-Petersen P. 1921a. Notes concerning some Neuroptera in the Helsingfors Museum together with a description of *Hemerobius poppii*. *Notulae Entomologicae*, **1**: 38-43.

Esben-Petersen P. 1921b. Description of a new genus and species of Myrmeleonidae from Japan. *Videnskabelige Meddelelser fra Dansk Naturhistorisk Forening*, **72**: 127-128.

Esben-Petersen P. 1923. Über das genus *Dendroleon* Brauer. *Konowia*, **2**: 86-92.

Esben-Petersen P. [1924] 1921-1940. More Neuroptera from Juan Fernandez and Easter Island. *In*: Skottsberg C. *The Natural Histtory Juan Fernandez and Easter Island Uppsala. Vol. 3. Part III*. Uppsala: Almqvist and Wiksells Boktryckeri: 309-313.

Esben-Petersen P. 1927a. Neuroptera: Chrysopidae of the Seychelles and adjacent islands. *Annals and Magazine of Natural History*, **19**: 445-455.

Esben-Petersen P. 1927b. New and little-known species of Neuroptera in British collections. Part III. *Annals and Magazine of Natural History*, **20**: 343-350.

Esben-Petersen P. 1927c. New species of Neuroptera Planipennia in British collections. *Proceedings of the Zoological Society of London*, **1927**: 549-551.

Esben-Petersen P. 1928. Neuroptera. *In*: Meyrick E. *Insects of Samoa and other Samoan terrestrial Arthropoda. Fasc. 3, Part VII*. London: British Museum of Natural History: 89-108.

Esben-Petersen P. 1929. Australian Neuroptera. Part VI. *Queensland Naturalist*, **7**: 31-35.

Esben-Petersen P. 1935. Myrmeleontidae and Chrysopidae. *In*: Visser P C, Visser-Hooft J. *Wissenschaftliche Ergebnisse der Niederländischen Expeditionen in den Karakorum und die angrenzenden gebiete in den Jahren 1922, 1925, und 1929/30. Bd. 1*. Leipzig: F. A. Brockhaus: 233-235.

Esben-Petersen P. 1936. Neuroptera from Belgian Congo. *Revue Suisse de Zoologie*, **43**: 199-206.

Eversmann E. 1841. Quaedam insectorum species novae, in Rossia orientali observatae, nunc descriptae *et* depictae. *Bulletin de la Société des Naturalistes de*

Moscou, **14**: 351-360.

Eversmann E. 1850. De Ascalaphis nonnullis Rossiam incolentibus. *Bulletin de la Société [Impériale] des Naturalistes de Moscou*, **23**: 276-280.

Fabricius J C. 1775. *Systema entomologiae, sistens insectorvm classes, ordines, genera, species, adiectis synonymis, locis, descriptionibvs, observationibvs*. Offic. Libr. Kortii: Flensbvrgi *et* Lipsiae: 832.

Fabricius J C. 1777. *Genera insectorvm eorvmqve characteres natvrales secvndvm nvmervm, figvram, sitvm et proportionem omnivm partivm oris adiecta mantissa speciervm nvper detectarvm*. Chilonii: M. F. Bartsch: 310.

Fabricius J C. 1787. *Mantissa Insectorvm sistens eorvm species nvper detectas adjectis characteribvs genericis, differentiis specificis, emendationibvs, observationibvs. Tome 1*. Hafniae: C. G. Proft: 519.

Fabricius J C. 1793. *Entomologia systematica emendata et aucta secundum classes, ordines, genera, species adjectis synonimis, locis observationibus, descriptionibus. Tome 2*. Hafniae: C. G. Proft: 519.

Fabricius J C. 1798. *Supplementum entomologiae systematicae*. Hafniae: 572.

Fischer von Waldheim G. [1822-1849] 1820-1822. *Entomographia imperii Russici. Vol. 1*. Mosquau: 210.

Fitch A. 1854. Report [upon the noxious and other insects of the state of New-York]. *Transactions of the New York State Agricultural Society*, **14**: 705-880.

Fitch A. 1856. First and second report on the noxious, beneficial and other insects, of the state of New-York. New York: C. van Benthuysen: 336.

Fraser F C. 1952. New species of Neuroptera in the Museum national d'Histoire naturelle, Paris. *Revue Francaise d'Entomologie*, 19: 55-64.

Gerstaecker A. [1885] 1884b. Vier Decaden von Neuropteren aus der Familie Megaloptera Burm. *Mitteilungen aus dem Naturwissenschaftlichen Verein für Neu-Vorpommern und Rugen*, **16**: 1-49.

Gerstaecker A. [1885] 1884a. Zwei fernere Decaden Australischer Neuroptera Megaloptera. *Mitt[h]eilungen aus dem Naturwissenschaftlichen Verein für Neu-Vorpommern und Rugen*, **16**: 84-116.

Gerstaecker A. [1888] 1887. Weitere Beiträge zur Artenkenntnis der Neuroptera Megaloptera. *Mitt[h]eilungen aus dem Naturwissenschaftlichen Verein für Neu-Vorpommern und Rugen*, **19**: 89-130.

Gerstaecker A. [1894] 1893. Ueber neue und weniger gekannte Neuropteren aus der familie Megaloptera Burm. *Mitt[h]eilungen aus dem Naturwissenschaftlichen Verein für Neu-Vorpommern und Rugen*, **25**: 93-173.

Ghosh S K. 1977. A new genus and a new species of Neuroptera (Fam. Hamerobiidae) from India. *Proceedings of the Indian Academy of Sciences*, **86**: 235-237.

Ghosh S K. 1991. On a few interesting species of the family Corydalidae (suborder Megaloptera: order Neuroptera) from India. *Records of the Zoological Survey of India*, **88**: 147-151.

Girard M J A. 1859. Note sur une espèce nouvelle du genre *Hemerobius*, famille des Hémérobides, tribu des Myrméléoniens, ordre des Névroptères. *Annales de la Société Entomologique de France*, (3) **7**: 163-170.

Girard M J A. 1864. Considérations générales sur le genre Raphidia (Névroptères, Raphidiens) *et* note sur les espèces de ce genre qui se trouvent aux environs de Paris. *Annales de la Société Entomologique de France*, **4**: 669-675.

González O E V. 1987. Notas sinonimicas sobre *Anotiobiella* withycombei *Kimmins*, 1929 (Neuroptera, Hemerobiidae). *Acta Zoologica Lilloana*, **39**: 43-45.

Guérin-Méneville F É. [1829-1844] 1829-1838. *Iconographie du règne animal de G. Cuvier, ou représentation d'après nature de l'une des espèces les plus remarquables, et souvent non encore figurées, de chaque genre d'animaux. Insectes*. Paris: 576.

Hagen H A. 1852. Symbolae ad Monographiam generis *Chrysopae* Leach, sexaginta picturarum tabulis, in lapide acu delineatis, quarum quinquaginta quatuor coloribus impressae sunt illustratae a G. T. Schneider. Vratislaviae 1850. 8. 178 pag. *Stettiner Entomologische Zeitung*, **13**: 30-31, 35-45.

Hagen H A. 1853. Hr. Peters berichtete über die von ihm gesammelten und von Hrn. Dr. Hermann Hagen bearbeiteten Neuropteren aus Mossambique. *Bericht über die zur Bekanntmachung Geeigneten Verhandlungen der Königl. Preuss. Akademie der Wissenschaften zu Berlin*, **1853**: 479-482.

Hagen H A. 1858a. Synopsis der Neuroptera Ceylons [Pars I]. *Verhandlungen der Kaiserlich-Königlichen Zoologisch-Botanischen Gesellschaft in Wien*, **8**: 471-488.

Hagen H A. 1858b. Russlands Neuropteren. *Stettiner Entomologische Zeitung*, **19**: 110-134.

Hagen H A. 1859. Synopsis der Neuroptera Ceylons [Pars II]. *Verhandlungen der Kaiserlich-Königlichen Zoologisch-Botanischen Gesellschaft in Wien*, **9**: 199-212.

Hagen H A. 1860a. Beitrag zur Kenntniss der Myrmeleon-Arten. *Stettiner Entomologiche Zeitung*, **21**: 359-369.

Hagen H A. 1860b. Neuroptera Neapolitana von A. Costa, nebst Synopsis der Ascalaphen Europas. *Stettiner Entomologische Zeitung*, **21**: 38-56.

Hagen H A. 1861. Synopsis of the Neuroptera of North America, with a list of the South American species. *Smithsonian Miscellaneous Collections*, **4**: 1-347.

Hagen H A. 1866a. Die Neuropteren Spaniens nach Ed. Pictet's Synopsis des Neuroptères d'Espagne. Genève 1865. 8. tab. 14 col. und Dr. Staudingers Mittheilungen. *Stettiner Entomologische Zeitung*, **27**: 281-302.

Hagen H A. 1866b. Hemerobidarum Synopsis synonymica. *Stettiner Entomologische Zeitung*, **27**: 369-462.

Hagen H A. 1873. Die Larven von *Myrmeleon*. *Stettiner Entomologische Zeitung*, **34**: 249-295, 377-398.

Handlirsch A. 1920. Kapitel 7. Palaeontologie. *In*: Schröder C. *Handbuch der Entomologie, III*. Jena: G. Fischer: 117-304.

Handschin E. 1959. Beiträge zu einer Revision der Mantispiden (Neuroptera). I Teil. Mantispiden des Musee Royal du Congo Belge, Tervuren. *Revue de Zoologie et de Botanique Africaines*, **59**: 185-227.

Handschin E. 1961. Beiträge zur Kenntnis der Gattungen *Euclimacia*, *Climaciella* und *Entanoneura* Enderlein 1910 im indo-australischen Faunengebiet. *Nova Guinea*, *Zoology*, **15**: 253-301.

Henry C, Brooks S, Duelli P. 2006. Courtship song of the South African lacewing *Chrysoperla zastrowi* (Esben-Petersen) (Neuroptera: Chrysopidae): evidence for a trans-equatorial geographic range? *Journal of Natural History*, **40**: 2173-2195.

Hölzel H. 1965. Neue oder wenig bekannte Chrysopiden aus der sammlung des Naturhistorischen Museums (Chrysopidae, Planipennia). *Annalen des Naturhistorischen Museums in Wien*, **68**: 453-463.

Hölzel H. 1967. Chrysopiden aus der Mongolei. Ergebnisse der Mongolisch-Deutschen Biologischen Expeditionen seit 1962, Nr. 31. *Mitteilungen aus dem Zoologischen Museum in Berlin*, **43**: 251-260.

Hölzel H. 1969. Beitrag zur Systematik der Myrmeleoniden (Neuroptera-Planipennia, Myrmeleonidae). *Annalen des Naturhistorischen Museums in Wien*, **73**: 275-320.

Hölzel H. 1970a. Myrmeleonidae aus den westlichen Teilen der Mongolei (Neuroptera-Planipennia). Ergebnisse der Mongolisch-Deutschen Biologischen Expeditionen seit 1962, Nr. 47. *Mitteilungen aus dem Zoologischen Museum in Berlin*, **46**: 247-264.

Hölzel H. 1970b. Ergebnisse der zoologischen forschungen von dr. z. kaszab in der Mongolei. Beitrag zur kenntnis der Myrmeleoniden der Mongolei (Neuroptera: Planipennia). *Acta Zoological Academiae Scientiarum Hungaricae*, **16**: 115-136.

Hölzel H. 1970c. Zur generischen Klassifikation der palaarktischen Chrysopinae. Eine neue Untergattungen der Chrysopidae (Planipennia). *Zeitschriftder Arbeitsgemeinschaft Osterreichischer Entomologen*, **22**: 44-52.

Hölzel H. 1972. Die Neuropteren Vorderasiens IV. Myrmeleonidae. *Beitäge zur Naturkundlichen Forschung in Südwestdeutschland*, **1**: 3-103.

Hölzel H. 1973. Neuropteren aus Nepal I. Chrysopidae. *Khumbu Himal*, **4**: 333-388.

Illiger J K W. 1798. *Verzeichnis der käfer Preussens, entworfen von Johann Gottlieb Kugelann à ausgearbeitet von Johann Karl Wilhelm Illiger. Mit einer vorrede des professors und pagenhofmeisters Helwig in Braunschweig, und dem angehängten versuche einer natürlichen ordnungs- und gattungs-folge der insekten*. Halle: 510.

International Commission on Zoological Nomenclature. 2010. Opinion 2254. (Case 3399). *Dichochrysa*.

Jiang G F, Fan R J, Yang X K. 1998. Study on the fauna of Chrysopidae (Neuroptera) from Guangxi Zhuang Autonomous Region. *Entomotaxonomia*, **20**: 267-272.

Jiang W, Wang G Q, Liu X Y. 2012. New fishfly species of the *Neochauliodes bowringi* group (Megaloptera: Corydalidae: Chauliodinae). *Zootaxa*, **3230**: 59-64.

Karny H H. 1924. On a remarkable new coniopterygid genus from Egypt (Neuroptera Megaloptera). *Annals and Magazine of Natural History*, **13**: 474-478.

Killington F J. 1935. *Chrysopa albolineata* nom. nov. for *Chrysopa tenella* Schneid. (Neuroptera). *Journal of the Society for British Entomology*, **1**: 87.

Killington F J. 1937. *A monograph of the British Neuroptera, 2*. London: Ray Society: 306.

Kimmins D E. 1928. New and little known Neuroptera of Central America. *Revista Espanola de Entomologia*, **4**: 363-370.

Kimmins D E. 1938. New species of Neuroptera. *Annals and Magazine of Natural History*, **2**: 305-311.

Kimmins D E. 1940. New genera and species of Hemerobiidae (Neuroptera). *Annals and Magazine of Natural History*, **6**: 222-236.

Kimmins D E. 1942. The genus *Thyridosmylus* Krüger, with notes on the subfamily Spilosmylinae (Neuroptera, Osmylidae). *Annals and Magazine of Natural History*, **9**: 848-855.

Kimmins D E. 1943. New species of the genus *Neuronema* McL. (Neuroptera, Hemerobiidae). *Annals and Magazine of Natural History*, **10**: 40-53.

Kimmins D E. 1948. Notes on the genus *Protohermes* Weele (Megaloptera) with description of two new species. *Annals and Magazine of Natural History*, **1**: 765-781.

Kimmins D E. 1954. A new genus and some new species of the Chauliodini (Megaloptera). *Bulletin of the British Museum Natural History* (*Entomology*), **3**: 417-444.

Kimmins D E. 1963. *Egnyonyx* Wesmael, 1836, a nomen oblitum in the family Hemerobiidae (Neuroptera). *Entomologist's Monthly Magazine*, **98**: 202.

Kis B. 1967. *Coniopteryx aspöcki* n. sp., eine neue Neuropterenart aus Europa. *Reichenbachia*, **8**: 123-125.

Kis B, Nagler C, Mandru M C. 1970. Insecta: Neuroptera (Planipennia). *Fauna Republicii Socialiste Romania*, **8**: 1-343.

Kis B, Újhelyi S. 1965. *Chrysopa commata* sp. n., and some remarks on the species *Chrysopa phyllochroma* Wesmael. (Neuroptera). *Acta Zoologica Hungarica*, **11**: 347-352.

Klapálek F. 1894. Is *Aleuropteryx lutea* Löw, identical with *Coniopteryx lutea* Wallg. *Entomologist's Monthly Magazine*, **30**: 121-122.

Klapálek F. 1901. Neuropteroidák. *In*: Horváth G. *Zoologische Ergebnisse der dritten asiatischen Forschungsreise des Grafen Eugen Zichy. Vol. 2*. Budapest: V. Hornyánszky and Leipzig: W. Hiersemann: 470.

Klimaszewski J, Kevan D K M. 1988. The brown lacewing flies of Canada and Alaska (Neuroptera: Hemerobiidae). Part III. The genus *Micromus* Rambur. *Giornale Italiano di Entomologia*, **19**: 31-76.

Klingstedt H. 1932. *Sialis longidens* n. sp. Aus dem sudlichen Zentral-Sibirien. *Memorie della Societas pro Fauna et Flora Fennica*, **8**: 1-3.

Kolbe H J. 1897. Neuropteren. Die Netzflügler. *In*: Möbius K A. *Die Thierwelt [Deutsch-] Ost-Afrikas und der Nachbargebiete*. Berlin: Dietrich Reimer: 1-42.

Kolenati F A. 1856. Meletemata entomologica [Fasc. VI]. Hemipterorum heteropterorum Caucasi. Harpagocorisiae, monographice dispositae. *Bulletin de la Société [Impériale] des Naturalistes de Moscou*, **29**: 419-502.

Krivokhatsky V A. 1990. Revision of the genus *Lopezus* Navás, 1913 (Neuroptera, Myrmeleonidae). *Entomologicheskoe Obozrenie*, **69**: 893-904, 951.

Krivokhatsky V A. 1992. New taxa of Asiatic ant-lions (Neuroptera: Myrmeleontidae). *Entomologicheskoe Obozrenie*, **71**: 405-413, 502.

Krivokhatsky V A. 1996. Two new species of Palearctic antlions (Neuroptera: Myrmeleontidae). *Entomologicheskoe Obozrenie*, **75**: 643-648.

Krivokhatsky V A. 1998. Addtions to the knowledge of the genus *Epacanthaclisis* Okamato 1910 (Neuroptera: Myrmeleontidae). *Journal of Neuropterology*, **1**: 37-54.

Krüger L. 1913a. Osmylidae. Beiträge zu einer Monographie der Neuropteren-Familie der Osmyliden. II. Charakteristik der Familie, Unterfamilien und Gattungen auf Grund des Geäders. *Stettiner Entomologische Zeitung*, **74**: 3-123.

Krüger L. 1913b. Osmylidae. Beiträge zu einer Monographie der Neuropteren-Familie der Osmyliden. IV. Beschreibung der Arten. *Stettiner Entomologische Zeitung*, **74**: 225-294.

Krüger L. 1914. Osmylidae. Beiträge zu einer Monographie der Neuropteren-Familie der Osmyliden. *Stettiner Entomologische Zeitung*, **75**: 9-125.

Krüger L. 1915. Osmylidae. Beiträge zu einer Monographie der Neuropteren-Familie der Osmyliden. VIII. Anhang II. *Stettiner Entomologische Zeitung*, **76**: 60-87.

Krüger L. 1922a. Berothidae. Beiträge zu einer Monographie der Neuropteren-Familie der Berothiden. *Stettiner Entomologische Zeitung*, **83**: 49-88.

Krüger L. 1922b. Hemerobiidae. Beiträge zu einer Monographie der Neuropteren-Familie der Hemerobiiden. *Stettiner Entomologische Zeitung*, **83**: 138-172.

Kuwayama S. 1924. Formosan chrysopidae and notes on the wing venation of the family. *Transactions Natural History Society Formosa*, **13**: 1-5.

Kuwayama S. [1925] 1924-1925. Notes on the Japanese Mantispidae, with special reference to the morphological characters. *Journal of the College of Agriculture, Hokkaido Imperial University*, **15**: 237-267.

Kuwayama S. 1927a. Ueber eine neue *Nothochrysa*-Art aus Formosa. *Insecta Matsumurana*, **1**: 120-122.

Kuwayama S. 1927b. On a new species of Psychopsidae from Formosa. *Insecta Matsumurana*, **1**: 123-126.

Kuwayama S. 1961. A new species of *Anomalochrysa* (Neuroptera) from Formosa. *Publications of the Entomological Laboratory, College of Agriculture, University of Osaka Prefecture*, **6**: 15-16.

Kuwayama S. 1962a. A revisional synopsis of the Neuroptera in Japan. *Pacific Insects*, **4**: 325-412.

Kuwayama S. 1962b. Chrysopidae from Shansi, North China (Neuroptera). *Mushi*, **36**: 9-15.

Kuwayama S. 1964. On the Neuroptera from Amami-Oshima and Yakushima. *Mushi*, **38**: 25-31.

Kuwayama S. 1966. The type specimens of the Neuroptera in the collection of the Entomological Institute, Hokkaido University. *Insecta Matsumurana*, **28**: 133-140.

Kuwayama S. 1970. The genus *Italochrysa* of Japan (Neuroptera: Chrysopidae). *Kontyû*, **38**: 67-69.

Lacroix J L. 1912. Faune névroptérique de l'Algérie *et* de la Tunisie. I. Deux espèces nouvelles. *Insecta, Rennes*, **2**: 202-206.

Lacroix J L. 1913. Contribution a l'étude des Nevroptères de France. Troisième [III] liste. -Variétés nouvelles. *Feuille des Jeunes Naturalistes*, **43**: 98-103, 105-110.

Lacroix J L. 1915a. Formes nouvelles de Chrysopides. *Bulletin de la Société Entomologique de France*, **1915**: 229-231.

Lacroix J L. 1915b. Notes névroptérologiques. Néuroptères capturés dans les Pyrénées orientales. *Bulletin de la Société Entomologique de France*, **1915**: 243-245.

Lacroix J L. 1916. Notes névroptérologiques. VI. Captures diverses *et* formes nouvelles. *Boletín de la Sociedad Aragonesa de Ciencias Naturales*, **15**: 211-216.

Lacroix J L. 1917. Notes névroptérologiques VII. *Boletin de la Sociedad Aragonesa*, **16**: 183-188.

Lacroix J L. 1920. Notes sur quelques insectes Odonates *et* Planipennes. *Bulletin de la Société Entomologique de France*, **1920**: 298-301.

Lacroix J L. 1925. Quelques Nevropteres (sens. lat.) d'Afrique. *Bulletin de la Société d'Histoire Naturelle de l'Afrique du Nord*, **16**: 258-263.

Lacroix J L. 1933. Notes nevropterologiques. XI. *Revue Mensuelle de la Société Entomologique Namuroise*, **33**: 146-152.

Latreille P A. 1796. *Précis des caractères génériques des insectes disposés dans un ordre naturel*. Paris: 201.

Latreille P A. 1802. *Histoire naturelle, générale et particulière des Crustacés et des Insectes, vol. 3*. Paris: Dufart: 467.

Latreille P A. 1807. *Genera crustaceorum et insectorum secundum ordinem naturalem in familias disposita, iconibus exemplisque plurimis explicata. Vol. 3*. Parisiis and Argentorati: 258.

Latreille P A. 1810. *Considérations générales sur l'ordre naturel des animaux composant les classes des Crustacés, des Arachnides, et des Insectes; avec un tableau méthodique de leurs genres, disposés en familles*. Paris: Schoell: 444.

Laxmann E. 1770. Novae Insectorvm species. *Novi Commentarii Academiae Scientiarum Imperialis Petropolitanae*, **14**: 593-604.

Leach W E. 1815. Entomology. *In*: Brewster D. *Edinburgh Encyclopaedia*, *Vol. 9*, *pt. 1*. Edinburgh: 57-172.

Lefèbvre A. 1842. Le genre *Ascalaphus* Fabr. *Guérin-Méneville*, **4**: 1-10.

Lerault P. 1989. Étude de la variation subspécifique de Metachrysopa pallens (Rambur, 1838) n. comb. (Neuroptera, Chrysopidae). *Revue Francaise d'Entomologie*, (Nouvelle Serie) **11**: 105-108.

Leraut P. 1980. Liste des planipennes de France (Neuroptera). *Bulletin de la Société Entomologique de France*, **85**: 237-253.

Leraut P. 1983. Quelques changements dans la nomenclature des chrysopides de France (Neur., Chrysopidae). *Entomologica Gallica*, **1**: 27.

Lestage J A. 1927. La faune entomologique indo-chinoise, 2: les Megalopteres. *Bulletin et Annales de la Société Royale d'Entomologie de Belgique*, **67**: 71-90, 93-119.

Li Y L, Yang X K, Wang X L. 2008. Two new species of the genus *Italochrysa* Principi (Neuroptera, Chrysopidae, Chrysopinae) from China. *Acta Zootaxonomica Sinica*, **33**: 376-379.

Linnaeus C. 1746. *Fauna Suecica sistens animalia sveciae regni: qvadrupedia, aves, amphibia, pisces, insecta, vermes, distributa par classes & ordines, genera & species. Cum differenttis specierum, synonymis autorum, nominibus incolarum, locis habitationum, descriptionibus insectorum*. Conradum Wishoff *et* Georg. Jac. Wishoff, Lugduni Batavorum: 411.

Linnaeus C. 1758. *Systema natura per regna tria naturae secundum classes, ordines, genera, species, cum characteribus, differentiis, synonymis, locis. Editio decima, reformata. Tomus I*. Salvii, Holmiae: 824.

Linnaeus C. 1764. *Museum S: ae R: ae M: tis ludovicae ulricae reginae svecorum, gothorum, vandalorumque & c. & c. & c. in quo animalia rarioa, exotica, imprimis insecta & Concilia describuntur & determinantur prodomi instar editum*. Laurentii Salvii, Holmiae: 720.

Linnaeus C. 1767. *Systema natura per regna tria naturae secundum classes, ordines, genera, species, cum characteribus, differentiis, synonymis, locis. 12th Edition. Vol. 1*, *pt. 2*. Salvii, Holmiae: 533-1327.

Liu X Y, Aspöck H, Aspöck U. 2012. *Sinoneurorthus yunnanicus* n. gen. *et* n. sp. – a spectacular new species and genus of Nevrorthidae (Insecta: Neuroptera) from China, with phylogenetic and biogeographical implications. *Aquatic Insects*, **34**: 131-141.

Liu X Y, Aspöck H, Aspöck U. 2014a. *Inocellia rara* sp. nov. (Raphidioptera: Inocelliidae), a new snakefly species from Taiwan, with remarks on systematics and biogeography of the Inocelliidae of the island. *Zootaxa*, **3753**: 226-232.

Liu X Y, Aspöck H, Aspöck U. 2014b. New species of the genus *Nipponeurorthus* Nakahara, 1958 (Neuroptera: Nevrorthidae) from China. *Zootaxa*, **3838**: 224-232.

Liu X Y, Aspöck H, Bi W X, Aspöck U. 2013. Discovery of Raphidioptera (Insecta: Neuropterida) in Hainan Island, China, with description of a new species of the genus *Inocellia* Schneider. *Deutsche Entomologische Zeitschrift*, **60**: 59-64.

Liu X Y, Aspöck H, Hayashi F, Aspöck U. 2010. New species of the snakefly genus *Mongoloraphidia* (Raphidioptera: Raphidiidae) from Japan and Taiwan, with phylogenetic and biogeographical remarks on the Raphidiidae of Eastern Asia. *Entomological Science*, **13**: 408-416.

Liu X Y, Aspöck H, Yang D, Aspöck U. 2009a. Discovery of *Amurinocellia* H. Aspöck & U. Aspöck (Raphidioptera: Inocelliidae) in China, with description of two new species. *Zootaxa*, **2264**: 41-50.

Liu X Y, Aspöck H, Yang D, Aspöck U. 2009b. *Inocellia elegans* sp. n. (Raphidioptera, Inocelliidae) – A new and spectacular snakefly from China. *Deutsche Entomologische Zeitschrift*, **56**: 319-323.

Liu X Y, Aspöck H, Yang D, Aspöck U. 2010a. Revision of the snakefly genus *Mongoloraphidia* (Raphidioptera: Raphidiidae) from mainland China. *Deutsche Entomologische Zeitschrift*, **57**: 89-98.

Liu X Y, Aspöck H, Yang D, Aspöck U. 2010b. Species of the *Inocellia fulvostigmata* group (Raphidioptera: Inocelliidae) from China. *Deutsche Entomologische Zeitschrift*, **57**: 223-232.

Liu X Y, Aspöck H, Yang D, Aspöck U. 2010c. The *Inocellia crassicornis* species group (Raphidioptera: Inocelliidae) in mainland China, with description of two new species. *Zootaxa*, **2529**: 40-54.

Liu X Y, Aspöck H, Zhan C H, Aspöck U. 2012. A review of the snakefly genus *Sininocellia* (Raphidioptera, Inocelliidae): discovery of the first male and description of a new species from China. *Deutsche Entomologische Zeitschrift*, **59**: 235-243.

Liu X Y, Aspöck H, Zhang W W, Aspöck U. 2012. New species of the snakefly genus *Inocellia* Schneider, 1843 (Raphidioptera: Inocelliidae) from Yunnan, China. *Zootaxa*, **3298**: 43-52.

Liu X Y, Hayashi F, Yang D. 2007a. Systematics of the *Protohermes costalis* species-group (Megaloptera: Corydalidae). *Zootaxa*, **1439**: 1-46.

Liu X Y, Hayashi F, Yang D. 2007b. Revision of the *Neochauliodes sinensis* species-group (Megaloptera: Corydalidae: Chauliodinae). *Zootaxa*, **1511**: 29-54.

Liu X Y, Hayashi F, Yang D. 2008. The *Protohermes guangxiensis* species-group (Megaloptera: Corydalidae), with descriptions of four new species. *Zootaxa*, **1851**: 29-42.

Liu X Y, Hayashi F, Yang D. 2009a. Systematics of the *Protohermes parcus* species group (Megaloptera: Corydalidae), with notes on its phylogeny and biogeography. *Journal of Natural History*, **43**: 355-372.

Liu X Y, Hayashi F, Yang D. 2009b. *Sialis navasi*, a new alderfly species from China (Megaloptera: Sialidae). *Zootaxa*, **2230**: 64-68.

Liu X Y, Hayashi F, Yang D. 2010a. Revision of the *Protohermes davidi* species-group (Megaloptera: Corydalidae), with updated notes on its phylogeny and zoogeography. *Aquatic Insects*, **32**: 299-319.

Liu X Y, Hayashi F, Yang D. 2010b. The genus *Neochauliodes* van der Weele (Megaloptera: Corydalidae) from Indochina, with description of three new species. *Annales Zoologici*, **60**: 109-124.

Liu X Y, Hayashi F, Yang D. 2011. Taxonomic notes and updated phylogeny of the fishfly genus *Ctenochauliodes* van der Weele (Megaloptera: Corydalidae). *Zootaxa*, **2981**: 23-35.

Liu X Y, Hayashi F, Yang D. [2012] 2011. A new species of alderfly (Megaloptera: Sialidae) from Yunnan, China. *Entomological News*, **122**: 265-269.

Liu X Y, Hayashi F, Yang D. 2013. Taxonomic notes on the *Protohermes changninganus* species group (Megaloptera: Corydalidae), with description of two new species. *Zootaxa*, **3722**: 569-580.

Liu X Y, Hayashi F, Viraktamath C A, Yang D. 2012. Systematics and biogeography of the dobsonfly genus *Nevromus* Rambur (Megaloptera: Corydalidae: Corydalinae) from the Oriental realm. *Systematic Entomology*, **37**: 657-669.

Liu X Y, Hayashi F, Yang D. 2015a. New species of alderfly genus *Sialis* (Megaloptera: Sialidae) from China and Vietnam, with a key to species of *Sialis* from Asia. *Entomological Science*, **18**: 452-460.

Liu X Y, Hayashi F, Yang D. 2015b. *Sialis primitivus* sp. nov. (Megaloptera: Sialidae), a remarkable new alderfly species from China. *Zootaxa*, **4033**: 593-599.

Liu X Y, Yang D. 2004. A revision of the genus *Neoneuromus* in China (Megaloptera: Corydalidae). *Hydrobiologia*, **517**: 147-159.

Liu X Y, Yang D. 2005a. Notes on the genus *Neochauliodes* from Guangxi, China (Megaloptera: Corydalidae). *Zootaxa*, **1045**: 1-24.

Liu X Y, Yang D. 2005b. Notes on the genus *Neochauliodes* Weele, 1909 (Megaloptera: Corydalidae) from Henan, China. *Entomological Science*, **8**: 293-300.

Liu X Y, Yang D. 2005c. Revision of the *Protohermes changningensis* species group from China (Megaloptera: Corydalidae: Corydalinae). *Aquatic Insects*, **27**: 167-178.

Liu X Y, Yang D. 2006a. Revision of the genus *Sialis* from Oriental China (Megaloptera: Sialidae). *Zootaxa*, **1108**: 23-35.

Liu X Y, Yang D. 2006b. Revision of the species of *Neochauliodes* Weele, 1909 from Yunnan (Megaloptera: Corydalidae: Chauliodinae). *Annales Zoologici*, **56**: 187-195.

Liu X Y, Yang D. 2006c. Revision of the *Protohermes* species from Tibet, China (Megaloptera: Corydalidae). *Zootaxa*, **1199**: 49-60.

Liu X Y, Yang D. 2006d. Revision of the fishfly genus *Ctenochauliodes* van der Weele (Megaloptera, Corydalidae). *Zoologica Scripta*, **35**: 473-490.

Liu X Y, Yang D. 2006e. Systematics of the *Protohermes davidi* species-group (Megaloptera: Corydalidae), with notes on its phylogeny and biogeography. *Invertebrate Systematics*, **20**: 477-488.

Liu X Y, Yang D. 2006f. Phylogeny of the subfamily Chauliodinae (Megaloptera: Corydalidae), with description of a new genus from the Oriental Realm. *Systematic Entomology*, **31**: 652-670.

Liu X Y, Yang D. 2006g. The genus *Sialis* Latreille, 1802 (Megaloptera: Sialidae) in Palaearctic China, with description of a new species. *Entomologica Fennica*, **17**: 394-399.

Liu X Y, Yang D. 2006h. The *Protohermes differentialis* group (Megaloptera: Corydalidae: Corydalinae) from China, with description of one new species. *Aquatic Insects*, **28**: 219-227.

Liu X Y, Yang D, Hayashi F. 2006. Discovery of *Indosialis* from China, with description of one new species (Megaloptera: Sialidae). *Zootaxa*, **1300**: 31-35.

Liu X Y, Winterton S L, Wu C, Piper R, Ohl M. 2015. A new genus of mantidflies discovered in the Oriental region, with a higher-level phylogeny of Mantispidae (Neuroptera) using DNA sequences and morphology. *Systematic Entomology*, **40**: 183-206.

Liu Z Q. 1995. Two new record genera and new species of Coniopteryginae (Neuroptera: Coniopterygidae) from China. *Entomotaxonomia*, **17** (Suppl.): 35-38. [刘志琦. 1995. 粉蛉亚科中国的新记录属与二新种. 昆虫分类学报, **17** (增刊): 35-38.]

Liu Z Q, Yang C K. 1993. Four new species of Coniopteryginae (Neuroptera: Coniopterygidae) from Guizhou province. *Entomotaxonomia*, **15**: 255-260. [刘志琦, 杨集昆. 1993. 贵州省粉蛉亚科四新种 (脉翅目: 粉蛉科). 昆虫分类学报, **15**: 255-260.]

Liu Z Q, Yang C K. 1997. Neuroptera: Coniopterygidae. *In*: Yang X K. *Insects of the Three Gorge Reservoir area of Yangtze River*. Chongqing: Chongqing Publishing House: 575-579. [刘志琦, 杨集昆. 1997. 脉翅目: 粉蛉科//杨星科. 长江三峡库区昆虫. 重庆: 重庆出版社: 575-579.]

Liu Z Q, Yang C K. 1998. New species and new records of Coniopterygidae from north China (Neuroptera). *Acta Entomologica Sinica*, **41** (Suppl.): 186-193. [刘志琦, 杨集昆. 1998. 中国北方粉蛉新种及新记录 (脉翅目: 粉蛉科). 昆虫学报, **41** (增刊): 186-193.]

Liu Z Q, Yang C K. 2002. Neuroptera: Coniopterygidae. *In*: Huang F S. *Forest insects of Hainan*. Beijing: Science Press: 302-304. [刘志琦, 杨集昆. 2002. 脉翅目: 粉蛉科//黄复生. 海南森林昆虫. 北京: 科学出版社: 302-304.]

Liu Z Q, Yang C K, Shen Z R. 2003a. Two new species of Coniopterygidae (Neuroptera) from Yunnan, China. *Entomotaxonomia*, **25**: 143-147. [刘志琦, 杨集昆, 沈佐锐. 2003a. 云南省粉蛉两新种记述 (脉翅目). 昆虫分类学报, **25**: 143-147.]

Liu Z Q, Yang C K, Shen Z R. 2003b. The first record of genus *Aleuropteryx* Löw (Neuroptera: Coniopterygidae) from China with description of a new species. *Entomotaxonomia*, **25**: 197-200. [刘志琦, 杨集昆, 沈佐锐. 2003b. 中国新纪录—囊粉蛉属及一新种记述 (脉翅目: 粉蛉科). 昆虫分类学报, **25**: 197-200.]

Liu Z Q, Yang C K, Shen Z R. 2004a. A study of the genus *Heteroconis* Enderlein (Insecta: Neuroptera: Coniopterygidae) with four new species from mainland China. *Raffles Bulletin of Zoology*, **52**: 365-372.

Liu Z Q, Yang C K, Shen Z R. 2004b. A review of the genus *Coniocompsa* Enderlein (Neuroptera: Coniopterygidae) from China, with descriptions of three new species. *Oriental Insects*, **38**: 395-404.

Löw F. 1885. Beitrag zur Kenntniss der Coniopterygiden. *Sitzungsberichte der Akademie der Wissenschaften in Wien, Mathematische-Naturwissenschaftliche*

Klasse (*Abtheilung I*), **91**: 73-89.

Makarkin V N. 1985a. A contribution to the fauna of the Neuroptera from the Far East. *Akademiia nauk SSSR, Zoologicheskii Zhurnal*, **64**: 620-622.

Makarkin V N. 1985b. Review of lacewings of the family Hemerobiidae (Neuroptera) of the fauna of the USSR. I. The genera *Hemerobius* L., *Micromus* Ramb., and *Paramicromus* Nakah. *Entomologicheskoe Obozrenie*, **64**: 158-170, 237.

Makarkin V N. 1985c. Review of the family Osmylidae (Neuroptera) of the fauna of the USSR. *In*: Lehr P A, Storozhenko S Y. *Taxonomy and ecology of arthropods from the Far East. Collected scientific papers*. Vladivostok: Far Eastern Scientific Centre: 35-47, 129.

Makarkin V N. 1986. Review of the lacewings of the family Hemerobiidae (Neuroptera) of the fauna of the USSR. II. The genera *Wesmaelius* Krüger, *Sympherobius* Banks, *Psectra* Hagen, *Megalomus* Ramb., *Neuronema* MacLach. and *Drepanepteryx* Leach. *Entomologicheskoe Obozrenie*, **65**: 604-617, 654.

Makarkin V N. 1990. A check-list of the Neuroptera-Planipennia of the USSR far east, with some taxonomic remarks. *Acta Zoologica Hungarica*, **36**: 37-45.

Markl W. 1954. Vergleichend-morphologische Studien zur Systematik und Klassifikation der Myrmeleoniden (Insecta: Neuroptera). *Verhandlungen der Naturforschende Gesellschaft in Basel*, **65**: 178-263.

Matsumura F. 1910. *Injurious and beneficial insects of sugarcane in Formosa*. Tokyo: Keiseisha: 86.

Matsumura F. 1911. Erster Beitrag zur Insekten-Fauna Sachalin. *Journal of the College of Agriculture Sapporo*, **4**: 1-145.

Matsumura S. 1905. *Thousand insects of Japan Vol. 1*. Tokyo: Keiseisha Co.: 213.

Matsumura S. 1907. *Systematic Entomology*. Tokyo: Keiseisha Co.: 336.

Matsumura S. 1931. *6000 illustrated insects of Japan-Empire*. Tokyo: Tokoshoin Co.: 1156.

McLachlan R. 1863. On some new species of neuropterous insects from Australia and New Zealand, belonging to the family Hemerobiidae. *Journal of Entomology: descriptive and geographical*, **2**: 111-116.

McLachlan R. 1866. A new genus of Hemerobidae, and a new genus of Perlidae. *Transactions of the Entomological Society of London*, **15**: 353-354.

McLachlan R. [1867] 1868. New genera and species, etc., of Neuropterous insects; and a revision of Mr F. Walker's British Museum Catalogue, part ii (1853), as far as the end of the genus *Myrmeleon*. *Journal of the Linnean Society* (*Zoology*), **9**: 230-281.

McLachlan R. 1868. A monograph of the British Neuroptera-Planipennia. *Transactions of the Entomological Society of London*, **16**: 145-224.

McLachlan R. 1869a. *Chauliodes* and its allies with notes and descriptions. *Annals and Magazine of Natural History*, **4** (4): 35-46.

McLachlan R. 1869b. New species, & c., of Hemerobiina; with synonymic notes (first series). *Entomologist's Monthly Magazine*, **6**: 21-27.

McLachlan R. 1870. New species, & c., of Hemerobiina – second series (*Osmylus*). *Entomologist's Monthly Magazine*, **6**: 195-201.

McLachlan R. [1871] 1873. An attempt towards a systematic classification of the family Ascalaphidae. *Journal of the Linnean Society of London, Zoology*, **11**: 219-276.

McLachlan R. 1872. Matériaux pour une faune néuroptérologique de l'Asie septentrionale. Seconde partie, Non-Odonates. *Annales de la Société Royale d'Entomologie de Belgique*, **15**: 47-77.

McLachlan R. 1873a. Notes sur les Myrméléonides décrits par M. Le Dr. Rambur. *Annales de la Societe Entomologique de Belgique*, **16**: 127-141.

McLachlan R. [1873b] 1871. Neuroptera [sensu lato]. *Zoological Record*, **8**: 398-409.

McLachlan R. 1875a. A sketch of our present knowledge of the neuropterous fauna of Japan (excluding Odonata and Trichoptera). *Transactions of the Entomological Society of London*, **23**: 167-190.

McLachlan R. 1875b. Neuroptera s. str, Planipennia. *Reise in Turkestan* (*Neuroptera*), **2**: 1-24.

McLachlan R. 1875c. Descriptions de plusieurs Nevroptères-Planipennes *et* Trichoptères nouveaux de l'île de Célébes *et* de quelques espèces nouvelles de Dipseudopsis avec considérations sur ce genre. *Tijdschrift voor Entomologie*, **18**: 1-21.

McLachlan R. 1875d. Setchatokrylye (Neuroptera). *In*: Fedchenko A P. *Puteshestvie v Turkestan. Vypusk 8. Tom II. Zoogeograficheskiia izsliedovania. Chast V. Vol. 2, pt. 5*. S.-Peterburg: Moskva: 60.

McLachlan R. 1882. The Neuroptera of Madeira and the Canary Islands. *Journal of the Linnean Society of London, Zoology*, **16**: 149-183.

McLachlan R. 1883. Neuroptera of the Hawaiian Islands. Part II. Planpennia, with general summary. *Annals and Magazine of Natural History*, **12**: 298-303.

McLachlan R. 1887. Insecta in itinere Cl. N. Przewalskii in Asia centrali novissime lecta. XII. Neuroptera II. Perlides, Planipennes *et* Trichoptères. *Horae Societatis Entomologicae Rossicae*, **21**: 448-457.

McLachlan R. 1891a. An asiatic *Psychopsis* (*Ps. birmana*, n. sp.). *Entomologist's Monthly Magazine*, **27**: 320-321.

McLachlan R. 1891b. Descriptions of new species of holophthalmous Ascalaphidae. *Transactions of the Entomological Society of London*, **39**: 509-515.

McLachlan R. 1893. On species of *Chrysopa* observed in the eastern Pyrenees; together with description of, and notes on, new or little-known Palaearctic forms of the genus. *Transactions of the Entomological Society of London*, **1893**: 227-234.

McLachlan R. 1894a. On two small collections of Neuroptera from Tachien-lu, in the province of Szechuen, western China, on the frontier of Thibet. *Annals and Magazine of Natural History*, **13**: 424-436.

McLachlan R. 1894b. Two new species of Myrmeleonidae from Madagascar. *Annals and Magazine of Natural History*, **13**: 514-517.

McLachlan R. 1899. A second Asiatic species of *Corydalis*. *Transactions of the Entomological Society of London*, **1899**: 281-283.

Meinander M, Klimaszewski J, Scudder G G E, 2009. New distributional records for some Canadian Neuropterida (Insecta: Neuroptera, Megaloptera). *Journal of the Entomological Society of British Columbia*, **106**: 11-15.

Meinander M. 1969. Coniopterygidae from Mongolia (Neuroptera). *Notulae Entomologicae*, **49**: 7-10.

Meinander M. 1972a. A revision of the family Coniopterygidae (Planipennia). *Acta Zoologica Fennica*, **136**: 1-357.

Meinander M. 1972b. Coniopterygidae from Mongolia III (Neuroptera). *Notulae Entomologicae*, **52**: 127-138.

Miller L A. 1984. Hearing in green lacewings and their response to the cries of bats. *In*: Canard M, Séméria Y, New T R. *Biology of Chrysopidae*. The Hague: Dr. W. Junk Publishers: 134-149.

Miller R B, Stange L A, Wang H Y. 1999. New species of antlions from Taiwan (Neuroptera: Myrmeleontidae). *Journal of the National Taiwan Museum*, **52**: 47-78.

Miyake T. 1910. The Mantispidae of Japan. *Journal of the College of Agriculture, Tohoku Imperial University, Sapporo*, **2**: 213-221.

Monserrat V J, Deretsky Z. 1999. New faunistical, taxonomic and systematic data on brown lacewings (Neuroptera: Hemerobiidae). *Journal of Neuropterology*, **2**: 45-66.

Monserrat V J. 1988. Revision de la obra de L. Navás, I: EL genero *Dilar* Rambur, 1842 (Neuropteroidea, Planipennia: Dilaridae). *Neuroptera International*, **5**: 13-23.

Monserrat V J. 1990. A systematic checklist of the Hemerobiidae of the world (Insecta: Neuroptera). *In*: Mansell M W, Aspöck H. *Advances in Neuropterol-*

ogy. Proceedings of the Third International Symposium on Neuropterology (3-4 February 1988, Berg en Dal, Kruger National Park, South Africa). Pretoria: South African Department of Agricultural Development: 215-262.

Monserrat V J. 1993. New data on some species of the genus *Micromus* Rambur, 1842 (Insecta: Neuroptera: Hemerobiidae). *Annali del Museo Civico di Storia Naturale Giacomo Doria*, **89**: 477-516.

Monserrat V J. 2000. New data on the brown lacewings from Asia (Neuroptera: Hemerobiidae). *Journal of Neuropterology*, **3**: 61-97.

Monserrat V J. 2004. Nuevos datos sobre algunas especies de hemeróbidos (Insecta: Neuroptera: Hemerobiidae). *Heteropterus: Revista de Entomología*, **4**: 1-26.

Monserrat V J. 2008. New data on some green lacewing species (Insecta: Neuroptera: Chrysopidae). *Heteropterus Revista de Entomologia*, **8**: 171-196.

Murphy D H, Lee Y T. 1971. Three new species of *Coniopteryx* from Singapore (Plannipennia: Coniopterygidae). *Journal of Entomology, London*, (B) **40**: 151-161.

Nakahara W. 1912a. Nipponsan kamakirimodokikwa no kenkyn. *Zoological Magazine*, **24**: 558-566.

Nakahara W. 1912b. On the Japanese Mantispidae. *Insect World*, **16**: 12-15.

Nakahara W. 1913a. On three new species of Myrmeleonidae from Japan and Formosa (Neur. Planip.). *Entomological News*, **24**: 297-301.

Nakahara W. 1913b. On the family Myrmeleontidae. *Zoological Magazine*, **25**: 619-620.

Nakahara W. 1913c. A revision of the Mantispidae of Japan. *Annotationes Zoologicae Japonenses*, **8**: 229-237.

Nakahara W. 1913d. Studies on Japanese Coniopterygidae. *Zoological Magazine*, **25**: 195-201.

Nakahara W. 1913e. On the Japanese Myrmeleontidae. *Zoological Magazine*, **25**: 527-528.

Nakahara W. 1914. On the Osmylinae of Japan. *Annotationes Zoologicae Japonenses*, **8**: 489-518.

Nakahara W. 1915a. A synonymic list of Japanese Chrysopidae, with descriptions of one new genus and three new species. *Annals of the Entomological Society of America*, **8**: 117-122.

Nakahara W. 1915b. On the Hemerobiinae of Japan. *Annotationes Zoologicae Japonenses*, **9**: 11-48.

Nakahara W. 1919. Revisional notes on the Japanese Hemerobiidae. *Insect World*, **23**: 135-137.

Nakahara W. 1955a. Description of *Neolysmus ogatai* gen. *et* sp. nov., with remarks on the genus *Lysmus* Navás (Neuroptera: Osmylidae). *Kontyû*, **23**: 13-15.

Nakahara W. 1955b. Formosan Neuroptera collected by the late Dr. T. Kano. *Kontyû*, **23**: 6-12.

Nakahara W. 1955c. New Chrysopidae from Formosa. *Kontyû*, **23**: 143-147.

Nakahara W. 1955d. The Dilaridae of Japan and Formosa (Neuroptera). *Kontyû*, **23**: 133-142.

Nakahara W. 1957. A new species of *Dilar* from north China (Neuroptera: Dilaridae). *Mushi*, **30**: 31-33.

Nakahara W. 1958. The Neurorthinae, a new subfamily of the Sisyridae (Neuroptera). *Mushi*, **32**: 19-32.

Nakahara W. 1960. Systematic studies on the Hemerobiidae (Neuroptera). *Mushi*, **34**: 1-69.

Nakahara W. 1961. A new species of the Mantispidae from Japan (Neuroptera). *Mushi*, **35**: 63-66.

Nakahara W. 1966a. Hemerobiidae, Sisyridae and Osmylidae of Formosa and Ryukyu Islands (Neuroptera). *Kontyû*, **34**: 193-207.

Nakahara W. 1966b. Neotropical Hemerobiidae in the United States National Museum. *Proceedings of the United States National Museum*, **117**: 107-122.

Nakahara W. 1971. Some genera and species of the Hemerobiidae (Neuroptera). *Kontyû*, **39**: 7-14.

Navás L, Marcet A F. 1910. Coniopterígido (Ins. Neur.) nuevo de Montserrat. *Revista Montserratina*, **4**: 150-151.

Navás L. 1901. Notas neuropterológiques. *Butlletí de la Institució Catalana d'Historia Natural*, (1) **1**: 17-20, 23-28, 46-50.

Navás L. 1903a. Diláridos de España. *Memorias de la Real Academia de Ciencias y Artes de Barcelona*, (3) **4**: 373-381.

Navás L. 1903b. Notas entomológicas. XII. Algunos insectos nuevos ó poco conocidos. *Boletín de la Sociedad Espanola de Historia Natural*, **3**: 114-118.

Navás L. 1904. Notas zoológicas. I. Las Chrysopas (Insectos Neurópteros) de Chamartín de la Rosa (Madrid). *Boletín de la Sociedad Aragonesa de Ciencias Naturales*, **3**: 115-122.

Navás L. 1905a. Notas zoológicas. VII. Insectos orientales nuevos ó poco conocidos. *Boletín de la Sociedad Aragonesa de Ciencias Naturales*, **4**: 49-55.

Navás L. 1905b. Notas neuropterológiques. VI. Neurópteros de Montserrat. *Butlletí de la Institució Catalana d'Història Natural*, (1) **5**: 11-21.

Navás L. 1906. Catálogo descriptivo de los insectos Neurópteros de las Islas Canarias. *Revista de la Real Academia de Ciencias Exactas Fisicas y Naturales de Madrid*, **4**: 687-706.

Navás L. 1907. Notas zoológicas. XIII. Insectos nuevos ó recientemente descritos de la Peninsula Ibérica. *Boletín de la Sociedad Aragonesa de Ciencias Naturales*, **6**: 194-200.

Navás L. 1908a. Neurópteros de España y Portugal. *Brotéria (Zoológica)*, **7**: 5-131.

Navás L. 1908b. Neurópleros nuevos. *Memorias de la Real Academia de Ciencias y Artes de Barcelona*, (3) **6**: 401-423.

Navás L. 1909a. Notas neuropterológicas. XI. Mirmeleónido nuevo de Madagascar. *Butlletí de la Institució Catalana d'Història Natural*, (1) **9**: 71-72.

Navás L. 1909b. Rhaphidides (Insectes Névroptères) du Musée de Paris. *Annales de la Société Scientifique de Bruxelles*, **33**: 143-146.

Navás L. 1909c. Neurópteros de los alrededores de Madrid. Suplemento I. *Revista de la Real Academia de Ciencias Exactas Fisicas y Naturales de Madrid*, **8**: 370-380.

Navás L. 1909d. Neurópteros nuevos de la fauna ibérica. *In*: *Actas y Memorias del Primer Congreso de Naturalistas Españoles* (*held in Zaragoza, October 1908*). Zaragoza: 143-158.

Navás L. 1909e. Sur une *Chrysopa* nouvelle d'Espagñe (Neur.). *Deutsche Entomologische Zeitschrift, Berlin*, **1909**: 793-794.

Navás L. 1909f. Deux Hémérobides (insectes névroptères) nouveaux. *Annales de la Société Scientifique de Bruxelles*, **33**: 215-220.

Navás L. [1909g] 1908-1909. Mantíspidos nuevos [I]. *Memorias de la Real Academia de Ciencias y Artes de Barcelona*, (3) **7**: 473-485.

Navás, L. [1909h] 1908-1909. Monografía de la familia de los Diláridos (Ins. Neur.). *Memorias de la Real Academia de Ciencias y Artes de Barcelona*, (3) **7**: 619-671.

Navás L. 1909i. Notas neuropterológicas. X. Sobre Ascaláfidos. *Butlletí de la Institució Catalana d'Història Natural*, (1) **9**: 52-57.

Navás L. 1910a. Névroptères des bords de la Meuse *et* de la Molignée (Namur). *Revue Mensuelle de la Société Entomologique Namuroise*, **10**: 74-76.

Navás L. 1910b. Neuróptères nouveaux de l'Orient. *Revue Russe d'Entomologie*, **10**: 190-194.

Navás L. 1910c. Notes entomologicas (2. a serie). *Boletín de la Sociedad Aragonesa de Ciencias Naturales*, **9**: 168-169, 240-248.

Navás L. 1910d. Crisópidos (Ins. Neur.) nuevos. *Brotéria (Zoológica)*, **9**: 38-59.

Navás L. 1910e. Mis excursiones entomológicas durante el verano de 1909 (2 Julio-3 Agosto). *Butlletí de la Institució Catalana d'Història Natural*, (1) **10**: 32-56, 74-75.

Navás L. 1910f. Hemeróbidos (Ins. Neur.) nuevos con la clave de las tribus y géneros de la familia. *Brotéria (Zoológica)*, **9**: 69-90.

Navás L. 1910g. Monografia de los Nemoptéridos (Insectos Neurópteros). *Memorias de la Real Academia de Ciencias y Artes de Barcelona*, (3) **8**: 341-408.

Navás L. 1910h. Osmylides exotiques (insectes névroptères) nouveaux. *Annales de la Société Scientifique de Bruxelles*, **34**: 188-195.

Navás L. [1910i] 1909. Hémérobides nouveaux du Japon (Neuroptera). *Revue Russe d'Entomologie*, **9**: 395-398.

Navás L. 1911a. Notas entomológicas. [2. a serie]. 3. Excursiones por los alrededores de Granada. *Boletín de la Sociedad Aragonesa de Ciencias Naturales*, **10**: 204-211.

Navás L. 1911b. Chrysopides nouveaux (Ins. Neur). *Annales de la Société Scientifique de Bruxelles*, **35**: 266-282.

Navás L. 1911c. Nouvelles formes de Chrysopides (Ins. Nevr.) de France. *Annales de l'Association des Naturalistes de Levallois-Perret*, **17**: 12-14.

Navás L. 1911d. Névroptères nouveaux de l'extrême Orient. *Revue Russe d'Entomologie*, **11**: 111-117.

Navás L. 1911e. Notes sur quelques Névroptères. I. *Insecta, Rennes*, **1**: 239-246.

Navás, L. 1911f. Notes sur quelques Névroptères d'Afrique. I. *Revue de Zoologie Africaines*, **1**: 230-244.

Navás L. 1912a. Notas sobre Mirmeleónidos (Ins. Neur.). *Brotéria (Zoológica)*, **10**: 29-75, 85-97.

Navás L. 1912b. Insectos neurópteros nuevos o poco conocidos. *Memorias de la Real Academia de Ciencias y Artes de Barcelona*, (3) **10**: 135-202.

Navás L. 1912c. Myrmeléonides nouveaux de l'extrème Orient (Neuroptera). *Revue Russe d'Entomologie*, **12**: 110-114.

Navás L. 1912d. Synopsis de Névroptères de Belgique. *Revue Mensuelle de la Société Entomologique Namuroise*, **12**: 9-13, 27-31, 35-39, 47-51, 57-59, 63-67, 72-75, 80-82, 91-95, 104-107, 116-119, 128-130.

Navás L. 1912e. Myrméléonides (Ins. Névr) nouveaux ou peu connus. *Annales de la Société Scientifique de Bruxelles*, **36**: 203-248.

Navás L. 1912f. Insectos Neurópteros nuevos. *In*: V*erhandlungen des VIII Internationalen Zoologen-kongresses* (*held in Graz, 15-20 August 1910*). Jena: Gustav Fischer: 746-751.

Navás L. 1912g. Quelques Nevroptères de la Sibérie méridionale-orientale. *Revue Russe d'Entomologie*, **12**: 414-422.

Navás L. 1912h. Crisópidos y Hemeróbidos (Ins. Neur.) nuevos ó críticos. *Brotéria (Zoológica)*, **10**: 98-113.

Navás L. 1912i. Notes sur quelques Névroptères d'Afrique. II. *Revue de Zoologie Africaines*, **1**: 401-410.

Navás, L. 1912j. Bemerkungen über die Neuropteren der Zoologischen Staatssammlung in München. III. *Mitteilungen der Münchener Entomologischen Gesellschaft*, **3**: 55-59.

Navás L. 1913a. Bemerkungen über die Neuropteren der Zoologischen Staatssammlung in München. V. *Mitteilungen der Münchener Entomologischen Gesellschaft*, **4**: 9-15.

Navás L. 1913b. Neuroptera asiatica. I series. *Revue Russe d'Entomologie*, **13**: 271-284.

Navás L. 1913c. Expedition to the central western Sahara. X. Quelques Névroptères du Sahara Français. *Novitates Zoologicae*, **20**: 444-458.

Navás L. 1913d. Mis excursiones por el extranjero en el verano de 1912 (25 julio-16 septiembre). *Memorias de la Real Academia de Ciencias y Artes de Barcelona*, (3) **10**: 479-514

Navás L. 1913e. Taxonomic and nomenclatural notes. *Boletín de la Sociedad Aragonesa de Ciencias Naturales*, **12**: 122-123.

Navás L. 1913f. Névroptères de Barbarie. Première [I] série. *Bulletin de la Société d'Histoire Naturelle de l'Afrique du Nord*, **4**: 212-219.

Navás L. 1913g. Espèces nouvelles de Nèvroptères exotiques. *Extrait des Annales l'Association des Naturalistes de Levallois-Perret*, **19**: 10-13.

Navás L. 1913h. Algunos órganos de las alas de los insectos [III]. *In*: *Transactions of the 2nd International Congress of Entomology* (*held in Oxford, 1912*). *Vol. 2*: 178-186.

Navás L. 1914a. Neurópteros nuevos o poco conocidos (Segunda y Tercera serie). *Memorias de la Real Academia de Ciencias y Artes de Barcelona*, (3) **11**: 105-119, 193-215.

Navás L. [1914b] 1913-1915. Neurópteros de la Tripolitania. II Serie. *Annali del Museo Civico di Storia Naturale Giacomo Doria*, **6**: 202-209.

Navás L. 1914c. Neurópteros sudamericanos. Primera serie. *Brotéria (Zoológica)*, **12**: 45-56, 215-234.

Navás L. 1914d. Névroptères de l'Indo-Chine. 1re série. *Insecta, Rennes*, **4**: 133-142.

Navás L. 1914e. *Voyage de Ch. Alluaud et R. Jeannel en Afrique Orientale* (*1911-1912*). *Résultats scientifiques. Insectes Névroptères. I. Planipennia et Mecoptera*. Paris: 52.

Navás L. [1914f] 1913-1914. Myrméléonides (Ins. Névr.) nouveaux ou critiques. *Annales de la Société Scientifique de Bruxelles*, **38**: 229-254.

Navás L. 1914g. Neuropteros nuevos de Africa. *Memorias de la Real Academia de Ciencias y Artes de Barcelona*, (3) **10**: 627-653.

Navás L. 1914h. Les Chrysopides (Ins. Névr.) du Musée de Londres. *Annales de la Société Scientifique de Bruxelles*, **38**: 73-114.

Navás L. 1914i. Neuroptera asiatica. III series. *Revue Russe d'Entomologie*, **14**: 6-13.

Navás L. 1914j. Notas entomológicas [2. a serie]. 11. Neurópteros del Moncayo (Zaragoza). *Boletín de la Sociedad Aragonesa de Ciencias Naturales*, **13**: 207-218.

Navás L. 1914k. Quelques Névroptères reoueillis par le Dr. Malcolm Burr en Transcauoasie. *Revue Russe d'Entomologie*, **14**: 211-216.

Navás L. [1914l] 1913. Neuroptera asiatica. II series. *Revue Russe d'Entomologie*, **13**: 424-430.

Navás L. 1914m. Family Dilaridae. Neuroptera. *Genera Insectorum Fascicle*, **156**: 1-14.

Navás L. 1914n. Neurópteros de Oceanía. Primera [I] serie. *Revista de la Real Academia de Ciencias Exactas Fisicas y Naturales de Madrid*, **12**: 464-483.

Navás L. 1915a. Some Neuroptera from the United States. *Bulletin of the Brooklyn Entomological Society*, **10**: 50-54.

Navás L. [1915b] 1913-1915. Materiali per una fauna dell'arcipelago Toscano. IX. Algunos Neurópteros de la Isla del Giglio. *Annali del Museo Civico di Storia Naturale Giacomo Doria, Genoa*, **46**: 276-278.

Navás L. 1915c. Notas entomológicas. 2.a serie. 12. Excursiones por Cataluña, Julio de 1914. *Boletín de la Sociedad Aragonesa de Ciencias Naturales*, **14**: 27-32, 35-59, 67-80.

Navás L. 1915d. Neue Neuropteren. Erste [I] and Zweite [II] series. *Entomologische Mitteilungen*, **4**: 146-153, 194-202.

Navás L. 1915e. Neurópteros nuevos o poco conocidos (Cuarta [IV] serie). *Memorias de la Real Academia de Ciencias y Artes de Barcelona*, (3) **11**: 373-398.

Navás L. 1915f. Neurópteros nuevos o poco conocidos (Quinta [V] serie). *Memorias de la Real Academia de Ciencias y Artes de Barcelona* (3) **11**: 455-480.

Navás L. 1915g. Neurópteros nuevos o poco conocidos (Sexta [VI] serie). *Memorias de la Real Academia de Ciencias y Artes de Barcelona*, (3) **12**: 119-136.

Navás L. [1915h] 1914-1915. Ordo Neuroptera and *Sympherobius amicus* Navás sp. n. in Silvestri, F. Contributo alla conoscenza degli insetti dell'oliva dell'Eritrea e dell'Africa meridionale. *Bollettino del Laboratorio de Zoologia Generale e Agraria dell Facolta Agraria in Portici*, **9**: 240-334.

Navás L. 1916a. Neurópteros nuevos de Espana (Segunda [II serie]). *Revista de la Real Academia de Ciencias Exactas Fisicas y Naturales de Madrid*, **14**: 593-601.

Navás L. 1916b. Excursions entomològiques al nort de la provincia de Lleida. *Butlletí de la Institució Catalana d'Història Natural*, (1) **16**: 150-158.
Navás L. 1916c. Neuroptera nova Africana. VII Series. *Memorie dell'Accademia Pontifica dei Nuovi Lincei*, (2) **2**: 51-58.
Navás L. 1917a. Insecta nova. II Series. *Memorie dell'Accademia Pontifica dei Nuovi Lince*, (2) **3**: 13-22.
Navás L. 1917b. Névroptères de l'Indo-Chine. 2e série. *Insecta, Rennes*, **7**: 8-17.
Navás L. 1917c. Notas sobre la familia de los Osmílidos (Ins. Neur.). *Musei Barcinonensis Scientiarum Naturalium Opera*, **4**: 1-21.
Navás L. 1917d. Neurópteros nuevos o poco conocidos (Octava [VIII] serie). *Memorias de la Real Academia de Ciencias y Artes de Barcelona*, (3) **13**: 155-178.
Navás L. 1917e. Comunicaciones entomológicas. 2. Excursiones entomológicas per Aragón y Navarra. *Revista de la [Real] Academia de Ciencias Exactas Fisico-Quimicas y Naturales de Zaragoza*, (1) **2**: 81-91.
Navás L. 1918a. Neurópteros nuevos o poco conocidos. (Décima [X] serie). *Memorias de la Real Academia de Ciencias y Artes de Barcelona*, (3) **14**: 339-366.
Navás L. 1918b. Insecta nova. IV Series. *Memorie dell'Accademia Pontifica dei Nuovi Lincei*, (2) **4**: 13-23.
Navás L. 1918c. Quelques Névroptères d'Algérie. *Insecta, Rennes*, **8**: 167-176.
Navás L. 1918d. Algunos insectos de la República Argentina. *Revista de la Real Academia de Ciencias Exactas Fisicas y Naturales de Madrid*, **16**: 491-504.
Navás L. [1918-1919] 1917f. *Monografia de l'ordre dels Rafidiòpters (Ins.)*. Barcelona: Arxius de l'Institut de Ciències: 90.
Navás L. 1919a. Insecta nova. VI Series. *Memorie dell'Accademia Pontifica dei Nuovi Lince*, (2) **5**: 11-19.
Navás L. 1919b. Neurópteros de España nuevos. Segunda serie. *Boletín de la Sociedad entomológica de España*, **2**: 218-223.
Navás L. 1919c. Algunos insectos Neurópteros de la República Argentina. Serie tercera. *Revista de la Real Academia de Ciencias Exactas Fisicas y Naturales de Madrid*, **17**: 287-305.
Navás L. 1919d. Névroptères de l'Indo-Chine. 3e série. *Insecta, Rennes*, **9**: 185-194.
Navás L. 1919e. Excursiones entomológicas por Cataluña durante el verano de 1918. *Memorias de la Real Academia de Ciencias y Artes de Barcelona*, (3) **15**: 181-214.
Navás L. 1919f. Once Neurópteros nuovos españoles. *Boletin de la Sociedad Entomologica de España*, **2**: 48-56.
Navás L. 1920a. Sur des Névroptères nouveaux ou critiques. Première série. *Annales de la Société Scientifique de Bruxelles*, **39**: 27-37.
Navás L. [1920b] 1919-1920. Sur des Névroptères nouveaux ou critiques. Deuxième série. *Annales de la Société Scientifique de Bruxelles*, **39**: 189-203.
Navás L. [1920c] 1919. A contribution to the knowledge of the neuropterous insects of Algeria. *Novitates Zoologicae*, **26**: 283-290.
Navás L. [1921] 1919. Comunicaciones entomológicas. 4. Insectos nuevos criticos ó poco conocidos. *Revista de la Academia Ciencias Exactas Fisico-Quimicas y Naturales de Zaragosa*, (1) **6**: 61-81.
Navás L. 1922. Insectos exóticos. *Brotéria* (*Zoológica*), **20**: 49-63.
Navás L. 1923a. Insecta nova. IX Series. *Memorie dell'Accademia Pontifica dei Nuovi Lincei*, (2) **6**: 9-18.
Navás L. 1923b. Insecta orientalia. I Series. *Memorie dell'Accademia Pontifica dei Nuovi Lincei*, (2) **6**: 29-41.
Navás L. 1923c. Quelques Myrméléonides (Ins. Névr.) d'Afrique. *Annales de la Société Scientifique de Bruxelles*, **43**: 143-147.
Navás L. [1923d] 1919. Estudis sobre Neuròpters (Insectes). *Arxius de l'Institut de Ciències, Institut d'Estudis Catalans, Secció de Ciències*, **7**: 179-203.
Navás L. [1923e] 1922. Algunos insectos del Museo de París. [1.a serie.] *Revista de la Academia de Ciencias Exactas Fisico-Quimicas y Naturales de Zaragoza*, (1) **7**: 15-51.
Navás L. 1923f. Névroptères de Barbarie. Quatrième [IV] série. *Bulletin de la Société d'Histoire Naturelle de l'Afrique du Nord*, **14**: 339-340.
Navás L. 1924a. Myrméléonides (Ins. Névr) nouveaux ou critiques 2me série. *Annales de la Société Scientifique de Bruxelles*, **43**: 70-74.
Navás L. 1924b. Insecta orientalia. II Series. *Memorie dell'Accademia Pontifica dei Nuovi Lincei*, (2) **7**: 211-216.
Navás L. 1924c. Insecta orientalia. III Series. *Memorie dell'Accademia Pontifica dei Nuovi Lince*, (2) **7**: 217-228.
Navás L. 1925a. Algunos insectos del Museo de Paris. 2. a série. *Brotéria* (*Zoológica*), **22**: 75-83.
Navás L. 1925b. Neurópteros del Museo de Berlin. *Revista de la Academia de Ciencias Zaragoza*, **9**: 20-34.
Navás L. 1925c. Névroptères nouveaux. *Annales de la Société Scientifique de Bruxelles*, **44**: 566-573.
Navás L. 1925d. Insectos exóticos nuevos o poco conocidos. Segunda [II] serie. *Memorias de la Real Academia de Ciencias y Artes de Barcelona*, (3) **19**: 181-200.
Navás L. [1925e] 1924. Sinopsis de los Neurópteros (Ins.) de la península ibérica. *Memorias de la Sociedad Iberica de Ciencias Naturales*, **4**: 1-150.
Navás L. 1926a. Insectos exóticos Neurópteros y afines. *Brotéria* (*Zoológica*), **23**: 79-93.
Navás L. 1926b. Insecta nova. Series XI. *Memorie dell'Accademia Pontifica dei Nuovi Lincei*, (2) **9**: 101-110.
Navás L. 1926c. Insecta orientalia. IV series. *Memorie dell'Accademia Pontifica dei Nuovi Lincei*, (2) **9**: 111-120.
Navás L. 1926d. Névroptères d'Egypte *et* de Palestine. 2me and 3me partie. *Bulletin de la Société Entomologique d'Egypte*, **10**: 26-62, 192-216.
Navás L. 1926e. Trichoptera, Megaloptera und Neuroptera aus dem Deutsch. Emtomolog. Institut (Berlin-Dahlem). II serie. *Entomologische Mitteilungen*, **15**: 57-63.
Navás L. 1927a. Neuropteren, Megalopteren, Plecopteren und Trichopteren aus dem Deutsch. Entomolog. Institut (Berlin-Dahlem). III serie. *Entomologische Mitteilungen*, **16**: 37-43.
Navás L. 1927b. Veinticinco formas nuevas de insectos. *Boletín de la Sociedad Ibérica de Ciencias Naturales*, **26**: 48-75.
Navás L. 1927c. Insectos de la Somalia Italiana. *Memorie della Società Entomologica Italiana*, **6**: 85-89.
Navás L. 1927d. Insecta orientalia. V Series. *Memorie dell'Accademia Pontifica dei Nuovi Lincei*, (2) **10**: 11-26.
Navás L. 1927e. Insectos del Museo de París. 4. a serie. *Brotéria* (*Zoológica*), **24**: 5-33.
Navás L. 1927f. Insectos nuevos de la península ibérica. *Boletín de la Sociedad Entomologica de España*, **10**: 78-84.
Navás L. [1927g] 1927-1928. Névroptères de la Chine. *Arkiv för Zoologi*, **19**: 1-5.
Navás L. 1928a. Excursiones por la provincia de Gerona. *Butlletí de la Institució Catalana d'Història Natural*, (2) **8**: 37-53.
Navás L. 1928b. Insectos del Museo de Estocolmo. *Revista de la Real Academia de Ciencias Exactas Fisicas y Naturales de Madrid*, **24**: 28-39.
Navás L. 1929a. Insectos exóticos Neurópteros y afines del Museo Civico de Génova. *Annali del Museo Civico di Storia Naturale Giacomo Doria*, **53**: 354-389.
Navás L. 1929b. Insecta orientalia. VI Series. *Memorie dell'Accademia Pontifica dei Nuovi Lince*, (2) **12**: 33-42.
Navás L. 1929c. Insecta nova. Series XIII. *Memorie dell'Accademia Pontifica dei Nuovi Lince*, (2) **12**: 15-23.

Navás L. [1929d] 1928. Insectos neotropicos. 4. a serie. *Revista Chilena de Historia Natural*, **32**: 106-128.
Navás L. 1929e. [Insecta orientalia.] VII Series. *Memorie dell'Accademia Pontifica dei Nuovi Lincei*, (2) **12**: 43-56.
Navás L. 1929f. [Ricerche faunistiche nelle isole italiane dell'Egeo. 2.] Neurópteros. *Archivio Zoologico Italiano*, **13**: 187-191.
Navás L. 1929g. Monografía de la familia de los Berótidos (Insectos, Neurópteros). *Memorias de la Academia de Ciencias Exactas, Fisico-Quimicas y Naturales de Zaragoza*, **2**: 1-107.
Navás L. 1930a. *Neurocolinus* nom. nov. for *Colinus* Navás, 1925 and *Chenbergus* nom. nov. for *Brachycentrus* Taschenberg, 1865. *Boletín de la Sociedad Entomologica de España*, **13**: 42-43.
Navás L. 1930b. Insecta nova. Series XV. *Memorie dell'Accademia Pontifica dei Nuovi Lincei*, (2) **14**: 409-418.
Navás L. 1930c. Insectos del Museo de Pairs. 5. a and 6. a série. *Brotéria* (*Zoológica*), **26**: 5-24, 120-144.
Navás L. 1930d. Comunicaciones entomológicas. 12. Insectos de la India. 2. a serie. *Revista de la [Real] Academia de Ciencias Exactas Fisico-Quimicas y Naturales de Zaragoza*, (1) **13**: 29-48.
Navás L. 1930e. Névroptères *et* insectes voisins. Chine *et* pays environnants. Première [I] série. *Notes d'Entomologie Chinoise*, **1**: 1-12.
Navás L. 1931a. [Décadas de insectos nuevos.] Decada 1-3. *Revista de la Real Academia de Ciencias Exactas Fisicas y Naturales de Madrid*, **26**: 60-86.
Navás L. 1931b. Insectes du Congo Belge (Série V). *Revue de Zoologie et de Botanique Africaines*, **20**: 257-279.
Navás L. [1931c] 1930. Comunicaciones entomológicas. 13. Insectos de la India. 3. a serie. *Revista de la Academia de Ciencias Exactas Fisico-Quimicas y Naturales de Zaragoza*, (1) **14**: 74-92.
Navás L. [1931d] 1930. Excursió entomològica a la vall de Noguera de Cardós (Lleida). *Butlletí de la Institució Catalana d'Història Natural*, (2) **10**: 156-169.
Navás L. 1931e. Névroptères *et* insectes voisins. Chine *et* pays environnants. Deuxième [II] série. *Notes d'Entomologie Chinoise*, **1**: 1-10.
Navás L. 1932a. Decadas de insectos nuevos. Decada 19. *Brotéria* (*Ciências Naturais*), **28**: 62-73.
Navás L. 1932b. Decadas de insectos nuevos. Decada 21. *Brotéria* (*Ciências Naturais*), **28**: 109-119.
Navás L. 1932c. Decadas de insectos nuevos. Decada 22. *Brotéria* (*Ciências Naturais*), **28**: 145-155.
Navás L. 1932d. Neurópteros de Haiti. *Boletín de la Sociedad Entomologica de España*, **15**: 33-37.
Navás L. 1932e. Insecta orientalia. X series. *Memorie dell'Accademia Pontifica dei Nuovi Lincei*, (2) **16**: 921-949.
Navás L. 1933a. Insecta orientalia. XII Series. *Memorie dell'Accademia Nuovi Lincei*, **17**: 75-108.
Navás L. 1933b. Neurotteri e Tricotteri del "Deutsches Entomológisches Institut" di Berlin-Dahlem. *Bollettino della Societa Entomologica Italiana*, **65**: 105-113.
Navás L. 1933c. Névroptères *et* insectes voisins. Chine *et* pays environnants. Cinquième [V] série. *Notes d'Entomologie Chinoise*, **1**: 1-10.
Navás L. 1933d. De las cazas del Sr. Gadeau de Kerville en el Asia Menor. *Travaux, Ve Congres International d'Entomologie*, **2**: 221-225.
Navás L. 1933e. Insectes du Congo Belge. Série VIII. *Revue de Zoologie et de Botanique Africaines*, **23**: 308-318.
Navás L. 1933f. Névroptères *et* insectes voisins. Chine *et* pays environnants. Quatrième [IV] série. *Notes d'Entomologie Chinoise*, **1**: 1-22.
Navás L. [1933g] 1932. Fáunula de Sobradiel (Zaragoza). *Revista de la [Real] Academia de Ciencias Exactas Fisico-Quimicas y Naturales de Zaragoza*, (1) **16**: 11-28.
Navás L. 1933h. Décadas de insectos nuevos. Década 24. *Brotéria* (*Ciências Naturais*), **29**: 101-110.
Navás L. 1934a. Comunicaciones entomológicas. 17. Insectos de Madagascar. Primera [I] serie. *Revista de la [Real] Academia de Ciencias Exactas Fisico-Quimicas y Naturales de Zaragoza*, (1) **17**: 49-76.
Navás L. 1934b. Névroptères *et* insectes voisins. Chine *et* pays environnants. Sixième [VI] série. *Notes d'Entomologie Chinoise*, **1**: 1-8.
Navás L. 1934c. Insectos del Museo de Hamburgo. 2. a serie. *Memorias de la Real Academia de Ciencias y Artes de Barcelona*, (3) **23**: 499-508.
Navás L. 1934d. Insectos suramericanos. Novena serie. *Revista de la Real Academia de Ciencias Exactas Fisicas y Naturales de Madrid*, **31**: 155-184.
Navás L. 1935a. Neurópteros exóticos 2.a serie. *Memorias de la Real Academia de Ciencias y Artes de Barcelona*, (3) **25**: 37-59.
Navás L. 1935b. Spedizione zoological del Marchese Saverio Patrizi nel Basso Giuba e nell'oltregiuba, Giugno-Agosto 1934 XII. Neurotterii. *Annali del Museo Civico de Storia Naturale Giacomo Doria*, **58**: 50-55.
Navás L. 1935c. Névroptères *et* insectes voisins. Chine *et* pays environnants Huitième [VIII] série. *Notes d'Entomologie Chinoise*, **2**: 85-103.
Navás L. 1936a. Décadas de insectos nuevos. Década 28. *Brotéria* (*Ciências Naturais*), **32**: 161-170.
Navás L. 1936b. Insectes du Congo Belge. Série IX. *Revue de Zoologie et de Botanique Africaines*, **28**: 333-368.
Navás L. 1936c. Mission Scientifique de l'Omo. Tome III. Fascicule 19. Neuroptera, Embioptera, Plecoptera, Ephemeroptera *et* Trichoptera. *Memoires du Museum Nationale d'Histoire Naturelle, Paris*, (N.S.) **4**: 101-128.
Navás L. 1936d. Névroptères *et* insectes voisins. Chine *et* pays environnants. Neuvième [IX] série. *Notes d'Entomologie Chinoise*, **3**: 37-62, 117-132.
Navás L. [1936e] 1935. Insectos de Berberia. Serie 12. *Boletín de la Sociedad Entomologica de España*, **18**: 77-100.
Nawa T. 1905. First survey of the insect-fauna of Gifu Prefecture. *Insect World*, **9**: 444-449.
Needham J G. 1905. The summer food of the Bullfrog (*Rana catesbiana*) at Saranac Inn. *Bulletin of the New York State Museum*, **86**: 15-17, 316.
Needham J G. 1909. Notes on the Neuroptera in the collection of the Indian Museum. *Records of the Indian Museum*, **3**: 185-210.
New T R. 1990. Planipennia. Lacewings. *Handbuch der Zoologie* (*Berlin*), **4**: 1-132.
New T R. 1991. Osmylidae (Insecta: Neuroptera) from the Oriental Region. *Invertebrate Taxonomy*, **5**: 1-31.
New T R. 1992. The lacewings (Insecta, Neuroptera) of Tasmania. *Papers and Proceedings Royal Society of Tasmania*, **126**: 29-45.
New T R. 1996. Neuroptera. *Zoological Catalogue of Australia*, **28**: 1-104, 199-216.
Newman E. 1838. Entomological Notes. *Entomological Magazine*, **5**: 168-181, 372-402, 483-500.
Nie R E, Mochizuki A, Stephen J, Liu Z Q, Yang X K. 2012. Phylogeny of the green lacewing *Chrysoperla nipponensis* species-complex (Neuroptera: Chrysopidae) in China, based on mitochondrial sequences and AFLP data. *Insect Science*, **19**: 633-642.
Okamoto H. 1905. Neuropterous insects of Hokkaido. *Transactions of the Sapporo Natural History Society*, **1**: 111-117.
Okamoto H. 1910a. Die Sialiden Japans. *Wiener Entomologische Zeitung*, **29**: 255-263.
Okamoto H. 1910b. Die Ascalaphiden Japans. *Wiener Entomologische Zeitung*, **29**: 57-65.
Okamoto H. 1910c. Die Myrmeleoniden Japans. *Wiener Entomologische Zeitung*, **29**: 275-300.
Okamoto H. 1910d. Homposan kamakirimodokika. *Zoological Magazine*, **22**: 533-544.
Okamoto H. 1912. Eine neue Chrysopiden-art Japans. *Transactions of the Sapporo Natural History Society*, **4**: 13-14.

Okamoto H. 1914. Über die Chrysopiden-Fauna Japans. *The Journal of the College of Agriculture, Tohoku Imperial University, Sapporo*, **6**: 51-74.

Okamoto H. 1917. Studies on the Japanese Raphidiidae. *In*: Nagano K. *A collection of essays for Mr. Yasushi Nawa, written in commemoration of his sixtieth birthday, October 8, 1917*. Gifu: 143-162.

Okamoto H. 1919. Studies on the Japanese Chrysopidae. *Report of the Hokkaido National Agricultural Experiment Station*, **9**: 76.

Okamoto H. 1926. Some Myrmeleontidae and Ascalaphidae from corea. *Insecta matsurana*, **1**: 8-22.

Okamoto H. 1934. Notes. *Kontyû*, **8**: 101-102.

Okamoto H, Kuwayama S. 1920. *Lidar formosanus* sp. nov., the first species to the extreme Oriental fauna of the genus. *Zoological Magazine*, **32**: 341-345.

Olivier G A. 1811. *Encyclopedie méthodique. Histoire naturelle. Vol. 8 (Insectes)*. Paris: 722.

Oswald J D, Penny N D. 1991. Genus-group names of the Neuroptera, Megaloptera and Raphidioptera of the world. *Occasional Papers of the California Academy of Sciences*, **147**: 1-94.

Oswald J D. 1993. Revision and cladistic analysis of the world genera of the family Hemerobiidae (Insecta: Neuroptera). *Journal of the New York Entomological Society*, **101**: 143-299.

Oswald J D. 1998. Annotated catalogue of the Dilaridae (Insecta: Neuroptera) of the World. *Tijdschrift voor Entomologie*, **141**: 115-128.

Ôuchi Y. 1939. Note on a supposed female of *Corydalis orientalis* MacLachlan and a new species description belongs to Gen. *Corydalis*, Corydalidae, Megaloptera. *The Journal of the Shanghai Science Institute*, (3) **4**: 227-232.

Péringuey L. 1910. Description of a new or little known species of the Hemerobiidae (Order Neuroptera) from South Africa. *Annals of the South African Museum*, **5**: 433-454.

Perkins R C L. 1899. Neuroptera. *In*: *Fauna Hawaiiensis being the land-fauna of the Hawaiian Islands*. London: Cambridge University Press: 31-89.

Poda N. 1761. *Insecta musei Graecensis, quae in ordines, genera et species juxta systema naturae Caroli Linnaei digessit*. Graecii: Jaonnem Baptistam Dietrich: 10-13, 94-101.

Poivre C. 1982. Mantispides nouveaux d'Afrique *et* d'Europe (Neuroptera, Planipennia) (seconde partie). *Neuroptera International*, **2**: 3-25.

Poivre C. 1984. Les mantispides de l'Institut Royal des Sciences Naturelles de Belgique (Insecta, Planipennia) 1re partie: especes d'Europe, d'Asie *et* d'Afrique. *Neuroptera International*, **3**: 23-32.

Pongracz S X. 1912. Magyarország Chrysopái alak-és rendszertani tekintetben. *Állattani Közlemények*, **11**: 161-221, 259-261.

Pongracz S X. 1913. Ujabb adatok Magyarorszag Neuroptera-faunajahoz. *Rovartani Lapok Budapest*, **20**: 175-186.

Popov A. 1997. Neuroptera, Raphidioptera and Mecoptera from Macedonia with two new records of Chrysopidae. *Historia Naturalis Bulgarica*, **7**: 31-33.

Principi M M. [1946] 1944-1946. Contibuti allo studio dei Neurotteri italiani. IV. *Notochrysa italic* Rossi. *Bollettino dell'Istituto di Entomologia della Università degli Studi di Bologna*, **15**: 5-102.

Rald E. 1987. Neuroptera from Skallingen. *Entomologiske Meddelelser*, **54**: 62.

Rambur J P. [1838] 1837-1840. *Faune entomologique de l'Andalousie*. Vol. 2. Paris.

Rambur J P. 1842. *Historie naturelle des insects, Néuroptéres*. Paris: Fain *et* Thunot: 534.

Ratzeburg J T C. 1844. *Die Forst-Insecten oder Abbildung und Beschreibung der in den Wäldern Preussens und der Nachbarstaaten als schädlich oder nützlich bekannt gewordenen Insecten: in systematischer Folge und mit besonderer Rücksicht auf die Vertilgung der Schädlichen. Dritter Theil [=vol. 3] (Die Ader-, Zwei-, Halb-, Netz- und Geradflügler)*. Berlin: Nicolai.

Retzius A J. 1783. *Caroli Lib. Bar. De Geer ... Genera et species insectorvm e generosissimi avctoris scriptis scriptis extraxit, digessit, latine qvoad partem reddidit, et terminologiam insectorvm Linneanam additit Anders Iahan Retzivs*. 220 + 32.

Roepke W. 1916. Eine neue Coniopterygidae aus Java (*Parasemidalis decipiens* n. g. n. sp.). *Zoologische Mededeelingen*, **2**: 156-158.

Rossi P. 1790. *Fauna Etrusca sistens insecta quae in provinciis Florentina et Pisana praesertim collegit Petrus Rossius. Vol. 2 (of 2)*. Liburni: Th. Masi & Sociorum: 348.

Say T. 1839. Descriptions of new North American neuropterous insects, and observations on some already described. *Journal of the Academy of Natural Sciences of Philadelphia*, **8**: 9-46.

Schäffer J C. 1763. *Das Zweifalter-oder Afterjüngferchen*. Regensburg: J. L. Montag: 26.

Schummel T E. 1832. *Versuch einer genauen Beschreibung der in Schlesien einheimischen Arten der Gattung Raphidia, Linn*. Breslau: Eduard Pelz: 16.

Schneider W G. 1843. *Monographia generis Rhaphidiae Linnaei*. Vratislaviae: Grassii, Barthii *et* Socii: 96.

Schneider W G. 1851. *Symbolae ad monographiam generis Chrysopae, Leach. Sexaginta picturarum tabulis, in lapide acu delineatis, quarum quinquaginta quatuor coloribus impressae sunt, illustratae. Editio major*. Vratislaviae: Ferdinandum Hirt: 178.

Schrank von Paula F. 1802. *Fauna Boica. Durchgedachte Geschichte der in Baieren einheimischen und zahmen Thiere. Vol. 2, pt. 2*. Ingolstadt: J. W. Krüll:. 412.

Scopoli J A. 1763. *Entomologia Carniolica, exhibens insecta Carnioliae indigena et distributa in ordines, genera, species, varietates, methodo Linneana*. Vindobonae: Trattner: 168-169, 270-273.

Sélys-Longchamps E D. 1888. Catalogue raisonné des Orthopteres *et* des Névroptères de Belgique. *Annales de la Société Entomologique de Belgique*, **32**: 103-203.

Séméria Y. 1977. Discussion de la validite taxonomique du sous-genre *Chrysoperla* Steinmann (Planipennia Chrysopidae). *Nouvelle Revue d'Entomologie*, **7**: 235-238.

Séméria Y. 1980. Une sous-espèce nouvelle de *Chrysoperla carnea* Stephens (Planipennia, Chrysopidae): *nanceiensis* ssp. nov. *Bulletin de la Société Entomologique de Mulhouse*, **1980**: 29-30.

Séméria Y. 1983. Deux genres jumeaux de Chrysopinae: *Chrysopa* Leach *et* *Parachrysopa* nov. gen. (Planipennia, Chrysopidae). *Comptes Rendus de l'Academie des Sciences, Serie III Sciences de la Vie*, **297**: 309-311.

Séméria Y. 1984a. Chrysopides de France (Neuroptera, Planipennia). Quelques nouvelles localités intéressantes des Alpes Maritimes *et* breves considérations sur la notion d'espèce contradictoire. *Bulletin de la Société Entomologique de Mulhouse*, **1984**: 45-47.

Séméria Y. 1984b. Chrysopides du M.N.H.N. a Paris. Especes du Senegal: 1 [Neuroptera]. *Revue Francaise d'Entomologie*, (Nouvelle Serie) **6**: 21-23.

Smith R C. 1931. The Neuroptera of Haiti, West Indies. *Annals of the Entomological Society of America*, **24**: 798-823.

Smith R C. 1932. The Chrysopidae (Neuroptera) of Canada. *Annals of the Entomological Society of America*, **25**: 579-601.

Smithers C N. 1988. New distribution records for Australian Chrysopidae (Neuroptera). *Australian Entomological Magazine*, **15**: 35-38.

Stange L A, Wang H Y. 1997. Checklist of the Neuroptera of Taiwan. *Journal of the Taiwan Museum*, **50**: 47-56.

Stein J P E F. 1863. Beitrag zur Neuropteren-fauna Griechenlands (mit Berücksichtigung dalmatinischer Arten). *Berliner Entomologische Zeitschrift*, **7**: 411-422.

Steinmann H. 1964a. The *Chrysopa* species (Neuroptera) of Hungary. *Annales Historico-Naturales Musei Nationalis Hungarici Budapest*, **56**: 257-266.

Steinmann H. 1964b. Raphidiopterological studies II. New *Raphidia* L. and *Raphidilla* Nav. species from Europe and Asia. *Acta Zoologica Hungarica*, **10**: 199-227.

Steinmann H. 1968. 140. Chrysopidae and Hemerobiidae 2, Ergebnisse der zoologischen Forschungen von Dr. Z. Kaszab in der Mongolei (Neuroptera). *Reichenbachia*, **11**: 87-96.

Steinmann H. 1971. 217. Chrysopidae and Hemerobiidae 3. Ergebnisse der zoologischen Forschungen von Dr. Z. Kaszab in der Mongolei (Neuroptera). *Reichenbachia*, **13**: 251-262.

Stephens J F. 1835. *Illustrations of British entomology; or, a synopsis of indigenous insects: containing their generic and specific distinctions; with an account of their metamorphoses, times of appearance, localities, food, economy, as far as practicable. Mandibulata Vol. 6*. London: Baldwin and Cradock: 240.

Stitz H. 1913. Mantispiden der Sammlung des Berliner Museums. *Mitteilungen aus dem Zoologischen Museum in Berlin*, **7**: 1-49.

Stitz H. 1914. Sialiden der Sammlung des Berliner Museums. *Sitzungsberichte der Gesellschaft Naturforschender Freunde zu Berlin*, **5**: 191-205.

Strøm H. 1788. Nogle insect larver med deres forvandlinger. *Ny Samling af det Kongelige Norske Videnskabers Selskabs Skrifter*, **2**: 375-400, 400a-400c.

Sun M X, Wang X L. 2006. A taxonomic study on the genus *Protacheron* of Ascalaphidae (Neuroptera, Myrmeleontoidea). *Acta Zootaxonomica Sinica*, **31**: 403-407.

Sziráki G. 1998. An annotated checklist of the Ascalaphidae species known from Asia and from the Pacific Islands. *Folia Entomologica Hungarica*, **59**: 57-72.

Tauber C A. 2010. Revision of *Neosuarius*, a subgenus of *Chrysopodes* (Neuroptera, Chrysopidae). *ZooKeys*, **44**: 1-104.

Tian Y L, Liu Z Q. 2011. One new species of the genus *Wesmaelius* Krüger from China (Neuroptera, Hemerobiidae). *Acta Zootaxonomica Sinica*, **36**: 772-775. [田燕林, 刘志琦. 2011. 中国丛褐蛉属一新种. 动物分类学报, **36**: 772-775].

Tillyard R J. 1916. Studies in Australian Neuroptera. No. iv. The families Ithonidae, Hemerobiidae, Sisyridae, Berothidae, and the new family Trichomatidae; with a discussion of their characters and relationships, and descriptions of new and little-known genera and species. *Proceedings of the Linnean Society of New South Wales*, **41**: 269-332.

Tillyard R J. 1918. Mesozoic insects of Queensland. No. 3. Odonata and Protodonata. *Proceedings of the Linnean Society of New South Wales*, **43**: 417-436.

Tjeder B. 1936. Schwedisch-chinesische wissenschaftliche expedition nach den nordwestlichen provinzen Chinas, unter leitung von Dr. Sven Hedin und Prof. Sü Ping-chang. Insekten gesammelt vom schwedischen arzt der expedition Dr. David Hummel 1927-1930. 62. Neuroptera. *Arkiv för Zoologi*, **29A**: 1-36.

Tjeder B. [1940] 1939. Die arthropodenfauna von Madeira nach den Ergebnissen der Reise von Prof. Dr. O. Lundblad Juli-August 1935. XVI. Neuroptera. *Arkiv för Zoologi*, **31A**: 1-58.

Tjeder B. 1941a. A new species of Myrmeleontidae from Scandinavia. Preliminary description. *Opuscula Entomologica*, **6**: 73-74.

Tjeder B. 1941b. Some remarks on "The generic names of the British Neuroptera". *Entomologisk Tidskrift*, **62**: 24-31.

Tjeder B. 1944. Norwegian Neuroptera and Mecoptera in the Bergen Museum with a note on *Forcipomyia eques* Joh. (Dipt., Ceratopogonidae). *Bergens Museums Arbok, Naturvitenskapelig Rekke*, **1**: 1-12.

Tjeder B. 1949. Two new Chrysopidae from Palestine (Neur.). *Opuscula Entomologica*, **14**: 81-84.

Tjeder B. 1960. Neuroptera from Newfoundland, Miquelon, and Labrador. *Opuscula Entomologica*, **25**: 146-149.

Tjeder B. 1961. Neuroptera-Planipennia. The Lace-wings of Southern Africa. 4. Family Hemerobiidae. *In*: Hanström B, Brinck P, Rudebec G. *South African Animal Life*. *Vol. 8*. Stockholm: Swedish Natural Science Research Council: 296-408.

Tjeder B. 1963. A new *Chrysopa* from Pakistan (Neur. Chrysopidae). *Entomologisk Tidskrift*, **84**: 125-128.

Tjeder B. 1966. Neuroptera-Planipennia. The lace-wings of southern Africa. 5. Family Chrysopidae. *In*: Hanström B, Brinck P, Rudebec G. *South African Animal Life*. *Vol. 12*. Stockholm: Swedish Natural Science Research Council: 228-534.

Tjeder B. 1967. Two new names in European Chrysopidae (Neuroptera). *Opuscula Entomologica*, **32**: 229.

Tjeder B. 1968a. A new *Wesmaelius* from Central Asia (Neuroptera, Hemerobiidae). *Entomologisk Tidskrift*, **89**: 137-140.

Tjeder B. 1968b. *Coniopteryx cerata* Hagen, 1858, further description and lectotype designation (Neuroptera, Coniopterygidae). *Entomologisk Tidskrift*, **89**: 141-146.

Tjeder B. 1971. The genus *Chrysocerca* Weele, 1909, and its **type species** (Neur., Chrysopidae). *Entomologica Scandinavica*, **2**: 263-266.

Tsukaguchi S, Yukawa J. 1988. Neuroptera collected from the Krakatau Islands, Indonesia. *Kontyû*, **56**: 481-490.

Tsukaguchi S, Kuranishi R B. 2000. The lacewings (Insecta: Neuroptera) collected from the Kamchatka Peninsula and the North Kuril Islands in 1996-1997. *Natural History Research*, **7** (Special Issue): 89-92.

Tsukaguchi S. 1978. Descriptions of the larvae of *Chrysopa* Leach (Neuroptera, Chrysopidae) of Japan. *Kontyû*, **46**: 99-122.

Tsukaguchi S. 1979. Taxonomic notes on *Brinckochrysa kintoki* (Okamoto) (Neuroptera: Chrysopidae). *Kontyû*, **47**: 358-366.

Tsukaguchi S. 1985. A checklist of published species of Japanese Chrysopidae (Neuroptera). *Kontyû*, **53**: 503-506.

Tsukaguchi S. 1995. *Chrysopidae of Japan (Insecta, Neuroptera)*. Osaka: Privately Printed, Japan.

Tsukaguchi S. 1996. Identification and species of the green lacewings in Japan. *Shokubutsu Boeki*, **50**: 320-324.

van der Weele H W. 1904. New and little-known Neuroptera. *Notes from the Leyden Museum*, **24**: 203-215.

van der Weele H W. 1906. Uebersicht der Sialiden des indomalayischen Archipels. *Notes from the Leyden Museum*, **28**: 141-145.

van der Weele H W. 1907. Notizen uber Sialiden und Beschreibung einiger neuer Arten. *Notes from the Leyden Museum*, **28**: 227-264.

van der Weele H W. [1909a] 1908. Ascalaphiden. *Collections Zoologiques du Baron Edm. de Selys Longchamps*, **8**: 1-326.

van der Weele H W. 1909b. A new and curious Burmese ascalaphid from the Genoa *Museum* (*Glyptobasis spinicornis*). *Notes from the Leyden Museum*, **30**: 245-247.

van der Weele H W. 1909c. New genera and species of Megaloptera Latr. *Notes from the Leyden Museum*, **30**: 249-264.

van der Weele H W. 1909d. Mecoptera and Planipennia of Insulinde. *Notes from the Leyden Museum*, **31**: 1-100.

van der Weele H W. 1910. Megaloptera Monographic Revision. *Collections Zoologiques du Baron Edm. de Selys Longchamps*, **5**: 1-93.

van der Weele H W, Jacobson E. 1909. Mecoptera and Planipennia of Insulinde, with biological notes. *Notes from the Leyden Museum*, **31**: 1-100.

Villers C J. 1789. *Caroli Linnaei entomologia, faunae Suecicae descriptionibus aucta; DD. Scopoli, Geoffroy, de Geer, Fabricii, Schrank, & c. speciebus vel in Systemate non enumeratis, vel nuperrime detectis, vel speciebus Galliae Australis locupletata, generum specierumque rariorum iconibus ornata. Vol. 3*. Lugduni: Piestre & Delamolliere: 657.

Vshivkova T S. 1995. Order Megaloptera—alder flies and snake flies. *In*: Kozlov M A, Makarchenko E A. *Keys to the insects of Far East Russia. Vol. 4. Neuropteroidea, Mecoptera, Hymenoptera. Part 1*. Nauka: St. Peterburg: 9-34.

Walker F. 1853. *Catalogue of the specimens of neuropterous insects in the collection of the British Museum. Part II* (*Sialides–Nemopterides*). London: Newman: 193-476.

Walker F. 1860. Characters of undescribed Neuroptera in the collection of W. W. Saunders. *Transactions of the Entomological Society of London*, **10**: 176-199.

Wallengren H D J. 1871. Skandinaviens Neuroptera. *Kungliga Svenska Wetenskaps Academiens Handlingar*, **9**: 1-76.

Wan X, Wang X L, Yang X K. 2006. Study on the genus *Layahima* Navás (Neuroptera: Myrmeleontidae) from China. *Proceedings of the Entomological Society of Washington*, **108**: 35-44.

Wan X, Yang X K, Wang X L. 2004. Study on the genus *Dendroleon* from China (Neuroptera: Myrmeleontidae). *Acta Zootaxonomica Sinica*, **29**: 497-508.

Wang X L, Ao W G, Wang Z L. 2012. Review of the genus *Gatzara* Navás, 1915 from China (Neuroptera: Myrmeleontoidea). *Zootaxa*, **3408**: 34-46.

Wang X L, Bao R. 2006. A taxonomic study on the genus *Balmes* Navás from China (Neuroptera, Psychopsidae). *Acta Zootaxonomica Sinica*, **31**: 846-850.

Wang X L, Sun M X, Liang A P. 2008. New species of the owl-fly genus *Suhpalacsa* Lefèbvre from China (Neuroptera: Ascalaphidae). *Zootaxa*, **1808**: 53-60.

Wang X L, Yang C K. 2002. A new species of Ascalaphidae in Henan Province (Neuroptera: Ascalaphidae). *Acta Zootaxonomica Sinica*, **27**: 562-564. [王心丽, 杨集昆. 2002. 河南省蝶角蛉一新种 (脉翅目: 蝶角蛉科). 动物分类学报, **27**: 562-564.]

Wang X X, Yang C K. 1993. Neuroptera: Chrysopidae. *In*: Huang F S. *Insects of Wuling Mountains Area, Southwestern China*. Beijing: Science Press: 409-415. [王象贤, 杨集昆. 1993. 脉翅目: 草蛉科//黄复生. 西南武陵山地区昆虫. 北京: 科学出版社: 409-415.]

Wang Y J, Liu Z Q. 2009. Two new species of *Parosmylus* Needham (Neuroptera, Osmylidae) from China, with a key to Chinese species. *Zootaxa*, **1985**: 57-62.

Wang Y J, Liu Z Q. 2010. New species of *Osmylus* Latrelle from Henan, China (Neuroptera: Osmylidae). *Zootaxa*, **2363**: 60-68.

Wang Y J, Du X G, Liu Z Q. 2008. Two new species of *Thridosmylus* Krüger (Neuroptera: Osmylidae) from China. *Zootaxa*, **1793**: 65-68.

Wang Y J, Winterton S, Liu Z Q. 2011. Phylogeny and biogeography of *Thyridosmylus* (Neuroptera: Osmylidae). *Systematic Entomology*, **36**: 330-339.

Wang Z L, Wang X L. 2008. A catalogue of *Dendroleon* Brauer, 1866 (Neuroptera, Myrmeleontidae) From China, with description of a new species. *Acta Zootaxonomica Sinica*, **33**: 42-45.

Wesmael C. 1836. Description d'un nouveau genre de Névroptères, famille des Planipennes, tribu des Hémérobins. *Bulletins de l'Academie Royale des Sciences et Belles-Lettres de Bruxelles*, **3**: 166-168.

Wesmael C. 1841. Notice sur les Hémérobides Belgique. *Bulletins de l'Academie Royale des Sciences et Belles-Lettres de Bruxelles*, **8**: 203-221.

Westwood J O. [1842] 1841-1843. Description of some insects which inhabit the tissue of *Spongilla fluviatilis*. *Transactions of the Entomological Society of London*, **3**: 105-108.

Westwood J O. 1852. On the genus *Mantispa*, with descriptions of various new species. *Transactions of the Entomological Society of London*, **6**: 252-270.

Westwood J O. 1867. Descriptions of new species of Mantispidae in the Oxford and British Museums. *Transactions of the [Royal] Entomological Society of London*, **15**: 501-508.

Withycombe C L. [1924] 1923. On two new species of Coniopterygidae (Neuroptera) from Egypt. *Bulletin de la Société [Royale] Entomologique d'Egypte*, **7**: 140-151.

Withycombe C L. 1925. A contribution towards a monograph of the Indian Coniopterygidae (Neuroptera). *Memoirs of the Department of Agriculture of India, Entomological Series*, **9**: 1-20.

Wood-Mason J. 1884. Description of an Asian species of the neuropterous genus *Corydalus*. *Proceedings of the Zoological Society of London*, **1884**: 110.

Yan B Z, Liu Z Q. 2006. Two new species of the genus *Neuronema* from China (Neuroptera, Hemerobiidae). *Acta Zootaxonomica Sinica*, **31**: 605-609. [严冰珍, 刘志琦. 2006. 中国脉线蛉属两新种. 动物分类学报, **31**: 605-609.]

Yang C K. 1964a. Notes on Coniopterygidae (Neuroptera). I. Genus *Coniocompsa* Enderlein 1905. *Annales Entomologici Sinici*, **13**: 283-286.

Yang C K. 1964b. Notes on the genus *Neuronema* of China (Neuroptera; Hemerobiidae). *Acta Zootaxonomica Sinica*, **1**: 261-282. [杨集昆. 1964b. 中国脉线蛉属记述. 动物分类学报, **1**: 261-282.]

Yang C K. 1974a. Notes on Coniopterygidae (Neuroptera). II. Genus *Conwentzia* Enderlein. *Acta Entomologica Sinica*, **17**: 83-91. [杨集昆. 1974a. 粉蛉记 (二). 啮粉蛉属 *Conwentzia* Enderlein (脉翅目: 粉蛉科). 昆虫学报, **17**: 83-91.]

Yang C K. 1974b. The habit and commons pecies of green lacewing. *Entomology Knowledge*, **11**: 36-41. [杨集昆. 1974b. 草蛉的习性与常见种. 昆虫知识, **11**: 36-41.]

Yang C K. 1978. *Atlas of natural enemies of economic insects of China*. Beijing: Science Press: 300. [杨集昆. 1978. 天敌昆虫图册. 北京: 科学出版社: 300.]

Yang C K. 1980a. Some new species of the genera *Wesmaelius* and *Kimminsia* (Neuroptera: Hemerobiidae). *Acta Entomologica Sinica*, **23**: 54-65. [杨集昆. 1980a. 丛褐蛉属与齐褐蛉属. 昆虫学报, **23**: 54-65.]

Yang C K. 1980b. Three new species of *Sympherobius* from China (Neuroptera: Hemerobiidae). *Acta Agriculturae Universitatis Pekinensis*, **6**: 87-92. [杨集昆. 1980b. 松干蚧天敌——益蛉属新种. 北京农业大学学报, **6**: 87-92.]

Yang C K. 1981a. The brown lace-wings of Mt. Wuyishan (Neuroptera: Hemerobiidae). *Wuyi Science Journal*, **1**: 191-196. [杨集昆. 1981a. 武夷山自然保护区褐蛉记述. 武夷科学, **1**: 191-196.]

Yang C K. 1981b. Neuroptera: Hemerobiidae. *In*: Zhongguo Kexueyuan Qingzang Gaoyuan Zonghe Kexue Kaocha Dui. *Insects of Xizang* (*Tibet*). Beijing: Science Press: 301-321. [杨集昆. 1981b. 脉翅目: 褐蛉科//中国科学院青藏高原综合科学考察队. 西藏昆虫. 北京: 科学出版社: 301-321.]

Yang C K. 1983. *Semohemerobius* nom. nov. for *Mesohemerobius* Nakahara 1966 (nec Ping 1928). *Entomotaxonomia*, **5**: 128. [杨集昆. 1983. 褐蛉科一新属名. 昆虫分类学报, **5**: 128.]

Yang C K. 1985a. A new genus and species of snakefly from Wuyishan (Raphidioptera: Inocelliidae). *Wuyi Science Journal*, **5**: 25-28. [杨集昆. 1985a. 武夷山蛇蛉一新属新种 (蛇蛉目: 盲蛇蛉科). 武夷科学, **5**: 25-28.]

Yang C K. 1985b. Neuroptera. *In:* Dengshan Kexue Kaochadu. *The insect fauna of the Mt. Tuomuer areas in Tianshan*. Beijing: Xinjiang Peoples Press: 96-98. [杨集昆. 1985b. 脉翅目//中国科学院登山科学考察队. 天山托木尔峰地区的生物. 北京: 新疆人民出版社: 96-98.]

Yang C K. 1986a. The subfamily Nothochrysinae new to China and a new species of the genus *Nothochrysa* (Neuroptera: Chrysopidae). *Entomotaxonomia*, **8**: 277-280. [杨集昆. 1986a. 幻草蛉新种及属和亚科的中国新纪录 (脉翅目: 草蛉科). 昆虫分类学报, **8**: 277-280.]

Yang C K. 1986b. Thirty new species and four new genera of Neuroptera from Yunnan, and the family Nemopteridae new to China. *Acta Agriculturae Universitatis Pekinensis*, **12**: 153-166, 423-434. [杨集昆. 1986b. 云南脉翅目三十新种四新属描述及旌蛉科的中国新记录. 北京农业大学学报, **12**: 153-166, 423-434.]

Yang C K. 1987. Neuroptera. *In:* Zhang S M. *Agricultural insects, spiders, plant diseases and weeds of Xizang*. Xizang: Xizang Peoples Press House: 191-220. [杨集昆. 1987. 脉翅目//章士美. 西藏农业病虫及杂草. 西藏: 西藏人民出版社: 191-220.]

Yang C K. 1988. Neuroptera: Osmylidae, Dilaridae, Hemerobiidae, Chrysopidae, Mantispidae, Myrmeleontidae, Ascalaphidae, Corydalidae. *In*: Huang F S, Wang P Y, Yin W Y, Yu P Y, Lee T S, Yang C K, Wang X J. *Insects of Mt. Namjagbarwa region of Xizang*. Beijing: Science press: 193-216. [杨集昆. 1988. 脉翅目: 溪蛉科、栉角蛉科、褐蛉科、草蛉科、螳蛉科、蚁蛉科、蝶角蛉科、齿蛉科//黄复生, 王平远, 尹文英, 虞佩玉, 李铁生, 杨集昆, 汪兴鉴. 西藏南迦巴瓦峰地区昆虫. 北京: 科学出版社: 193-216.]

Yang C K. 1992a. A new replacement name for *Dilar pumilus* Yang. *Acta Zootaxonomica Sinica*, **17**: 379. [杨集昆. 1992a. 为小栉角蛉更换新学名. 动物分类学报, **17**: 379.]

Yang C K. 1992b. Neuroptera. *In*: Peng J W, Liu Y Q. *Iconography of forest insects in Hunan China*. Changsha: Academia Sinica & Hunan Forestry Institute: 644-651. [杨集昆. 1992b. 脉翅目//彭建文, 刘友樵. 湖南森林昆虫图鉴. 长沙: 湖南科学技术出版社: 644-651.]

Yang C K. 1992c. Neuroptera. *In*: Chen S X. *Insects of the Hengduan Mountains Region*. Beijing: Science Press: 438-454. [杨集昆. 1992c. 脉翅目//陈世骧. 横断山区昆虫. 北京: 科学出版社: 438-454.]

Yang C K. 1993a. The montane lacewings (Neuroptera: Rapismatidae) new to China, with descriptions of four new species. *Scientific Treatise on Systematic and Evolutionary Zoology*, **2**: 145-153.

Yang C K. 1993b. Three new species of Osmylidae (Neuroptera) from Guizhou. *Entomotaxonomia*, **15**: 261-264. [杨集昆. 1993b. 贵州省溪蛉三新种记述. 昆虫分类学报, **15**: 261-264.]

Yang C K. 1997a. Neuroptera: Osmylidae. *In*: Yang X K. *Insects of the Three Gorge Reservoir area of Yangtze River*. Chongqing: Chongqing Publishing House: 580-583. [杨集昆. 1997a. 脉翅目: 溪蛉科//杨星科. 长江三峡库区昆虫. 重庆: 重庆出版社: 580-583.]

Yang C K. 1997b. Neuroptera: Hemerobiidae. *In:* Yang X K. *Insects of the Three Gorge Reservoir area of Yangtze River*. Chongqing: Chongqing Publishing House: 584-592. [杨集昆. 1997b. 脉翅目: 褐蛉科//杨星科. 长江三峡库区昆虫. 重庆: 重庆出版社: 584-592.]

Yang C K. 1997c. Neuroptera: Myrmeleontidae. *In*: Yang X K. *Insects of the Three Gorge Reservoir area of Yangtze River*. Chongqing: Chongqing Publishing House: 613-620. [杨集昆. 1997c. 脉翅目: 蚁蛉科//杨星科. 长江三峡库区昆虫. 重庆: 重庆出版社: 613-620.]

Yang C K. 1998a. Descriptions of new species: *Raphidia* (*Yuraphidia*) *duomilia* and a new subgenus of this genus (Raphidioptera: Raphidiidae). *In*: Shen X C, Shi Z Y. *Fauna and Taxonomy of Insects in Henan*, **2**, *Insects of Funiushan* (1). Beijing: China Agricultural Science and Technology Press: 59-61. [杨集昆. 1998. 双千豫蛇蛉新亚属新种记述 (蛇蛉目: 蛇蛉科)//申效诚, 时振亚. 河南昆虫分类区系研究 第二卷 伏牛山区昆虫 (一). 北京: 中国农业科技出版社: 59-61.]

Yang C K. 1999a. Dilaridae. *In*: Huang B K. *Fauna of Insects in Fujian Province of China*, Volume **3**. Fuzhou: Fujian Science and Technology Press: 94-95, 157. [杨集昆. 1999a. 栉角蛉科//黄邦侃. 福建昆虫志, **3**. 福州: 福建科学技术出版社: 94-95, 157.]

Yang C K. 1999b. Osmylidae. *In*: Huang B K. *Fauna of Insects Fujian Province of China*, Volume **3**. Fuzhou: Fujian Science and Technology Press: 96-100, 157-158. [杨集昆. 1999b. 溪蛉科//黄邦凯. 福建昆虫志, **3**. 福州: 福建科学技术出版社: 96-100, 157-158.]

Yang C K. 1999c. Hemerobiidae. *In*: Huang B K. *Fauna of Insects Fujian Province of China*, Volume **3**. Fuzhou: Fujian Science and Technology Press: 102-106, 158-159. [杨集昆. 1999c. 褐蛉科//黄邦侃. 福建昆虫志, **3**. 福州: 福建科学技术出版社: 102-106, 158-159.]

Yang C K. 1999d. Mantispidae. *In*: Huang B K. *Fauna of Insects Fujian Province of China*, Volume **3**. Fuzhou: Fujian Science and Technology Press: 132-140, 163-164. [杨集昆. 1999d. 螳蛉科//黄邦侃. 福建昆虫志, **3**. 福州: 福建科学技术出版社: 132-140, 163-164.]

Yang C K. 1999e. Ascalaphidae. *In*: Huang B K. *Fauna of Insects Fujian Province of China*, Volume **3**. Fuzhou: Fujian Science and Technology Press: 140-143, 164-165. [杨集昆. 1999e. 蝶角蛉科//黄邦侃. 福建昆虫志, **3**. 福州: 福建科学技术出版社: 140-143, 164-165.]

Yang C K. 1999f. Myrmeleontidae. *In*: Huang B K. *Fauna of Insects Fujian Province of China*, Volume **3**. Fuzhou: Fujian Science and Technology Press: 143-154, 165-167. [杨集昆. 1999f. 蚁蛉科//黄邦侃. 福建昆虫志, **3**. 福州: 福建科学技术出版社: 143-154, 165-167.]

Yang C K. 1999g. Raphidioptera: Family Inocelliidae. *In*: Huang B K. *Fauna of Insects in Fujian Province of China*, Volume **3**. Fuzhou: Fujian Science Press: 177-180. [杨集昆. 1999g. 蛇蛉目: 盲蛇蛉科//黄邦侃. 福建昆虫志, **3**. 福州: 福建科学技术出版社: 177-180.]

Yang C K. 2001. Neuroptera: Mantispidae and Dilaridae. *In*: Wu H, Pan C W. *Insects of Tianmushan National Nature Reserve*. Beijing: Science Press: 305-307. [杨集昆. 2001. 脉翅目: 螳蛉科和栉角蛉科//吴鸿, 潘承文. 天目山昆虫. 北京: 科学出版社: 305-307.]

Yang C K. 2002. Neuroptera: Osmylidae. *In*: Huang F S. *Forest insects of Hainan*. Beijing: Science Press: 282-283. [杨集昆. 2002. 脉翅目: 溪蛉科//黄复生. 海南森林昆虫. 北京: 科学出版社: 282-283.]

Yang C K, Gao M Y. 2001. Neuroptera: Neurorthidae. *In*: Wu H, Pan C W. *Insects of Tianmushan National Nature Reserve*: 307-309. Beijing: Science Press. [杨集昆, 高明媛. 2001. 脉翅目: 泽蛉科//吴鸿, 潘承文. 天目山昆虫: 307-309. 北京: 科学出版社.]

Yang C K, Gao M Y. 2002. Neuroptera: Sisyridae. *In*: Huang F S. *Forest insects of Hainan*. Beijing: Science Press: 286-289. [杨集昆, 高明媛. 2002. 脉翅目: 水蛉科//黄复生. 海南森林昆虫. 北京: 科学出版社: 286-289.]

Yang C K, Liu Z Q. 1993a. Neuroptera: Coniopterygidae. *In*: Huang C M. *Animals of Longqi Mountain*. Beijing: China Forestry Publishing House: 225-226. [杨集昆, 刘志琦. 1993a. 脉翅目: 粉蛉科//黄春梅. 龙栖山动物. 北京: 中国林业出版社: 225-226.]

Yang C K, Liu Z Q. 1993b. The genus *Cryptoscenea* new to China, and a species new to science (Neuroptera: Coniopterygidae). *Entomotaxonomia*, **15**: 249-251. [杨集昆, 刘志琦. 1993b. 中国新记录的隐粉蛉及一新种 (脉翅目: 粉蛉科). 昆虫分类学报, **15**: 249-251.]

Yang C K, Liu Z Q. 1994. New species and new record of Coniopteryginae from Guangzi (Neuroptera: Coniopterygidae). *Journal of the Guangxi Academy of Sciences*, **10**: 75-85. [杨集昆, 刘志琦. 1994. 广西粉蛉亚科新种和新记录 (脉翅目: 粉蛉科). 广西科学院学报, **10**: 75-85.]

Yang C K, Liu Z Q. 1999a. Coniopterygidae. *In*: Huang B K. *Fauna of Insects Fujian Province of China*, Volume **3**. Fuzhou: Fujian Science and Technology

Press: 86-94, 155-157. [杨集昆, 刘志琦. 1999a. 粉蛉科//黄邦凯. 福建昆虫志, **3**. 福州: 福建科学技术出版社: 86-94, 155-157.]

Yang C K, Liu Z Q. 1999b. Berothidae. *In*: Huang B K. *Fauna of Insects in Fujian Province of China*, Volume **3**. Fuzhou: Fujian Science and Technology Press: 100-102. [杨集昆, 刘志琦. 1999b. 鳞蛉科//黄邦侃. 福建昆虫志, **3**. 福州: 福建科学技术出版社: 100-102.]

Yang C K, Liu Z Q. 2001. Neuroptera: Hemerobiidae and Osmylidae. *In*: Wu H, Pan C W. *Insects of Tianmushan National Nature Reserve*. Beijing: Science Press: 296-305. [杨集昆, 刘志琦. 2001. 脉翅目: 褐蛉科, 溪蛉科//吴鸿, 潘承文. 天目山昆虫. 北京: 科学出版社: 296-305.]

Yang C K, Liu Z Q. 2002a. Neuroptera: Hemerobiidae. *In*: Huang F S. *Forest insects of Hainan*. Beijing: Science Press: 279-281. [杨集昆, 刘志琦. 2002a. 脉翅目: 褐蛉科//黄复生. 海南森林昆虫. 北京: 科学出版社: 279-281.]

Yang C K, Liu Z Q. 2002b. Neuroptera: Berothidae. *In*: Huang F S. *Forest insects of Hainan*. Beijing: Science Press: 284-285. [杨集昆, 刘志琦. 2002b. 脉翅目: 鳞蛉科//黄复生. 海南森林昆虫. 北京: 科学出版社: 284-285.]

Yang C K, Liu Z Q, Yang X K. 1995. Neuroptera. *In*: Wu H. *Insects of Baishanzu Mountain, eastern China*. Beijing: China Forestry Publishing House: 276-285. [杨集昆, 刘志琦, 杨星科. 1995. 脉翅目//吴鸿. 华东百山祖昆虫. 北京: 中国林业出版社: 276-285.]

Yang C K, Peng Y Z. 1998. A new species of genus *Sagittalata* from Mt. Funiu (Neuroptera: Mantispidae). *In*: Shen X C, Shi Z Y. *Fauna and taxonomy of insects in Henan*. Beijing: China Agricultural Science and Technology Press: 62-63. [杨集昆, 彭勇政. 1998. 伏牛山矢螳蛉属新种 (脉翅目: 螳蛉科)//申效诚, 时振亚. 河南昆虫分类区系研究 第二卷 伏牛山区昆虫. 北京: 中国农业科技出版社: 62-63.]

Yang C K,Yang X K, Wang X X. 1999. Chrysopidae. *In:* Huang B K. *Fauna of Insects in Fujian Province of China*, Volume **3**. Fuzhou: Fujian Science and Technology Press: 106-131. [杨集昆, 杨星科, 王象贤. 1999. 脉翅目: 草蛉科//黄邦侃. 福建昆虫志, **3**. 福州: 福建科学技术出版社: 106-131.]

Yang C K, Wang X L. 2002a. Neuroptera: Myrmeleontidae. *In*: Huang F S. *Forest insects of Hainan*. Beijing: Science Press: 296-299. [杨集昆, 王心丽. 2002a. 脉翅目: 蚁蛉科//黄复生. 海南森林昆虫. 北京: 科学出版社: 296-299.]

Yang C K, Wang X L. 2002b. Neuroptera: Myrmeleontidae. *In*: Huang F S. *Forest insects of Hainan*. Beijing: Science Press: 300-301. [杨集昆, 王心丽. 2002b. 脉翅目: 蚁蛉科//黄复生. 海南森林昆虫. 北京: 科学出版社: 300-301.]

Yang C K, Wang X X. 1988. A new species of chrysopids (Neuroptera: Chrysopidae) from Fanjing Mountain. *In*: *Fanjingshan Kunchong Kaocha Zhuanji*. Guiyang: Guizhou Science Academy: 106-108. [杨集昆, 王象贤. 1988. 梵净山草蛉一新种记述//梵净山昆虫考察专辑. 贵阳: 贵州科学院: 106-108.]

Yang C K, Wang X X. 1990. Eight new species of green lacewings from Hubei Province (Neuroptera: Chrysopidae). *Journal Hubei University* (*N. S.*), **12**: 154-163. [杨集昆, 王象贤. 1990. 湖北省的八种新草蛉 (脉翅目: 草蛉科). 湖北大学学报 (自然科学版), **12**: 154-163.]

Yang C K, Wang X X. 1994. The golden eyes of Yunnan with descriptions of some new genus and species (Neuroptera: Chrysopidae). *Journal of the Yunnan Agricultural University*, **9**: 65-74. [杨集昆, 王象贤. 1994. 云南草蛉新属和新种记述 (脉翅目: 草蛉科). 云南农业大学学报, **9**: 65-74.]

Yang C K, Yan D P. 1990. A new species of brown lace-wings (Neuroptera: Hemerobiidae) from Nei Mongol and two new records of China. *Entomotaxonomia*, **12**: 221-223. [杨集昆, 阎大平. 1990. 内蒙褐蛉一新种及二中国新记录种. 昆虫分类学报, **12**: 221-223.]

Yang C K, Yang D. 1986. New fishflies of Corydalidae from Guangxi, China (Megaloptera: Corydalidae). *Entomotaxonomia*, **8**: 85-95. [杨集昆, 杨定. 1986. 广西齿蛉九新种及我国新记录的属种 (广翅目: 齿蛉科). 昆虫分类学报, **8**: 85-95.]

Yang C K, Yang D. 1988. New species of Corydalidae from Yunnan (Megaloptera: Corydalidae). *Zoological Research*, **9**: 45-60. [杨集昆, 杨定. 1988. 云南省齿蛉亚科的新种记述 (广翅目: 齿蛉科). 动物学研究, **9**: 45-60.]

Yang C K, Yang D. 1990e. The fishflies from Hainan Island (Megaloptera: Corydalidae). *Acta Zootaxonomica Sinica*, **15**: 98-100. [杨集昆, 杨定. 1990e. 海南岛齿蛉二新种 (广翅目: 齿蛉科). 动物分类学报, **15**: 98-100.]

Yang C K, Yang D. 1991c. New species and a new record of the fishflies from China (Megaloptera: Corydalidae). *Acta Entomologica Sinica*, **34**: 74-75. [杨集昆, 杨定. 1991. 中国广翅目新种及新纪录属种. 昆虫学报, **34**: 74-75.]

Yang C K, Yang D. 1992a. Two new species of Corydalidae (Megaloptera). *Entomological Journal of East China*, **1**: 1-3. [杨集昆, 杨定. 1992a. 华东地区鱼蛉二新种 (广翅目: 齿蛉科). 华东昆虫学报, **1**: 1-3.]

Yang C K, Yang D. 1992b. Megaloptera of Mount Mogan with one new species. *Journal of Zhejiang Forestry Colleage*, **9**: 414-417. [杨集昆, 杨定. 1992b. 莫干山广翅目昆虫及一新种记述. 浙江林学院学报, **9**: 414-417.]

Yang C K, Yang D. 1999. Megaloptera: Corydalidae. *In*: Huang B K. *Fauna of insects in Fujian Province of China*, Volume **3**. Fuzhou: Fujian Science Press: 168-176. [杨定, 杨集昆. 1999. 广翅目: 齿蛉科//黄邦侃. 福建昆虫志, **3**. 福州: 福建科学技术出版社: 168-176.]

Yang C K, Yang X K. 1987. A study of the genus *Retipenna* (Neuroptera: Chrysopidae). *Wuyi Science Journal*, **7**: 39-45. [杨集昆, 杨星科. 1987. 中国罗草蛉属的研究 (脉翅目: 草蛉科). 武夷科学, **7**: 39-45.]

Yang C K, Yang X K. 1989. Fourteen new species of green lacewings from Shaanxi Province (Neuroptera: Chrysopidae). *Entomotaxonomia*, **11**: 13-30. [杨集昆, 杨星科. 1989. 陕西省的十四种新草蛉 (脉翅目: 草蛉科). 昆虫分类学报, **11**: 13-30.]

Yang C K, Yang X K. 1991a. Two new genera of Chrysopidae from China. *Entomotaxonomia*, **13**: 205-210. [杨集昆, 杨星科. 1991a. 草蛉科二新属记述. 昆虫分类学报, **13**: 205-210.]

Yang C K, Yang X K. 1991b. A revision of the Chinese *Mallada* (Neuroptera: Chrysopidae). *In*: Zhang G X. *Scientific Treatise on Systematic and Evolutionary Zoology*, **1**: 135-149. [杨集昆, 杨星科. 1991b. 中国玛草蛉属的研究 (脉翅目: 草蛉科)//张广学. 系统进化动物学论文集, **1**: 135-149.]

Yang C K, Yang X K, Wang X X. 1992. Neuroptera: Chrysopidae. *In*: Chen S H. *Insects of the Hengduan Mountains region*, Vol. 1. Beijing: Science Press: 455-469. [杨集昆, 杨星科, 王象贤. 1992. 脉翅目: 草蛉科//陈世骧. 横断山区昆虫 第一卷. 北京: 科学出版社: 455-469.]

Yang D, Gao C X, An S W. 2004. Megaloptera: Corydalidae. *In*: Yang X K. *Insects from Mt. Shiwandashan Area of Guangxi*. Beijing: China Forestry Publishing House: 264-267. [杨定, 高彩霞, 安淑文. 2004. 广翅目: 齿蛉科//杨星科. 广西十万大山地区昆虫. 北京: 中国林业出版社: 264-267.]

Yang D, Liu X Y. 2010. *Fauna Sinica*, *Insecta Vol. 51*, *Megaloptera*. Beijing: Science Press: 457. [杨定, 刘星月. 2010. 中国动物志 昆虫纲 第 51 卷 广翅目. 北京: 科学出版社: 457.]

Yang D, Yang C K. 1992c. Megaloptera: Corydalidae. *In*: Chen S X. *Insects of Hengduan Mountains Region*, Volume **1**. Beijing: Science Press: 435-437. [杨定, 杨集昆. 1992a. 广翅目: 齿蛉科//陈世骧. 横断山区昆虫, **1**. 北京: 科学出版社: 435-437.]

Yang D, Yang C K. 1992d. Megaloptera: Corydalidae. *In*: Peng J W, Liu Y Q. *Iconography of forest insects in Hunan China*. Changsha: Academia Sinica & Hunan Forestry Institute: 640-643. [杨定, 杨集昆. 1992b. 广翅目: 齿蛉科//彭建文, 刘友樵. 湖南森林昆虫图鉴. 长沙: 湖南科学技术出版社: 640-643.]

Yang D, Yang C K. 1992e. Megaloptera: Corydalidae. *In*: Huang F S. *Insects of Wuling Mountains area, southwestern China*. Beijing: Science Press: 407-408. [杨定, 杨集昆. 1992c. 广翅目: 齿蛉科//黄复生. 西南武陵山地区昆虫. 北京: 科学出版社: 407-408.]

Yang D, Yang C K. 1993a. The fishflies (Megaloptera: Corydalidae) from Maolan, Guizhou. *Entomotaxonomia*, **15**: 246-248. [杨定, 杨集昆. 1993a. 贵州茂兰的广翅目昆虫 (广翅目: 齿蛉科). 昆虫分类学报, **15**: 246-248.]

Yang D, Yang C K. 1995. Megaloptera: Corydalidae. *In*: Zhu T A. *Insects and macrofungi of Gutianshan, Zhejiang*. Hangzhou: Zhejiang Science and Technology Publishing House: 129-130. [杨定, 杨集昆. 1995. 广翅目: 齿蛉科//朱廷安. 浙江古田山昆虫和大型真菌. 杭州: 浙江科学技术出版社: 129-130.]

Yang D, Yang C K. 1997. Two new species of the fishflies from south China (Megaloptera: Corydalidae). *Journal of China Agricultural University*, **2**: 31-32. [杨定, 杨集昆. 1997. 中国南方齿蛉二新种 (广翅目: 齿蛉科). 中国农业大学学报, **2**: 31-32.]

Yang D, Yang C K, Hu X Y. 2002. Megaloptera. *In*: Huang F S. *Forest insects of Hainan*. Beijing: Science Press: 275-276. [杨定, 杨集昆, 胡学友. 2002. 广翅目//黄复生. 海南森林昆虫. 北京: 科学出版社: 275-276.]

Yang X K. 1989. Identifications of three similar species of *Chrysoperla*. *Entomological Knowledge*, **26**: 360-361. [杨星科. 1989. 通草蛉属三个相似种的鉴定. 昆虫知识, **26**: 360-361.]

Yang X K. 1990. The lacewings (Neuroptera: Chrysopidae) of Nei Mongol Aut. Region. *Entomotaxonomia*, **12**: 235-238. [杨星科, 1990. 内蒙古草蛉研究II-新种及四新纪录种 (脉翅目: 草蛉科). 昆虫分类学报, **12**: 235-238.]

Yang X K. 1991a. *Dichochrysa* nom. nov. for *Navasius* Yang *et* Yang 1990 (Neuroptera: Chrysopidae) nec. Esben-Petersen 1936 (Neuroptera: Myrmeleonidae). *In*: Zhang G X. *Scientific Treatise on Systematic and Evolutionary Zoology*, **1**: 150. [杨星科. 1991a. 草蛉科一新属名//张广学. 系统进化动物学论文集, **1**: 150.]

Yang X K. 1991b. The green lacewings of Kala Kunlun Mountains (Neuroptera: Chrysopidae). *Sinozoologia*, **8**: 237-242. [杨星科. 1991. 新疆喀喇昆仑地区的草蛉 (脉翅目: 草蛉科). 动物学集刊, **8**: 237-242.]

Yang X K. 1991c. An addendum for the 'Examinations and redescriptions of the type specimens of some Chinese Chrysopidae (Neuroptera) described by L. Navás. *Neuroptera International*, **6**: 131-132.

Yang X K. 1993. A new species of Chrysopidae (Neuroptera). *Sinozoologia*, **10**: 153-154. [杨星科. 1993. 草蛉科一新种 (脉翅目). 动物学集刊, **10**: 153-154.]

Yang X K. 1995. The revision on species of genus *Dichochrysa* (Neuroptera: Chrysopidae) from China. *Entomotaxonomia*, **17**: 26-34. [杨星科. 1995. 叉草蛉属 (*Dichochrysa*) 中国种类订正 (脉翅目: 草蛉科). 昆虫分类学报, **17**: 26-34.]

Yang X K. 1997d. Catalogue of the Chinese Chrysopidae (Neuroptera). *Serangga*, **2**: 65-108.

Yang X K. 1998a. Neuroptera: Chrysopidae. *In:* Wu H. *Insects of Longwangshan Nature Reserve*. Beijing: China Forestry Publishing House: 148-150. [杨星科. 1998a. 脉翅目: 草蛉科//吴鸿. 龙王山昆虫. 北京: 中国林业出版社: 148-150.]

Yang X K. 1998b. Discussion on the scientific name of *Chrysopa pallens* (Rambur) and related questions. *Acta Entomologica Sinica*, **41**: 106-107.

Yang X K, Li T S. 1997. Neuroptera: Chrysopidae. *In*: Yang X K. *Insects of the Three Gorge Reservoir area of Yangtze river*, Part 1. Chongqing: Chongqing Publishing House: 593-608. [杨星科, 黎天山. 1997. 脉翅目: 草蛉科//杨星科. 长江三峡库区昆虫 (上册). 重庆: 重庆出版社: 593-608.]

Yang X K, Yang C K. 1990a. A study on the lacewings (Neuroptera: Chrysopidae) from Nei Mongol Autonomous Region. *Entomotaxonomia*, **12**: 225-234. [杨集昆, 杨星科. 1990a. 内蒙古草蛉研究 I. 五新种及二新记录种 (脉翅目: 草蛉科). 昆虫分类学报, **12**: 225-234.]

Yang X K, Yang C K. 1990b. *Navasius*, a new genus of Chrysopinae (I) (Neuroptera: Chrysopidae). *Acta Zootaxonomica Sinica*, **15**: 327-338. [杨星科, 杨集昆. 1990b. 草蛉科一新属–纳草蛉属研究 (I) (脉翅目: 草蛉科). 动物分类学报, **15**: 327-338.]

Yang X K, Yang C K. 1990c. Study on the genus *Navasius* (II) Descriptions of six new species (Neuroptera: Chrysopidae). *Acta Zootaxonomica Sinica*, **15**: 471-479. [杨星科, 杨集昆. 1990c. 纳草蛉属研究 (II) 六新种记述 (脉翅目: 草蛉科). 动物分类学报, **15**: 471-479.]

Yang X K, Yang C K. 1990d. Examinations and redescriptions of the type specimens of some Chinese Chrysopidae (Neuroptera) described by L. Navas. *Neuroptera International*, **6**: 75-83.

Yang X K, Yang C K. 1991d. Four new species of lacewing (Neuroptera: Chrysopidae). *Acta Entomologica Sinica*, **34**: 212-217. [杨星科, 杨集昆. 1991d. 草蛉科四新种 (脉翅目). 昆虫学报, **34**: 212-217.]

Yang X K, Yang C K. 1991e. Study on the genus *Suarius* and descriptions of three new species from China (Neuroptera: Chrysopidae). *Acta Zootaxonomica Sinica*, **16**: 348-353. [杨星科, 杨集昆. 1991e. 俗草蛉属的研究及三新种记述 (脉翅目: 草蛉科). 动物分类学报, **16**: 348-353.]

Yang X K, Yang C K. 1992f. Study on the genus *Chrysoperla* (Neuroptera: Chrysopidae). *Acta Entomologica Sinica*, **35**: 78-86. [杨星科, 杨集昆. 1992f. 中国通草蛉属的研究 (脉翅目: 草蛉科). 昆虫学报, **35**: 78-86.]

Yang X K, Yang C K. 1993b. The lacewings (Neuroptera: Chrysopidae) of Guizhou Province. *Entomotaxonomia*, **15**: 265-274. [杨星科, 杨集昆. 1993b. 贵州省草蛉区系的研究 (脉翅目: 草蛉科). 昆虫分类学报, **15**: 265-274.]

Yang X K, Yang C K, Li W Z. 2005. *Fauna Sinica, Insecta Vol. 39, Neuroptera: Chrysopidae*. Beijing: Science Press: 398. [杨星科, 杨集昆, 李文柱. 2005. 中国动物志昆虫纲第39卷 脉翅目草蛉科. 北京: 科学出版社: 398.]

Yang X S, Liu Z Q. 2010. Notes on the genus *Eumantispa* Okamoto, 1910 from mainland of China (Neuroptera, Mantispidae). *Zootaxa*, **2669**: 57-68.

Yue L, Liu X Y, Hayashi F, Wang M Q, Yang D. 2015. Molecular systematics of the fishfly genus *Anachauliodes* Kimmins, 1954 (Megaloptera: Corydalidae: Chauliodinae). *Zootaxa*, **3941**: 91-103.

Zetterstedt J W. 1840. *Insecta Lapponica*. Lipsiae: Voss: 1140.

Zhan Q B, Wang X L. 2012. First record of the genus *Bankisus* Navás, 1912 in China, with description of a new species (Neuroptera: Myrmeleontidae). *ZooKeys*, **204**: 41-46.

Zhan Q B, Wang Z L, Ábrahám L, Wang X L. 2012. A new species of *Dendroleon* Brauer, 1866 (Neuroptera, Myrmeleontidae) from China. *Zootaxa*, **3547**:

64-70.

Zhang W, Liu X Y, Aspöck H, Aspöck U. 2014. Revision of Chinese Dilaridae (Insecta: Neuroptera) (Part I): Species of the genus *Dilar* Rambur from northern China. *Zootaxa*, **3753** (1): 10-24.

Zhang W, Liu X Y, Aspöck H, Aspöck U. 2015. Revision of Chinese Dilaridae (Insecta: Neuroptera) (Part III): Species of the genus *Dilar* Rambur from the southern part of mainland China. *Zootaxa*, **3974**: 451-494.

Zhang W, Liu X Y, Aspöck H, Winterton S L, Aspöck U. 2014. Species of the pleasing lacewing genus *Dilar* Rambur (Neuroptera, Dilaridae) from islands of East Asia. *Deutsche Entomologische Zeitschrift*, **61**: 141-153.

Zhao J Z. 1989. *Protection and Utilization of green lacewings*. Wuhan: Wuhan University Press: 244. [赵敬钊. 1989. 草蛉的保护和利用. 武汉: 武汉大学出版社: 244.]

Zhao Y, Tian Y L, Liu Z Q. 2014. New data on the genus *Micromus* Rambur, 1842 from China (Neuroptera, Hemerobiidae), with a key to Chinese species. *Zootaxa*, **3846**: 127-137.

Zhao Y, Yan B Z, Liu Z Q. 2013. New species of *Neuronema* McLachlan, 1869 from China (Neuroptera, Hemerobiidae). *Zootaxa*, **3710**: 557-564.

Zhao Y, Yan B Z, Liu Z Q. 2015. A new species of the brown lacewing genus *Zachobiella* Banks from China (Neuroptera, Hemerobiidae) with a key to species. *Zookeys*, **50**: 27-37.

中文名索引

D

E

F

G

H

J

K

L

M

N

O

P

Q

R

S

T

Z

学名索引

A

B

C

D

E

G

M

N

O

T

W

X

Y

Z